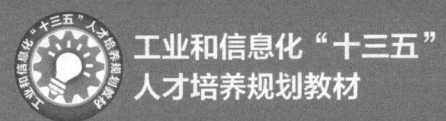
工业和信息化"十三五"
人才培养规划教材

JavaScript

前端开发｜模块化教程

JavaScript Development Modular Tutorial

赵建保 ◎ 主编

刘琳 贺辉平 邱尚明 彭华 ◎ 副主编

人民邮电出版社

北　京

图书在版编目（ＣＩＰ）数据

JavaScript前端开发模块化教程 / 赵建保主编. --
北京 : 人民邮电出版社，2019.2（2024.6重印）
工业和信息化"十三五"人才培养规划教材
ISBN 978-7-115-49916-5

Ⅰ. ①J… Ⅱ. ①赵… Ⅲ. ①JAVA语言－程序设计－
高等学校－教材 Ⅳ. ①TP312.8

中国版本图书馆CIP数据核字(2018)第253191号

内 容 提 要

　　JavaScript 是前端组件开发的核心技术，前端组件是构建 Web 应用界面的基础。本书以前端工程师岗位工作任务为起点，循序渐进，以 HTML5、CSS3、JavaScript 为技术支撑，以 Visual Studio Code 为开发环境，将网页前端开发过程的任务系统化、规范化和组件化。全书设计开发了轮播图、折叠面板、选项卡、相册、滚动监听、表单验证、银行客服电话查询、微信运动步数统计图等 23 个工作任务，包含了 JavaScript 核心技术、DOM、Canvas、JSON、Ajax 和性能优化等主题，覆盖了 Web 项目开发中的常用组件的 HTML 结构、CSS 样式和 JavaScript 交互行为技术。同时注重梳理相关联的知识，提炼设计模式，剖析组件的工作机制，以支持学习者更好地理解和运用相关技术适应前端组件项目开发的需求。

　　本书主要面向高等院校的数字媒体技术、软件技术、计算机应用技术、教育技术等专业的学生，可作为"JavaScript 程序设计""HTML5 Web 开发""Web 前端开发"等课程的教材和参考书，也可作为培训机构 Web 技术培训教材。

◆ 主　　编　赵建保
　　副 主 编　刘　琳　贺辉平　邱尚明　彭　华
　　责任编辑　范博涛
　　责任印制　马振武

◆ 人民邮电出版社出版发行　　北京市丰台区成寿寺路 11 号
　　邮编　100164　电子邮件　315@ptpress.com.cn
　　网址　http://www.ptpress.com.cn
　　北京天宇星印刷厂印刷

◆ 开本：787×1092　1/16
　　印张：22.25　　　　　　　　2019 年 2 月第 1 版
　　字数：550 千字　　　　　　2024 年 6 月北京第 5 次印刷

定价：59.80 元

读者服务热线：(010)81055256　印装质量热线：(010)81055316
反盗版热线：(010)81055315
广告经营许可证：京东市监广登字 20170147 号

前 言 / FOREWORD

在作者十余年的数字媒体应用技术专业建设和 JavaScript 课程教学实践中，每逢到网上书店或者实体书店选定教材，面对琳琅满目的 JavaScript 图书时我便油然而生感激和期待。感激有这么多技术大伽、一线教师、从业人员深耕技术，并不辞劳苦地分享各自的研究、开发实践和教学心得。然而已经出版的 JavaScript 图书多以技术为主导，又或者以某个项目为主导，多侧重于介绍孤立的知识和技术，没能融入前端开发工作过程中，由此激发了我编著此书的动力和决心。

我的初心是，以学习者胜任前端工程师岗位工作任务为目标，循序渐进，掌握 HTML5、CSS3、JavaScript 等技术的综合应用，熟悉 JavaScript 开发环境，适应网页前端开发工作的规范化、模块化和组件化岗位要求。我的思路是，以任务导入激发学习者的学习积极性，以工作过程必需的任务成果和目标维持学习者的学习动力和压力，以核心知识帮助学习者构建自己新的认知结构，任务实施过程划分为编写 HTML、编写 CSS、编写 JavaScript 和浏览器测试四大步骤，以强化训练提升学习者的知识和能力的迁移能力。期待这样的设计更有利于学习者提升 JavaScript 前端开发能力，更有利于学习者掌握 JavaScript 基本知识、基本技能、基本思想和基本开发经验，更有利于学习者提高分析问题、解决问题、发现问题和提出问题的能力，以及演绎思维和归纳思维的能力。

全书由赵建保负责整体设计、编写和统稿，刘琳、邱尚明、贺辉平、彭华参与教材设计与编写，参与编写的人员还有沈佳乐、曹盼盼、赖成发、胡铭畅、罗妩媚、石燕平、严梅燕、丁伟杰、蔡嘉威、沈泳銮、陈响钦、邓金霞、朱进旺、吕晓纯、陆洁莹、李丽彤、邓洁美、谢涌彬、苏新栋。本书得到了广东省高职教育品牌专业项目的支持，企业一线前端开发人员黄亮、邱景生、杨起捷等参与了项目任务设计并给予了全程指导，还提出了很多宝贵建议，在此表示衷心的感谢。

由于 IT 行业发展迅猛，作者项目实践和知识视野有限，经验不够丰富，书中不足之处在所难免，恳请读者提出宝贵的意见和建议。联系方式（E-mail）：mpcer@163.com。

编者
2018 年 10 月

目 录 / CONTENTS

1 Chapter

任务 1
搭建 JavaScript 开发环境

JavaScript

1.1　任务导入

在 Web 标准中，HTML 定义了页面结构和内容，CSS 定义了页面布局和外观，如颜色、字体、边框、边距和版式布局等，而 JavaScript 定义了页面交互行为，比如元素交互、表单验证、网页游戏等。如今，缺乏动态和交互性的网站已经没有市场，网站必须以新颖的方式与用户互动，页面交互性和动态性已经是商业 Web 应用开发中前端开发的必备能力。随着浏览器 JavaScript 引擎性能的提升，未来在 Web 图像、音频及视频处理、虚拟现实、游戏开发等方面前途无量。要想成为 Web 开发工程师，掌握 JavaScript 必不可少。

正式开始学习 JavaScript 前端开发之前，需要先配置满足 Web 前端开发和测试的学习环境，主要是 JavaScript 编辑器和 Web 浏览器，其中 JavaScript 编辑器用于编写 HTML、CSS 和 JavaScript 前端代码，Web 浏览器用于 Web 应用的开发测试。通过本任务，您将学会如何配置 JavaScript 前端编码和测试环境，并体验鼠标 mouseover、mouseout 事件时表格行背景变色效果的开发，图 1-1 所示为表格行悬停提示效果，从此开启您的前端征程。

图1-1　表格行悬停提示效果

1.2　成果目标

本任务旨在学会搭建前端开发环境，熟悉前端页面开发的基本操作流程，熟悉 Visual Studio Coder 的使用，培养前端开发的意识和兴趣。

知识目标	技能目标	素质目标
1. 了解 JavaScript 发展历程 2. 了解 Web 页面渲染过程 3. 了解 Visual Studio Code 4. 理解 EMMET 语法 5. 理清 DOM 对象选取模式 6. 理解 addEventListener 参数	1. 安装和配置 Visual Studio Code 2. 使用 Chrome 开发者工具 3. 安装与配置 http-server 4. 前端页面开发流程 5. 合理确定 JavaScript 在 HTML 文档中的位置 6. 善用 addEventListener 7. 善用 style 对象操作样式	1. 能梳理 JavaScript 演进 2. 感受前端开发过程 3. 培养前端开发的思维习惯

1.3　核心知识

1.3.1　JavaScript 演进

理解 JavaScript 的最好方法之一，就是了解 JavaScript 的历史。

JavaScript 为互联网而生，紧随着浏览器的出现而问世。回顾它的历史，就要从浏览器的历史说起。1990 年 12 月 25 日，英国计算机科学家伯纳·李爵士（Tim Berners-Lee）发明了万维网（World Wide Web）。1993 年，美国国家超级计算机应用中心（NCSA）开始开发一个独立的浏览器 Mosaic。1994 年 10 月，Mosaic 通信公司（Mosaic Communications）成立，不久后改名为 Netscape。1994 年 12 月，Navigator 发布了 1.0 版，市场份额一举超过 90%。Netscape 同微软公司在浏览器市场的竞争异常激烈，争相给浏览器添加新功能，获取竞争优势。1995 年 2 月，Netscape 公司发布 Netscape Navigator 2 浏览器，该公司的布兰登·艾奇（Brendan Eich）为 Navigator 2 浏览器开发了 LiveScript 脚本语言，主要目的是处理表单数据验证，避免由服务器端验证导致的延时问题。LiveScript 语法借鉴 Java，函数借鉴 Scheme，原型继承借鉴 Self，正则表达式特性则借鉴 Perl。当时正逢 Sun 公司的股票飞涨，为搭上 Java 成功的顺风车，Netscape 将 LiveScript 改名为 JavaScript。由于 JavaScipt 1.0 获得了巨大成功，Netscape 公司随即在 Netscape Navigator 3 中又发布了 JavaScript 1.1 版本。

在 Netscape Navigator 3 发布后不久，微软不甘示弱，紧跟着 Netscape 在 Internet Explorer 3 中加入 JavaScript 脚本语言，为了避免与 Netscape 的 JavaScript 产生纠纷，微软特意将其命名为 JScript，这种语言和 JavaScript 很像，浏览器大战就此爆发。自微软在操作系统中内置 Internet Explorer 3，Netscape 就面临着即将丧失浏览器脚本语言主导权的局面。1996 年 11 月，网景公司决定将 JavaScript 提交给国际标准化组织 ECMA，希望 JavaScript 能够成为国际标准，以此抵抗微软。1997 年，欧洲计算机制造商协会（ECMA）以 JavaScript 1.1 为蓝本制订了 ECMA-262 新脚本语言的标准，并命名为 ECMAScript，这个版本就是 ECMAScript 1.0 版，它规定了浏览器脚本语言的标准。之所以不叫 JavaScript，一方面是由于商标的关系，Java 是 Sun 公司的商标，根据一份授权协议，只有 Netscape 公司可以合法地使用 JavaScript 这个名字，且 JavaScript 已经被 Netscape 公司注册为商标；另一方面也是想体现这门语言的制定者是 ECMA，不是 Netscape，这样有利于保证这门语言的开放性和中立性。因此，ECMAScript 和 JavaScript 的关系是，前者是后者的规格，后者是前者的一种实现。1998 年 6 月，ECMAScript 2.0 版发布。1999 年 12 月，ECMAScript 3.0 版发布，成为 JavaScript 的通行标准，得到了广泛支持。2007 年 10 月，ECMAScript 4.0 版草案发布，对 3.0 版做了大幅升级，由于 4.0 版的目标过于激进，各方对于是否通过这个标准发生了严重分歧。以 Yahoo、Microsoft、Google 为首的大公司，反对 JavaScript 的大幅升级，主张小幅改动；以 JavaScript 创造者 Brendan Eich 为首的 Mozilla 公司，则坚持当前的草案。2008 年 7 月，由于对于下一个版本应该包括哪些功能，各方分歧太大，争论过于激进，ECMA 开会决定，中止 ECMAScript 4.0 的开发，将其中涉及现有功能改善的一小部分发布为 ECMAScript 3.1，而将其他激进的设想扩大范围，放入以后的版本，由于会议的气氛，该版本的项目代号起名为 Harmony（和谐）。2009 年 12 月，ECMAScript 5.0 版正式发布。Harmony 项目则一分为二，一些较为可行的设想定名为 JavaScript.next 继续开发，后来演变成 ECMAScript 6，2015 年 6 月，ECMAScript 6 发布了正式版本，并更名为 ECMAScript 2015。
如图 1-2 所示为 JavaScript 演进路线。

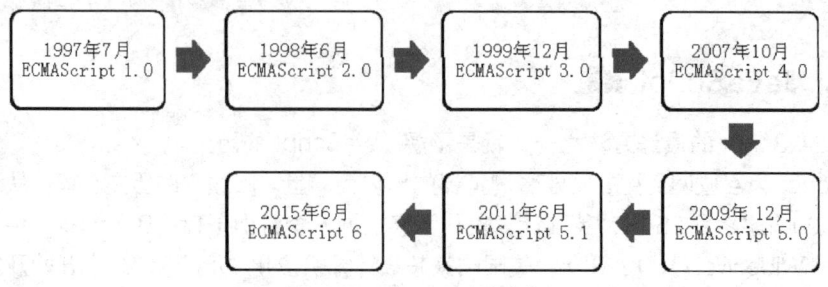

图1-2　JavaScript演进路线

随着 JavaScript 再次成为关注的焦点，很多杰出的编程人员致力于改善 JavaScript 解释器，
极大地改善了其运行阶段的性能。随着 Gmail、GoogleMaps 这一类客户端应用和 Ajax 的相继
出现，大大促进了 JavaScript 开发模式的变革，也把 JavaScript 催生成为一种成熟的、某些方
面独一无二的、拥有强大原型体系的面向对象语言。

1.3.2　JavaScript 介绍

程序设计语言分为解释型和编译型两大类。Java 和 C++等语言需要一个编译器（Compiler）。
编码器是一种程序，能够把用 Java 等高级语言编写出来的源代码翻译为直接在计算机上执行的
文件，代码错误在编译阶段就能被发现。解释型程序设计语言不需要编译器，运行仅需要解释器。
JavaScript 语言则由 Web 浏览器负责完成有关的解释和执行工作。JavaScript 是 Web 页面中的
一种脚本编程语言，也是一种通用的、跨平台的、基于对象和事件驱动并具有安全性能的解释型
脚本语言，不但可用于编写客户端的脚本程序，由 Web 浏览器解释执行，还可以编写在服务器
端执行的脚本程序，在服务器端处理用户提交的信息并动态地向客户端浏览器返回处理结果。浏
览器中的 JavaScript 解释器将直接读入源代码并执行，代码错误只能等到解释器执行到有关代
码时才能被发现。如果浏览器中没有解释器，JavaScript 代码就无法执行。

JavaScript 脚本语言的主要特点如下。

（1）解释性。不同于一些编译性程序语言（如 C、C++），JavaScript 源代码不需要经过编
译，而是直接嵌入在 HTML 页面中，使得前端页面支持用户交互并响应相应事件，在浏览器中运
行时被解释。

（2）基于对象。许多功能运用脚本环境对象的方法与脚本的相互作用来完成。

（3）事件驱动。JavaScript 可以直接对用户页面的操作行为（鼠标、键盘、手势等）做出响
应，无须经过 Web 服务器处理。

（4）跨平台。JavaScript 依赖于浏览器本身，与操作环境无关，只要计算机能运行浏览器并
支持 JavaScript 的浏览器，就可以正确执行。

（5）安全性。JavaScript 是一种安全性语言，不允许访问本地硬盘，不能将数据存入服务器
上，不允许对网络文档进行修改和删除，只能通过浏览器实现信息浏览或动态交互，以防止数据
丢失和篡改。

JavaScript 由一项主要适用于浏览器客户端的计算机技术，从一个简单的输入验证器逐渐发
展成为一种多功能的强大的程序设计语言，甚至连服务端也能用它来编写，能够处理复杂的计算

和交互，拥有闭包、匿名函数等，甚至元编程特性。现在已经具备了与浏览器窗口及其内容等几乎所有方面交互的能力。在互联网发展的早期，JavaScript 就已经成为了支撑网页内容交互体验的基础技术，现在 JavaScript 毫无疑问已经成为了 Web 的核心技术，能够地理定位、播放视频和音频、绘图等，速度更快，性能更强。

JavaScript 是世界上最流利的编程语言之一。使用 JavaScript 不仅可以开发浏览器应用程序，也可以开发手机应用（APP）和服务器端程序。JavaScript 可实现以下功能。

（1）创建拥有强大而丰富功能的 Web 应用程序，多数运行于 Web 浏览器，基于 HTML5 可开发应用缓存、本地存储、本地数据库等 Web 应用。

（2）使用 Node.js 编写服务器端脚本。

（3）开发移动设备应用程序。比如基于 HTML5+的移动 APP 开发。

1.3.3 Web 页面渲染过程

Web 技术的根基是 HTML、CSS 和 JavaScript，其中 HTML 控制内容和结构，CSS 控制表现，而 JavaScript 则控制交互行为。换句话说，JavaScript 是让 HTML 和 CSS 协同运作的黏合剂。一个完整的 JavaScript 实现应该包括以下三个不同部分：核心（ECMAScript）、文档对象模型（DOM）和浏览器对象模型（BOM），如图 1-3 所示。

ECMAScript 规定了 JavaScript 的语法、类型、语句、关键字、保留字、操作符和对象，它是语言的核心部分，包括变量、函数、循环等，独立于浏览器，并可

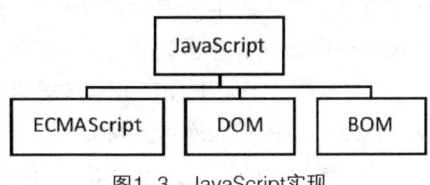

图1-3 JavaScript实现

以在其他环境中使用。文档对象模型（DOM）是用于操作 HTML 和 XML 文档的应用程序接口（Application Programming Interface，API），提供了一种与 HTML、XML 文档交互的方式。在浏览器中，主要用来操作 HTML 文档。HTML 和 DOM 把整个页面映射为一个多层节点结构。HTML或 XML 页面中的每个组成部分都是某种类型的节点，这些节点又包含着不同类型的数据。DOM1级（DOM Level1）于 1998 年 10 月成为 W3C 推荐标准，包括 DOM 核心（DOM Core）和 DOMHTML。DOM 核心规定如何映射基于 XML 的文档结构，以便简化对文档中任意部分的访问和操作。DOM HTML 模块添加了针对 HTML 的对象和方法。DOM2 包括 DOM 视图、DOM 事件、DOM 样式、DOM 遍历和范围。浏览器对象模型（BOM）实际上是一个与浏览器环境有关的对象集合，使开发人员可以控制浏览器显示的页面以外的部分，BOM 只处理浏览器窗口和框架。

Web 页面渲染过程如图 1-4 所示，图中实线表示先后关系，虚线表示渲染过程可能调用的模块。如页面下载时需要使用网络和存储，计算布局和绘图时需要使用 2D/3D 图形模块生成可视化结果。具体渲染过程是：网页内容输入到 HTML 解释器，HTML 解释器在解析后构建 DOM树，如果遇到 JavaScript 代码则交给 JavaScript 引擎去处理，如果网页包含 CSS 则交给 CSS解释器去解释，没有被定义 CSS 的元素渲染引擎将默认样式应用到 HTML 元素上。当 DOM 建立的时候，渲染引擎接收来自 CSS 解释器的样式信息，构建一个新的内部绘图模型。该模型由布局模块计算模型内部各元素的位置和大小信息，最后由绘图模块完成从模型到图像的绘制。

C、C++、Java 等典型的编程语言，执行代码前必须先编译，而 JavaScript 只需直接在网页中编写代码，再在浏览中加载网页，浏览器 JavaScript 引擎就能直接执行代码。运行时，JavaScript 不会修改服务器端的 HTML 文件，而是操控浏览器基于 HTML 文件构建的 DOM 树。

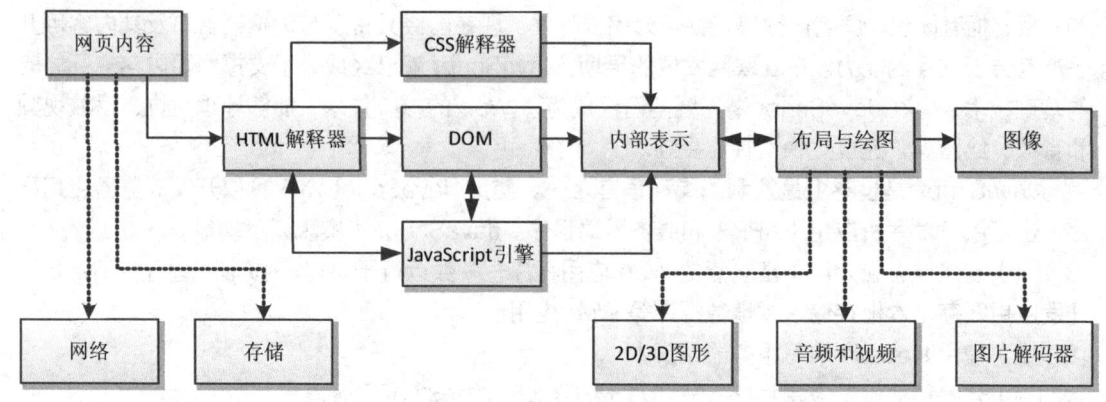

图1-4 Web页面渲染过程

1.3.4 Visual Studio Code 介绍

2015 年 4 月 29 日，微软在旧金山展览中心正式举行了 Build 2015 开发者大会，会上，微软发布了免费、跨平台编辑器 Visual Studio Code，它是一个轻便、强大、性能优秀、功能完备的源代码编辑器，主要用于 Web 和云应用开发，并为 Web 前端开发进行优化。Visual Studio Code 可运行于 Windows、Mac OS 和 Linux 平台，支持 JavaScript、TypeScript 和 Node.js 开发，借助丰富的扩展库可支持 C++、C#、Java、Python、PHP 和 Go 开发，支持.NET 和 Unity 运行库，图 1-5 所示为 VSCode 扩展库。注意，Visual Studio Code 并非 Visual Studio。

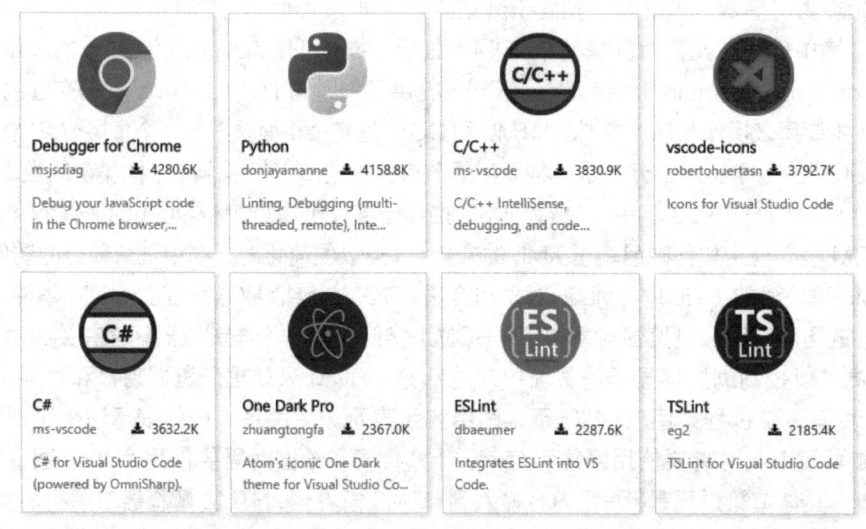

图1-5 VSCode扩展库

1.3.5 Visual Studio Code 快捷键

快捷键，又叫快速键或热键，指通过某些特定的按键、按键顺序或按键组合来完成一个操作，很多快捷键往往与 Ctrl 键、Shift 键、Alt 键、Fn 键及 Windows 平台下的 Windows 键和 Mac 机上的 Meta 键等配合使用。利用快捷键可以代替鼠标快速选取命令，减少鼠标移动距离，提高代码开发速度。表 1-1 所示为 Visual Studio Code 快捷键。

表 1-1 Visual Studio Code 快捷键

通用	
Ctrl+Shift+P，F1	打开命令面板
Ctrl+P	快速打开文件
Ctrl+Shift+N	打开新窗口/实例
Ctrl+Shift+W	关闭窗口/实例
基础编辑	
Ctrl+X	剪切当前行
Ctrl+C	复制当前行
Alt+↑/↓	向上/向下移动当前行
Shift+Alt+↓/↑	向上/向下复制当前行
Ctrl+Shift+K	删除当前行
Ctrl+Enter	在当前行以下插入
Ctrl+Shift+Enter	在当前行以上插入
Ctrl+Shift+\	跳转到匹配的括号
Ctrl+]/[	缩进/取消缩进
Home	转到行首
End	转到行尾
Ctrl+Home	转到页首
Ctrl+End	转到页尾
Ctrl+↑/↓	向上/向下滚动
Alt+PgUp/PgDown	向上/向下翻页
Ctrl+Shift+[	折叠当前代码块
Ctrl+Shift+]	展开当前代码块
Ctrl+K Ctrl+[	折叠所有子代码块
Ctrl+K Ctrl+]	展开所有子代码块
Ctrl+K Ctrl+0	折叠所有代码块
Ctrl+K Ctrl+J	展开所有代码块
Ctrl+K Ctrl+C	添加行注释
Ctrl+K Ctrl+U	删除行注释
Ctrl+/	添加/删除行注释
Shift+Alt+A	添加/删除块注释
Alt+Z	自动换行
导航	
Ctrl+T	显示所有符号
Ctrl+G	跳转到行
Ctrl+P	跳转到文件

（续表）

导航	
Ctrl+Shift+O	跳转到符号
Ctrl+Shift+M	显示问题面板
F8	跳转到下一个问题或警告
Shift+F8	跳转到前一个问题或警告
Ctrl+Shift+Tab	显示编辑器文件历史
Alt+←/→	向后/向前查看文件
Ctrl+M	开启/关闭 Tab 移动焦点
搜索和替换	
Ctrl+F	查找
Ctrl+H	替换
F3/Shift+F3	查找下一个/前一个
Alt+Enter	选择所有匹配项
Ctrl+D	选择下一个匹配项
Ctrl+K Ctrl+D	跳过当前选择项
Alt+C/R/W	切换大小写敏感/正则表达式/全词
多光标与选择	
Alt+Click	插入光标
Ctrl+Alt+↑/↓	向上/向下插入光标
Ctrl+U	撤销上一个光标
Shift+Alt+I	在选中行的行尾插入光标
Ctrl+I	选择当前行
Ctrl+Shift+L	选择当前选中项的所有匹配项
Ctrl+F2	选择当前单词的所有匹配项
Shift+Alt+→	扩展选择
Shift+Alt+←	缩小选择
Shift+Alt+（拖动鼠标）	列（框）选择
Ctrl+Shift+Alt+（方向键）	列（框）选择
Ctrl+Shift+Alt+PgUp/PgDown	向上页/下页列（框）选择
富语言编辑	
Ctrl+Space	打开建议
Ctrl+Shift+Space	打开参数提示
Tab	Emmet 展开缩写
Shift+Alt+F	格式化文档
Ctrl+K Ctrl+F	格式化选择区域
F12	跳转到定义
Alt+F12	打开窗口显示定义

（续表）

富语言编辑	
Ctrl+K F12	打开侧边栏显示定义
Ctrl+.	快速解决
Shift+F12	显示引用
F2	重命名符号
Ctrl+Shift+./,	替换为下一个/上一个值
Ctrl+K Ctrl+X	删除行尾空格
Ctrl+K M	更改文本语言
编辑管理	
Ctrl+F4，Ctrl+W	关闭编辑的文件
Ctrl+K F	关闭文件夹
Ctrl+\	拆分编辑器窗口
Ctrl+1/2/3	切换到第一、第二或第三个窗口
Ctrl+K Ctrl+←/→	切换到上一个/下一个窗口
Ctrl+Shift+PgUp/PgDown	向左/向右移动编辑的文件
Ctrl+K←/→	向左/向右移动编辑窗口

1.3.6　EMMET 语法

在 Visual Studio Code、WebStorm 等编程环境中，构建 HTML 文档结构时，常用 EMMET 语法，EMMET 语法主要有后代>、兄弟+、上级^、分组()、乘法*、自增符号ɣ，具体用法如表 1-2 所示。

表 1-2　EMMET 常用语法

功能	语法	示例	生成代码

后代	>	nav>ul>li	`<nav>`
			　`<ul>`
			　　`<li></li>`
			　`</ul>`
			`</nav>`

兄弟	+	div+p+bq	`<div></div>`
			`<p></p>`
			`<blockquote></blockquote>`

上级	^	div+div>p>span+em^bq	`<div></div>`
			`<div>`
			　`<p><span></span><em></em></p>`
			　`<blockquote></blockquote>`
			`</div>`

（续表）

功能	语法	示例	生成代码

分组	()	div>(header>ul>li*2>a)+footer>p	`<div>`
			　`<header>`
			　　`<ul>`
			　　　`<li><a href=""></a></li>`
			　　　`<li><a href=""></a></li>`
			　　`</ul>`
			　`</header>`
			　`<footer>`
			　　`<p></p>`
			　`</footer>`
			`</div>`

乘法	*	ul>li*5	`<ul>`
			　`<li></li>`
			　`<li></li>`
			　`<li></li>`
			　`<li></li>`
			　`<li></li>`
			`</ul>`

自增符号	$	ul>li.item$*5	`<ul>`
			　`<li class="item1"></li>`
			　`<li class="item2"></li>`
			　`<li class="item3"></li>`
			　`<li class="item4"></li>`
			　`<li class="item5"></li>`
			`</ul>`

1.3.7　Node.js 介绍

Node.js 发布于 2009 年 5 月，由 Ryan Dahl 开发，使用高效且轻量级的事件驱动、非阻塞 I/O 模型，是一个基于 Chrome V8 引擎的 JavaScript 运行环境和平台。Node.js 实质是对 Chrome V8 引擎进行了封装，V8 引擎执行 JavaScript 的速度非常快，性能非常好，非常适合在分布式设备上运行密集型数据的实时应用，用于方便地搭建响应速度快、易于扩展的网络应用。包管理器 npm 是目前世界上最大的开源库生态系统。

1.3.8　http-server 介绍

http-server 是一个简单的零配置命令行 HTTP 服务器，非常适合日常测试、本地开发等环境。启动 http-server 的命令是："http-server[path][options]"，其中 path 是网站发布根目录文件夹路径，options 是服务器配置参数，具体如表 1-3 所示。

表 1-3 http-server 参数说明

参数	参数说明
–p	端口号，默认值为 8080
–a	IP 地址，默认值为 0.0.0.0
–d	显示目录列表，默认值为 True
–i	是否以"index"命名的文件为首页，默认值为 True
–g or --gzip	启用时用于./public/some-file.js.gz 代替./public/some-file.jsgzip 压缩版本的文件，并且该请求接受 gzip 编码，默认值为 False
–e or --ext	默认的文件扩展名，默认值为 HTML
–s or --silent	禁止日志信息输出
--cors	通过 Access-Control-Allow-Origin 协议头启用 CORS
–o	在服务启动后打开浏览器
–c	设置缓存时长，单位为秒，例如–c10 设置缓存 10 秒，禁用 caching 使用–c–1
–U 或--utc	在 log 消息中使用 UTC 时间格式
–P or --proxy	代理所有无法解析到的 url 到代理服务器
–S or --ssl	启用 https
–C or --cert	ssl 证书路径，默认为 cert.pem
–K or --key	ssl 密码文件路径，默认为 key.pem
–r or --robots	提供爬虫协议
–h or --help	打印以上列表并退出

1.3.9 在 HTML 中使用 JavaScript

HTML 页面由定义页面结构和内容的 HTML、定义布局和外观的 CSS 和改变交互行为的 JavaScript 脚本相互结合而成。在 HTML 中使用 JavaScript 时，使用<script>元素分为包含外部 JavaScript 文件和直接嵌入 JavaScript 代码两种方式，依照 Web 标准和方便独立开发的原则，应将 JavaScript 代码独立于 HTML 文件。

通过使用<script>元素包含外部 JavaScript 文件时，src 属性是必需的，属性值指向一个外部 JavaScript 文件链接，可以包含来自外部站点的 JavaScript 文件，比如链接到 jQuery CDN。引用外部 JavaScript 文件时，</script>结束标记不能省略。带有 src 属性的<script>元素如果在<script></script>之间嵌入 JavaScript 代码，嵌入的代码会被忽略，即不能在引用 JavaScript 文件的同时内嵌 JavaScript 代码。需要同时存在时，分别使用两个<script>元素实现，如：

```
<!--链接到外部服务器 JavaScript 文件-->
<script src="https://code.jquery.com/jquery.js"></script>
<!--包含本地 JavaScript 文件-->
<script src="js/bootstrap.min.js"></script>
```

使用<script>元素直接嵌入 JavaScript 代码时，直接将代码写到<script>和</script>之间，JavaScript 是所有现在浏览器及 HTML5 默认的脚本语言，在 script 标签中不必使用 type="text/javascript"。商业开发应尽量避免把 JavaScript 代码直接嵌入文档，但对于练习来说，倒是一种简捷的测试手段。在脚本内部出现</script>字符串时使用转义字符"\"解决，如：

```
<script type="text/javascript">
alert("<\/script>")
</script>
```

JavaScript 代码是否写到 HTML 文件中，并不存在硬性规定，但使用外部文件是最佳实践，具有以下好处。

（1）可维护性。遍及不同 HTML 页面的 JavaScript 会造成维护问题，若把所有 JavaScript 文件都放在一个文件夹中，维护起来就轻松多了，否则 JavaScript 开发人员会受 HTML 标记干扰，难于集中精力开发 JavaScript。

（2）可缓存。浏览器根据设置缓存链接的外部 JavaScript 文件。如果两个页面都使用同一个文件，那么这个文件只需下载一次，可以加快页面的加载速度。

1.3.10 高性能 JavaScript

随着 Web 应用日趋丰富，越来越多的 JavaScript 被运用到网页中，前端性能对用户体验的影响备受关注，成为开发者所面临的最严重的可用性问题。JavaScript 性能涉及语言特性、数据结构、浏览器机理、网络传输等导致性能问题的原因。在本书相关任务中将陆续介绍如何关注并提升 JavaScript 性能，实现高性能 JavaScript 开发。

IE8、Firefox 3.5、Chrome2 都允许并行下载 JavaScript 文件，所以<script>不会阻塞其他标签下载。遗憾的是，JS（JavaScript）下载过程依然会阻塞其他资源的下载，比如图片。尽管最新的浏览器通过允许并行下载提高了性能，但是脚本阻塞仍然是一个问题。因此，推荐将所有的<script>标签放在<body>标签的底部，以尽量减少对整个页面渲染的影响，避免用户看到一片空白。

多个<script>标签会影响页面渲染速度，减少页面渲染所需的 HTTP 是网站提速的一条经典法则。所以，在产品环境下合并所有的 JS 文件会减少请求数，从而加快页面渲染速度。除了合并 JS 文件，还可以压缩 JS 文件。压缩是指将文件中与运行无关的部分进行剥离。剥离内容包括空白字符和注释。该操作通常可以将文件大小减半，还有一些压缩工具会将局部变量的长度减小。

在缓存 JS 文件时，缓存 HTTP 组件能极大地提升网站回访的用户体验。Web 服务器通过"ExpiresHTTP 响应头"来告诉客户端一个资源应该缓存多长时间。当然，缓存也有自己的缺陷：当应用升级时，你需要确保用户下载到最新的静态内容。这个问题可以通过改变静态资源的文件名来解决。你可能在产品环境下看到浏览器引用 jsapplication−20151123201212.js，这种就是以时间戳的方式保存新的 JS 文件，从而解决缓存不更新问题。

1.3.11 JavaScript 执行顺序

JavaScript 程序按照在 HTML 文件中出现的顺序逐行执行，有时语句的执行过程可能很复杂，要等到其他语句或函数运行完成才能执行，如 greeting 变量值要等 greetUser()执行完成才能获得。当一条语句必须调用其他一些代码才能完成任务时，执行顺序就会改变。函数体内的代码不会被立即执行，只有当所有函数被其他程序调用时，该代码才会被执行。调用函数的语句和函数处于同一执行上下文时，能正常执行。在解释器中，每个执行上下文都包含 variables 对象（variables 对象无法访问，是浏览器的内部机制），它保存该执行上下文中的所有变量、函数和参数。每个执行上下文还可以访问其上层的 variables 对象。函数作用域会被连接到其所属的外层对象，其作用域覆盖范围是当前执行上下文的 variables 对象加上它所有外层执行上下文的 variables 对象。子对象可以访问父对象的变量信息，但父对象却无法获取子对象的变量。每个子对象都会从相同的父对象那里拿到相同的信息。如果某个变量不在当前上下文的 variables 对象中，就会在其外层执行上下文的 variables 对象中继续寻找，查找会影响性能，最好在使用变量时创建变量。JavaScript 函数执行顺序如下：

```
function greetUser(userName){
return ' HelloSean!';
}
var greeting=greetUser();
alert(greeting);
```

1.3.12 脚本位置

HTML4 规范指出 script 标签可以放在 HTML 文档的 head 标签和 body 标签中，并允许出现多次。传统做法是把所有<script>元素放在<head>元素中，目的是把 CSS 文件、JavaScript 文件等外部文件链接都集中到相同的地方，方便维护管理。多数浏览器使用单一进程来处理用户界面刷新和 JavaScript 脚本执行，当浏览器在执行 JavaScript 代码时，不能同时做其他任何事情。JavaScript 执行过程耗时越久，浏览器等待响应的时间就越长。浏览器在加载网页时，将先加载<head>元素内的所有内容，再加载<body>元素内的所有内容，如果在文档的<head>元素中包含所有 JavaScript 文件，必须等到全部 JavaScript 代码被下载、解析和执行完成，在下载和解释 JavaScript 文件时，页面的处理会暂停。无论当前 JavaScript 代码是内嵌的还是包含在外链文件中，只要不存在 defer 和 async 属性，页面的下载和渲染都必须停下来等待脚本执行完成。浏览器都会按照<script>元素在页面中出现的先后顺序依次解析执行。浏览器在解析到 body 标签之前，不会渲染页面的任何部分，把脚本放在页面顶部将会导致明显的延迟，通常表现为延迟期间的浏览器窗口显示空白页面，用户无法浏览内容，也无法与页面进行交互。IE8、Firefox3.5、Safari4 和 Chrome2 都允许并行下载 JavaScript 文件，下载过程本身不会阻塞其他 script 标签，但会阻塞其他资源的下载，比如图片。尽管脚本的下载过程不会相互影响，但页面仍然必须等待所有 JavaScript 代码下载并执行完成才能继续。由于脚本会阻塞页面其他资源的下载，为了避免这个问题，现在 Web 应用程序一般把全部 JavaScript 引用放在<body>元素中页面内容的后面，将所有 script 标签尽可能放到 body 标签的底部，也就是结束标记</body>的前面链接（或插入）JavaScript 代码，以尽量减少对整个页面下载的影响。这样在解析包含的 JavaScript 代码之前，页面的内容将完全呈现在浏览器中，而用户也会因为浏览器窗口显示空白页面的时间缩短而感到打开页面的速度加快了。

1.3.13 组织脚本

由于每个 script 标签初始下载都会阻塞页面渲染，所以减少页面内嵌脚本和外链脚本 script 标签数量有助于改善这一情况。浏览器在解析 HTML 页面的过程中每遇到一个 script 标签，都会因执行脚本而导致一定的延时，因此最小化延迟时间将会明显改善页面的总体性能。放在 link 标签之后的内嵌脚本会导致页面阻塞去等待样式表的下载，这样做是为了确保内嵌脚本在执行时能获得最精准的样式信息，因此有人建议不要把内嵌脚本紧跟在 link 标签的后面。

在处理外链 JavaScript 文件时，HTTP 请求会带来额外的性能开销，下载单个 100KB 的文件将比下载 4 个 25KB 的文件更快，减少页面中外链脚本的数量将会改善性能。大型网站和网络应用多依赖于数个 JavaScript 文件，通过把多个文件合并成一个可以减少性能消耗。

1.3.14　无阻塞脚本

JavaScript 倾向于阻止浏览器的某些处理过程，如 HTTP 请求和用户界面更新，这是开发者所面临的最显著的性能问题。减少 JavaScript 文件大小并限制 HTTP 请求数仅仅是创建响应迅速的 Web 应用的第一步。Web 应用的功能越丰富，所需的 JavaScript 代码就越多，所以精简源代码并不总是可行的。尽管下载单个较大的 JavaScript 文件只产生一次 HTTP 请求，却会锁死浏览器一大段时间。为避免这种情况，向页面逐步加载 JavaScript 文件，在某种程度上不会阻塞浏览器。无阻塞脚本的秘诀在于在页面加载完成后才加载 JavaScript 代码，也就是 window 对象的 load 事件触发后再下载脚本。

1. 延迟脚本

HTML4 为 script 标签定义了一个扩展属性 defer，该属性指明元素所含的脚本不会修改 DOM，因此代码能安全地延迟执行。定义了 defer 属性的 script 标签可以放置在文档的任何位置，src 指定的 JavaScript 文件将在页面解析到 script 标签时开始下载，但并不会执行，直到 DOM 加载完成（window 对象的 load 事件被触发前），也不会阻塞浏览器的其他进程，因此这类文件可以与页面中其他资源并行下载。

```
<script src="js/file1.js" defer></script>
```

HTML5 提供的 async 属性用于异步加载脚本，async 与 defer 的相同点是采用并行下载，在下载过程中不会产生阻塞，区别在于执行时机，async 是加载完成后自动执行，而 defer 需要等待页面加载完成后执行。

2. 使用动态脚本

一段脚本是计算机能够一步一步遵照执行的一系列指令。每一条单独的指令或步骤叫一条语句。使用动态脚本有两种方式：一种方式是通过修改 script 对象的 src 属性值来更换一个外部 JavaScript 文件；另一种方式是使用 document.write() 方法输出 JavaScript 脚本，这些动态输出的脚本会被马上执行，例如：

```
<script>
document.write("<script>");
document.write("alert('程序运行完成！')");
document.write("<\/script>");
</script>
```

document.write() 方法输出的 JavaScript 字符串必须放在 <script> 标签中，否则 JavaScript 解释器因为不能识别 JavaScript 代码而作为普通字符串显示在页面文档中。

采用 DOM 可以动态创建 HTML 中的所有内容，可以用标准的 DOM 创建一个新的 script 元素，代码如下：

```
<script>
var script=document.createElement("script");
```

```
script.src="file1.js";
document.getElementsByTagName("head")[0].appendChild(script);
</script>
```

新创建的 script 标签 src 属性所指定的 file1.js 文件，无论在何时启动下载，文件的下载和执行过程不会阻塞页面其他进程，动态脚本也可以插入到 head 标签内而不会影响页面的其他部分。

使用动态脚本节点下载文件时，返回的代码通常会立刻执行。但是当代码中包含供页面其他脚本调用的接口时，必须跟踪并确保脚本下载完成且准备就绪。可以在动态脚本的元素上注册 load 事件，通过监听此事件来获得脚本加载完成时的状态。动态脚本加载状态检测代码如下：

```
function loadScript(url, callback) {
    var script = document.createElement("script");
    script.src = url;
    document.getElementsByTagName("head")[0].appendChild(script);
    if (script.readyState) {
        script.onreadystatechange = function () {
            if (script.readyState == "load" || script.readyState ==
"complete") {
                script.onreadystatechange = null;
                callback();
            }
        };
    } else {
        script.onload = function () {
            callback();
        }

    }

}
```

这个函数接受两个参数，JavaScript 文件的 URL 和完成加载后的回调函数。函数中使用了特征检测来决定在脚本处理过程中监听哪个事件，再给 src 属性赋值，然后将 script 标签插入到页面。loadScript()函数的用法如下：

```
// 加载单个 js 文件
loadScript('file1.js', function () {
  alert('文件已经加载！')
})
// 确保按顺序加载 file2.js、file3.js 和 file4.js
loadScript('file2.js', function () {
  loadScript('file3.js', function () {
    loadScript('file4.js', function () {
      alert('所有文件完成加载！')
    })
  })
})
```

可以动态加载尽可能多的 JavaScript 文件到页面上，但要注意文件的加载顺序。在所有主流浏览器中，只有 Firefox 和 Opera 能保证脚本会按照指定的顺序执行，其他浏览器将会按照从服务端返回的顺序下载和执行代码。解决加载顺序依赖的更好的做法是按正确顺序合并成一个文件，下载这个文件就能获得所有执行代码。如果 script 标签设定了 defer 属性，文件大并不会有显著的性能影响。动态脚本加载凭借跨浏览器和易用的优势，成为最通用的无阻塞加载解决方案。

3. XMLHttpRequest 脚本注入

首先创建 XMLHttpRequest（XHR）对象，然后用它下载 JavaScript 文件，最后通过创建动态 script 元素将代码注入页面中，代码如下：

```
var xhr = newXMLHttpRequest()
xhr.open('get', 'file1.js', true)
xhr.onreadystatechange = function () {
  if (xhr.readyState == 4) {
    if (xhr.status >= 200 && xhr.status < 300 || xhr.status == 304) {
        var script = document.createElement('script')
        script.text = xhr.responseText
        document.body.appendChild(script)
    }
  }
}
xhr.send(null)
```

以上代码发送一个 get 请求获取 file1.js 文件。事件处理函数 onReadyStateChange 检查 readyState 是否为 4，同时检验 HTTP 状态码是否有效（2XX 表示有效响应，304 表示从缓存读取）。如果收到有效响应，就会创建一个 script 元素，设置该元素的 text 属性为从服务器上接收到的 responseText。

这种方法的优点是可以下载 JavaScript 代码但不会立即执行，由于代码是 script 标签之外返回的，因此它下载后不会自动执行，开发者可以控制执行时机；另一个优点是代码浏览器兼容性好。该方法的主要局限性是 JavaScript 文件必须与所请求的页面处于相同的域，JavaScript 文件不能从 CDN 下载，大型 Web 应用通常不会采用 XHR 脚本注入技术。

4. 推荐的阻塞模式

向页面中添加大量 JavaScript 的推荐做法是先添加动态加载所需的代码，然后加载初始化页面所需的剩下的代码。因为第一部分的代码尽量精简，甚至可能只包含 loadScript()函数，下载执行都很快，不会对页面有太多影响。一旦动态加载代码就位，就可以用它加载剩余的 JavaScript。将代码放在 body 结束标签之前，确保 JavaScript 在执行过程中不会阻碍页面其他内容的显示。其次，当第二个 JavaScript 文件完成下载时，应用所需要的所有 DOM 结构已经创建完毕，能够执行交互准备，从而避免需要检测页面是否加载完成。使用阻塞模式加载 JavaScript 的代码如下：

```
function loadScript(url, callback){
    var script = document.createElement("script");
    script.src = url;
    document.getElementsByTagName("head")[0].appendChild(script);
    if (script.readyState) {
        script.onreadystatechange = function () {
            if (script.readyState == "load" || script.readyState ==
"complete") {
                script.onreadystatechange = null;
```

```
                    callback();
                }
            };
        } else {
            script.onload = function () {
                callback();
            }
        }
    }
    loadScript("rest.js", function () {
        //回调函数
    })
```

我们也可以采用 Yahoo 工程师 Ryan Grove 创建的更为通用的延迟加载工具 LazyLoad，网址是 http://github.com/rgrove/lazyload/，LazyLoad 是 loadScript()函数的增强版，该文件压缩后约为 1.5KB。

1.3.15　选取 DOM 对象

document 对象由 HTML 元素构成，HTML 元素用于描述网页的结构，一个元素包含起始标签和结束标签及标签内的内容。起始标签可以包含属性，属性通常描述该元素的更多信息，全局属性适用于每个元素，例如 class、id、title 属性。属性有名称和值，值通常包含在一对双引号中，如图 1-6 所示。

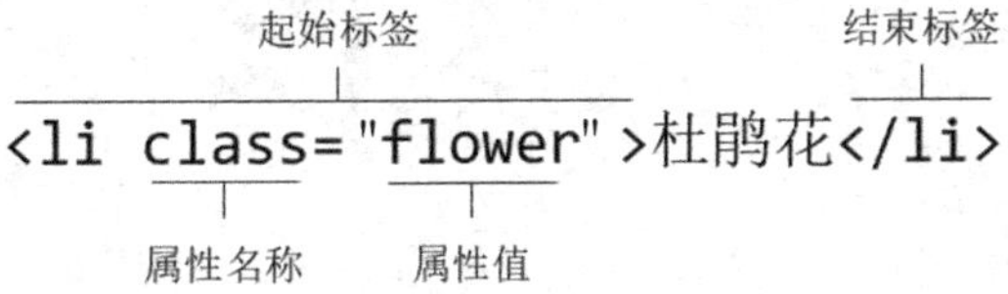

有少数不包含任何内容的元素（例如 img、br），它们有自结束的标签。可以通过 HTML 元素的 id 属性、类属性和标签名称来选取 DOM 元素，还可以通过 W3C Selectors API 规范中的 querySelector()和 querySelectorAll()方法来选取元素。其中用于选取单个元素的方法有 getElementById()、querySelector()，用于多个元素选择的方法有 getElementsByClassName()、getElementsByTagName()和 querySelectorAll()。

图1-6　HTML元素结构

document 对象在浏览器窗口载入 Web 页面时建立，包含了页面的属性（如 title）、页面事件（如 load、click）和方法（如 getElementById），使用 document 对象可以访问或修改用户在页面上看到的内容，并根据用户与页面的交互方式进行响应。其中，title 属性就是 head 标签内的 title 标签值。lastModified 属性是页面最后修改时间。需要注意的是，选择元素时尽量明确界定元素搜索范围，比如通过指定祖先元素、指定层级关系来限定查找范围，提高搜索效率。

1. getElementById

getElementById 方法是 document 对象特有的方法，JavaScript 语言是区分字母大小写的，写成"getElementsById""GetElementById"和"getElementByID"等将无法选取元素。函数名后的圆括号设置要选取元素的 id 属性值，id 属性值必须放在单引号或双引号里，getElementById 返回带有指定 id 属性值的元素节点对应的对象，这个对象对应着 document 对象里的一个独一无二的元素，比如 document.getElementById("btn-alert")。一般来说，无须为文档里的每一个元素都定义一个独一无二的 id 值，DOM 提供了另外的方法来获取那些没有 id 属性的对象。支持的浏览器最低版本为 IE5.5、Opera、所有版本的 Chrome、Firefox 和 Safari。

2. getElementsByClassName

getElementsByClassName 能够通过元素头标记中的 class 属性的类名来访问元素，该方法只接受查找的类名作为参数，语法格式为 document.getElementsByClassName("class")。查找带有多个类名的元素时，通过在类名之间使用空格来分隔类名，语法格式为 document.getElementsByClassName("class1class")，匹配与类的指定顺序无关，与是否全部匹配无关，只要包含了指定的类名就匹配，该方法返回一个具有相同类名的元素数组。可通过数组索引值来访问个别元素，或者通过使用数组长度 length 属性构建循环遍历每个元素，并执行相同的操作，比如绑定鼠标事件或者设置样式。支持的浏览器最低版本为 IE9、Opera10、所有版本的 Chrome4、Firefox3 和 Safari4。为了兼顾老式浏览器，程序员需要使用已有的方法实现 document.getElementsByClassName，代码如下：

```
function getElementsByClassName(node, classname){
    if (node.getElementsByClassName) {
        return node.getElementsByClassName(classname);
    } else {
        var results = newArray();
        var elems = node.getElementsByTagName("*");
        for (var i = 0; i < elems.length; i++) {
            if (elems[i].className.indexOf(classname) != -1) {
                results[results.length] = elems[i];
            }
        }
        return results;
    }
}
```

该函数接受 node 和 classname 两个参数，node 表示 DOM 树的搜索起点，classname 是要搜索的类名。如果浏览器支持 getElementsByClassName 函数就直接返回节点列表，否则，循环遍历所有标签，查找具有类为 classname 的元素，然后以返回节点列表。

3. getElementsByTagName

getElementsByTagName 方法返回指定标签的元素节点对应的对象数组，即使整个文档里只有一个元素，也返回一个长度为 1 的数组，函数名后的圆括号设置要获得的元素标签名称，每个对象分别对应着文档里有着给定标签的一个元素，getElementsByTagName 允许把一个通配符(*)作为它的参数，返回文档中元素节点的总数，用 length 属性查出这个数组的元素个数，也可以把 getElementsByTagName 赋值给一个变量来改善代码的可读性。例如：

```
var para = document.getElementsByTagName('*')
for (var i = 0;i < para.length;i++) {
  console.log(para[i].nodeName)
}
```

可通过数组索引值来访问个别元素，或者通过使用数组长度 length 构建循环，对每个选取的对象执行相同的操作，比如绑定鼠标事件或者设置样式。可以把 getElementById 和 getElementsByTagName 结合起来，通过 id 元素节点限定标签查询范围，从而精确地获取某个特定元素包含的子元素对象。例如：

```
var myCarousel = document.getElementById('carousel')
var items = myCarousel.getElementsByTagName('div')
for (var i = 0;i < items.length;i++) {
  console.log(items[i].nodeName)
}
```

以上两条语句执行完毕后，items 数组将只包含 id 属性值是 carousel 的元素所包含的 div 元素。支持的浏览器最低版本为 IE6、Opera10、所有版本的 Chrome、Firefox3 和 Safari4。

4. querySelector 和 querySelectorAll

W3C Selectors API 规范中定义了 querySelector 和 querySelectorAll 方法，这种方式自然比使用 JavaScript 和 DOM 来遍历查找元素更快，其作用是根据 CSS 选择器规范，便捷地定位文档中指定的元素。querySelector 和 querySelectorAll 的参数须是符合 CSS 选择器的字符串。querySelector()能够获得第一个匹配的节点。querySelector()和 querySelectorAll()都是 DOM 对象节点的属性，document.querySelectorAll()可以查询整个文档，而 el.querySelectorAll()在子节点中进行查询。querySelectorAll()使用 CSS 选择器作为参数并返回一个 NodeList，NodeList 包含着匹配节点的类数组对象，而不是 HTML 集合，返回的节点不会对应实时的文档结构。例如获取页面 id 属性为 slide 的元素：

```
document.querySelector("#slide")
```

或者用

```
document.querySelectorAll("#slide")[0]。
```

querySelectorAll()处理大量组合查询时效率更高，用法是：

```
var divs=document.querySelectorAll("div.wrap,div.menu");
```

如果不使用 querySelectorAll，要获得相同的结果则复杂得多，需要选择所有的 div 元素，遍历剔除那些不符合条件的部分，然后将获得的元素添加到元素集合数组，代码如下：

```
var errs = [],
    divs = document.getElementsByTagName("div"),
    classname = "";
for (var i = 0, len = divs.length; i < len; i++) {
    classname = divs[i].className;
    if (classname === "wrap" || classname === "menu") {
        errs.push(divs[i])
    }
}
```

支持的浏览器最低版本为 IE8、Opera10、所有版本的 Chrome、Firefox3.5 和 Safari4。

5. 获取兄弟元素

先获取此元素的父节点的所有子节点，因为所有子节点也包括此元素自己，所以要从结果中去掉自己，再将符合条件的兄弟元素加入元素集合数组并返回。代码如下：

```
function siblings (elm) {
  var arr_siblings = []
  var p = elm.parentNode.children
  for (var i = 0,pl = p.length;i < pl;i++) {
    if (p[i] !== elm)a.push(p[i])
  }
  return a
}
```

还有另外一种看起来比较奇特的方法：先找到此元素的父节点的第一个子节点，然后循环查找此节点的下一个兄弟节点，一直到查找完毕。如 jQuery 里面获取兄弟节点的代码如下：

```
function sibling (elem) {
  var r = []
  var n = elem.parentNode.firstChild
  for (;n;n = n.nextSibling) {
    if (n.nodeType === 1 && n !== elem) {
      r.push(n)
    }
  }
  return r
}
```

1.3.16 addEventListener

要给一个对象指定一个或多个事件处理程序时，就不能使用属性（如 onload）来完成，而必须使用方法 addEventListener。对对象调用 addEventListener 来注册一个事件处理程序，如 document.addEventListener("plusready",plusReady,false)，表示对 document 对象添加 plusready 事件（第一个参数），第二个参数 plusReady 指向事件处理程序的引用，第三个参数 false 指定事件是否向上传递给父元素。对于顶层对象无关紧要，但如果元素有嵌套，并希望触发了被嵌套元素时同时触发外层嵌套的元素时，就要将第三个参数设置为 true。可以使用 removeEventListener 删除事件处理程序。对于 IE8 和更早版本，为确保事件能正常工作，可使用以下代码：

```
if (element.addEventListener) {
  // 如果浏览器支持 addEventListener，就使用 addEventListener 方法添加事件处理程序
  element.addEventListener('click', handler, false)
}else {
  //如果浏览器不支持 addEventListener，就使用 attachEvent 方法添加事件处理程序，
  //不接受第 3 个参数，事件名称用"onclick"
  element.attachEvent('onclick', handler)
}
```

1.3.17 读写 HTML DOM style 对象属性

style 对象代表一个单独的样式声明。可从应用样式的文档或元素读取和设置 style 对象的属性值，使用 style 对象属性的语法如下：

```
document.getElementById("id").style.property="值"
```

在 JavaScript 中，任何支持 style 属性的 HTML 元素都有一个对应的 style 属性。这个 style 对象是 CSS Style Declaration 的实例，它包含着通过 HTML 的 style 属性指定的所有样式信息，对象代表一个单独的样式声明，其语法为 element.style.property="值"，style 对象支持的属性有背景、边框和边距、布局、列表、杂项、定位、打印、滚动条、表格、文本和标准属性（dir、lang、title）。

使用 style 对象修改的是该元素的具体样式声明，如本任务的表格行 tr 背景颜色 background

Color，而不是元素的类样式名称，如修改 class="tr-hover"的 tr-hover 值。另外，使用"style.属性名"设置元素声明时，元素的样式属性带有一个或者多个"-"连接符时，就与 JavaScript 语言的减法操作符冲突，JavaScript 会解释为减号，不能再用作属性名称，需改写为驼峰命名法，把样式属性名称中的"-"移除，将"-"后的字母大写，如 font-size 改写为 fontSize，font-family 改写为 fontFamily，margin-top-width 改写为 marginTopWidth。多数情况下，都可以通过上面的规则简单地转换属性名，但 float 不能直接转换，因为 float 是 JavaScript 保留字，因此不能用作属性名，Firefox、Safari、Opera 和 Chrome 都支持 DOM2 级规定的样式名 cssFloat，而 IE 支持的则是 styleFloat。

（1）读取样式。style 属性包含着元素的样式，查询 style 属性将返回一个对象而不是一个简单的字符串，样式存放在该 style 对象的属性中。使用 element.style.property 来获取样式，比如元素 element 的 color 属性使用 element.style.color 获得。获取的样式属性所采用的单位并不总是与 CSS 样式表里的设置相同，比如颜色值的返回值会转化为 RGB 分量表示。获取样式支持对 CSS 简写属性的解析，比如 style="font:14px/1.5'TimesNewRoman'"。

（2）写入样式。style 对象的各个属性都是可以读写的，可以通过 style 属性来获取和设置样式，语法如下：

```
element.style.property=value
```

value 对象的属性值永远是一个字符串，必须放在单引号或者双引号中，支持速记样式，比如 element.style.font="2em 'time'"。如果没有引号，JavaScript 会把 style 属性值解释为变量。使用 DOM 设置的样式虽然比较容易，但能做什么事并不意味着应该做什么事。就像不应该利用 DOM 去创建页面 HTML 结构，在绝大多数场合应该使用 CSS 去声明重要样式。在不方便使用 CSS 的场合，再使用 DOM 把它们检索出来进行样式设置和更新。

1.3.18 cssText

通过 JS 来覆写对象的样式是比较典型的一种销毁原样式并重建的过程，这种销毁和重建都会增加浏览器的开销。采用 style 属性设置元素多条样式时，样式一多，代码就很多，导致代码冗余且会导致页面重新渲染，一般情况下用 JS 设置元素对象的样式会使用以下形式：

```
var element=document.getElementById("id");
element.style.width="20px";
element.style.height="20px";
element.style.border="solid 1px red";
```

采用 cssText 设置 HTML 元素的 style 属性值可减少代码冗余，尽量避免页面重新渲染，提高页面性能。语法为 obj.style.cssText="样式"，例如：

```
element.style.cssText="width:20px;height:20px;border:solid1pxred; ";
element.style.cssText="color:red;font-size:13px;";
```

但是，这样会有一个问题：会把原有的 cssText 清掉，比如原来的 style 中有"display:none;"，那么执行完上面的 JS 后，display 就被删掉了。为了解决这个问题，可以采用 cssText 累加的方法：

```
element.style.cssText+=";width:100px;height:100px;top:100px;left:100px; "
```

1.4 任务实施

1.4.1 安装和配置 Visual Studio Code

直接访问 Visual Studio Code 官网（网址 https://code.visualstudio.com/Download），或者在搜索引擎中搜索关键词 "vscode"，打开官方下载页面，如图 1-7 所示，根据计算机操作系统类型选择相应版本，记住下载的安装文件保留的路径。

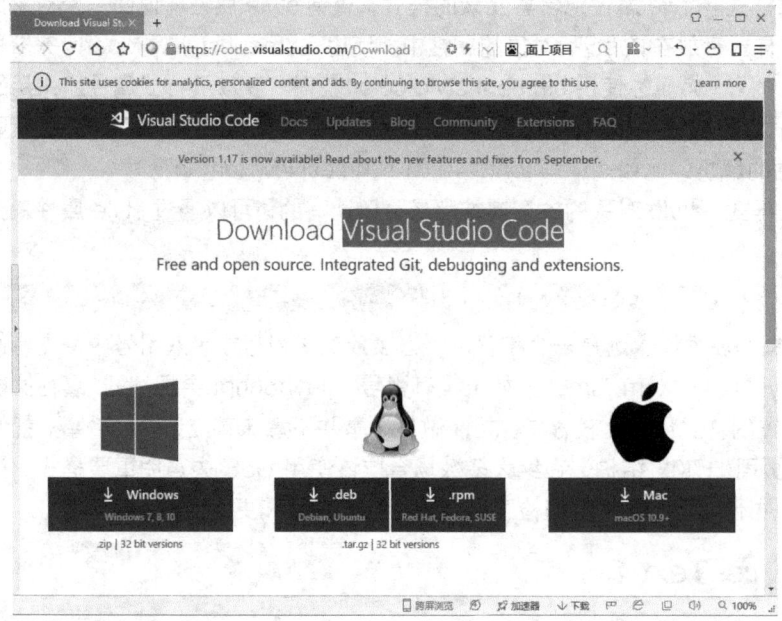

图1-7 下载Visual Studio Code编辑器

打开下载的安装文件所在文件夹，双击下载的安装文件，根据提示执行安装操作，如图 1-8 所示，默认安装路径为 "C:\Program Files\Microsoft VS Code"。

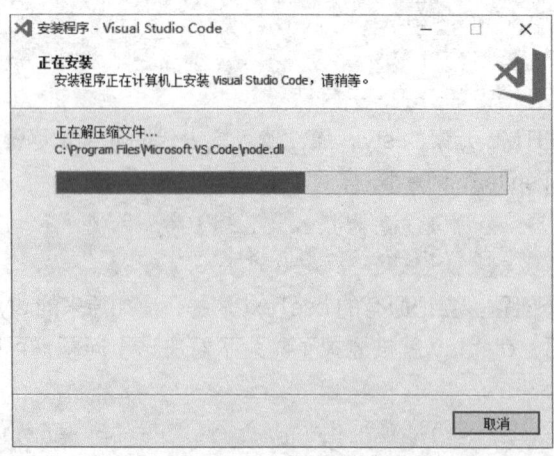

图1-8 Visual Studio Code安装

　　启动 Visual Studio Code 编辑器，编辑器左边显示了所有文件夹和文件，右边显示了已经打开的文件内容，Visual Studio Code 界面如图 1-9 所示。Visual Studio Code 会记录上次编辑器关闭时文件夹、文件、已经打开的文件等状态信息。

图1-9　启动Visual Studio Code

1.4.2　安装常用扩展

1. 安装/卸载扩展（插件）

　　从菜单中选择【查看】→【扩展】菜单项（快捷键：Ctrl+Shift+X），或单击左侧边框的扩展图标按钮█进入扩展视图界面安装/卸载扩展，在顶部搜索框中输入需要安装的扩展插件，找到之后在扩展插件后面的选项中单击【安装】按钮即可。卸载扩展只需要单击【卸载】按钮即可。

　　选择扩展(插件)可以根据扩展的用途来搜索，带 snippets 一般是代码提示类扩展，带 viewer一般是代码运行预览类扩展，带 support 一般是代码语言支持，带 document 一般是参考文档类扩展，带 format 一般是代码格式化整理扩展，当然扩展兼有多项功能，注意阅读官方文档。

　　扩展下载安装完毕之后需要单击【启用】才生效，有些扩展需要重启编辑器才生效。

2. 常用扩展介绍

　　HTML Snippets 为 HTML 文档提供代码提示功能，支持 HTML5。VS colorPicker 为 CSS 文档和 HTML 文档提供颜色选择，当输入"#"后会出现颜色选择器浮窗，单击相应颜色之后会插入文档中，默认用十六进制表示。live HTML Previewer 为 HTML 文档提供预览功能，需要用命令或者快捷键调出，会在编辑器中新增一列，用于运行 HTML 文件。按 F1 键在命令框中输入"Show sidepreview"，新增一列显示 HTML，能边写边看到效果，实时预览。可以在 HTML 文档中单击鼠标右键，选择【Open in browser】菜单项，系统会默认在浏览器中打开页面，该模式下不能提供实时预览，保存时不自动刷新浏览器。

1.4.3 Chrome 浏览器

Chrome 下载与安装的方法是，通过搜索引擎或直接输入 Chrome 在线安装版本链接地址：https://www.google.cn/chrome/，如图 1-10 所示，下载后按提示安装即可。

图1-10　在线下载安装Chrome浏览器

1.4.4 Chrome 开发者工具

Chrome 浏览器为开发者提供了强大的开发调试工具，按 Ctrl+Shift+I 组合键或 F12 键，或者在浏览器窗口单击鼠标右键，再从弹出的菜单中选择【检查】命令均可打开开发者工具面板。Elements 用于查看整个页面 DOM、编辑 HTML、查看元素 CSS 和查找元素等；Console 控制台用于 JavaScript 开发调试，如图 1-11 所示；Sources 列举了页面加载图片、CSS、JavaScript 等资源来源；Network 用于网页性能和优化分析，包括资源响应时间、等待时间、状态码、MINEType、资源大小等；Timeline 用于查看渲染进程；Profiles 用于检测 CPU 占用程度、堆栈申请的内存等；Application 用于管理 LocalStorage、Session Storage 和 Cookies。

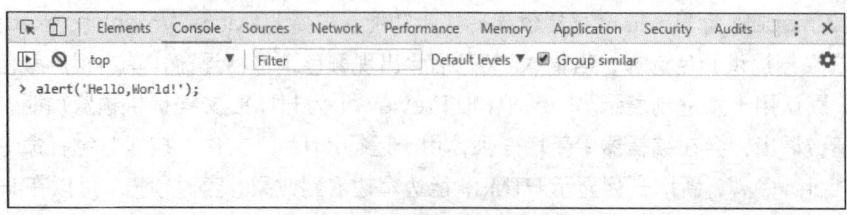

图1-11　Chrome浏览器Console

1.4.5　安装 Node.js

可以不使用 Apache 服务器，直接使用 Node.js 来搭建 JavaScript 服务器。直接访问官网地址 https://nodejs.org/en/，或者在搜索引擎中搜索关键词 "node.js"，打开官方下载页面，如图 1-12 所示，下载最新版本，要记住下载的安装文件保留的路径。

图1-12　Node.js官方网站

打开下载的文件所在文件夹，双击下载的安装文件，根据提示执行安装操作，默认安装路径为 "C:\ProgramFiles\nodejs"，NPM（NodePackageManager），即 Node.js 模块管理工具会随同 Node.js 一起安装。打开终端验证安装是否成功，按 Win+R 组合键，弹出 "运行" 对话框，在文件输入框中输入 "cmd"，单击【确定】按钮，弹出命令行窗口，输入命令 "node –v"，安装成功则显示当前 Node.js 版本信息。

1.4.6　安装与配置 http-server

打开命令行窗口，使用 NPM 安装 http-server 的命令是 "npm install http-server –g"，–g 选项确保安装成全局性应用，可以在任意的目录使用。安装完毕后，可以直接进入项目文件，按住 Shift 键在空白处单击鼠标右键，打开命令窗口，通过命令行启动 HTTP 服务器，启动命令参数见核心知识部分 http-server 介绍。

1.4.7　编写 HTML 和 CSS

在计算机驱动器 D 盘中建立任务文件夹 "wwwroot"，启动 Visual Studio Code，选择【文件】→【打开文件夹】菜单项，弹出 "打开文件夹" 对话框，选择 "wwwroot" 作为项目文件夹。新建文件夹 "table-hover"，在该文件夹中单击 按钮新建文件，输入文件名 "table-hover.html"，按 Enter 键在代码编辑器窗口左侧打开该文件。输入 "HTML:5"，在 Emmet 代码提示下按 Enter 键扩展生成 HTML5 文档代码，修改 title 标签标题为 "表格行悬停提示效果"，在 body 开始标签后输入 "table>thead>tr>td{序号}+td{学号}+td{姓名}+td{手机电话}+td{QQ 号码}"，在 Emmet 缩写提示下按 Enter 键扩展代码，生成表格标题行 thead，再在</thead>标签后插入空行，输入 HTML 代码缩写 "tbody>(tr>td{ɣ}+td{20155531ɣɣ}+td{前端工程师ɣ}+td{1356699ɣɣɣɣ}+td{449846574ɣ})*5"，其中ɣ为 Emmet 自增变量，在 Emmet 缩写提示下按 Enter 键扩展代码，生成 5 行表格内容区 tbody，给 table 标签添加 id 属性，设置属性值为 "table-hover"，代码如下：

```
<!DOCTYPE html>
<html lang="en">

<head>
    <meta charset="UTF-8">
    <meta name="viewport" content="width=device-width,initial-scale=1.0">
    <meta http-equiv="X-UA-Compatible" content="ie=edge">
    <title>表格行悬停提示效果</title>
    <style>
        #table-hover {
            width: 80%;
            margin: 10px auto;
            border-collapse: collapse;
        }

        thead {
            font-weight: bold;
            background-color: #f5f5f5;
        }

        td {
            border: 1px solid #333;
            padding: 6px;
            text-align: center;
        }
    </style>
</head>

<body>
    <table id="table-hover">
        <thead>
            <tr>
                <td>序号</td>
                <td>学号</td>
                <td>姓名</td>
                <td>手机电话</td>
                <td>QQ 号码</td>
```

```html
                        </tr>
                </thead>
                <tbody>
                    <tr>
                        <td>1</td>
                        <td>2015553101</td>
                        <td>前端工程师 1</td>
                        <td>13566990001</td>
                        <td>4498465741</td>
                    </tr>
                    <tr>
                        <td>2</td>
                        <td>2015553102</td>
                        <td>前端工程师 2</td>
                        <td>13566990002</td>
                        <td>4498465742</td>
                    </tr>
                    <tr>
                        <td>3</td>
                        <td>2015553103</td>
                        <td>前端工程师 3</td>
                        <td>13566990003</td>
                        <td>4498465743</td>
                    </tr>
                    <tr>
                        <td>4</td>
                        <td>2015553104</td>
                        <td>前端工程师 4</td>
                        <td>13566990004</td>
                        <td>4498465744</td>
                    </tr>
                    <tr>
                        <td>5</td>
                        <td>2015553105</td>
                        <td>前端工程师 5</td>
                        <td>13566990005</td>
                        <td>4498465745</td>
                    </tr>
                </tbody>
            </table>
    </body>

</html>
```

1.4.8 编写 JavaScript

在</body>标记前面插入 script 标签，代码如下：

```
<script>
var trs = document.getElementById("table-hover").getElementsByTagName("tr");
for (var row = 0, len = trs.length; row < len; row++) {
    trs[row].addEventListener("mouseover", function () {
        this.style.backgroundColor = "#f5f5f5";
        this.style.fontWeight = "bold"
    });
    trs[row].addEventListener("mouseout", function () {
        this.style.backgroundColor = "";
        this.style.fontWeight = "normal";
    });
}

</script>
```

1.4.9 测试页面

可以直接在本地测试页面，也可以通过 http-server 来测试。具体方法为，打开命令行窗口，应用 DOS 命令 cd 进入 d:\wwwroot 目录，输入 "http-sever-p80-o" 启动 HTTP 服务器，并打开浏览器窗口，单击 table-hover.html 文件测试页面，页面效果如图 1-13 所示。

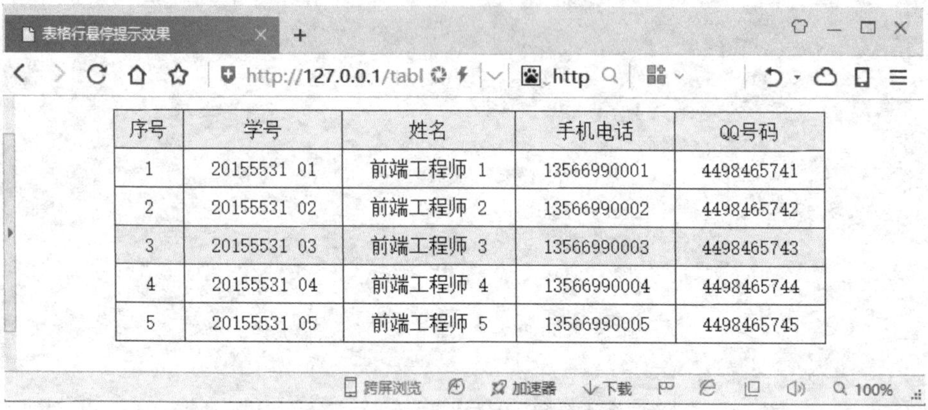

序号	学号	姓名	手机电话	QQ号码
1	20155531 01	前端工程师 1	13566990001	4498465741
2	20155531 02	前端工程师 2	13566990002	4498465742
3	20155531 03	前端工程师 3	13566990003	4498465743
4	20155531 04	前端工程师 4	13566990004	4498465744
5	20155531 05	前端工程师 5	13566990005	4498465745

图1-13　表格行悬停提示效果

1.5　强化训练

结合本任务实施过程，重置本地环境，重新搭建 JavaScript 前端编码和测试环境，将 Web 站点根目录设置为 "d:/wwwroot"，编写一个鼠标悬停图片透明度变化的页面，具体要求是从百度下载 6 张同类主题的图片，规范文件名称和调整大小后，使用 ul 和 li 标签插入到网页中，定义样式表，让 6 张图片排成 2 行 3 列，设置当鼠标悬停在任意上时，图片透明度改为半透明（opacity 为 0.5），当鼠标移开后恢复到正常透明度，保存并测试你的页面。

1.6 学习成果评量

等级	评分指标	得分
及格	P1. 能搭建和使用 Web 前端开发环境	
	P2. 能编写前端页面 JavaScript 模板	
	P3. 能设计制作表格行悬停变色的 HTML 和样式表	
	P4. 能基于表格行悬停变色原理实现表格行背景及文本样式变换效果	
良好	M1. 能够根据项目需求局部修改表格悬停状态相关参数	
优秀	D1. 能够根据项目需求定制重复类元素的响应状态及样式	
	D2. 能够从性能效率角度整体优化 HTML、CSS 和 JavaScript 代码，实现特定事件触发界面变化效果	
评语		

2

Chapter

任务 2

斑马线表格制作

JavaScript

2.1 任务导入

表格行较少时，可以直接定义样式表实现斑马线表格，但当表格行较多或者后台生成表格行数不确定时，或者是行可能随时增删的表格，再或者表格需要响应交互事件时，手动设置表格类样式和修改样式，工作量巨大且效率低下，使用 CSS3 的高级选择器:nth-child()会存在浏览器兼容性问题。JavaScript 特别擅长处理重复性任务，能实现比样式表更为丰富的 DOM 操作。一般当表格第一行有背景色时，从第三行设置背景色；第一行没有背景色时，从第二行设置背景色。本任务完成后的效果如图 2-1 所示。

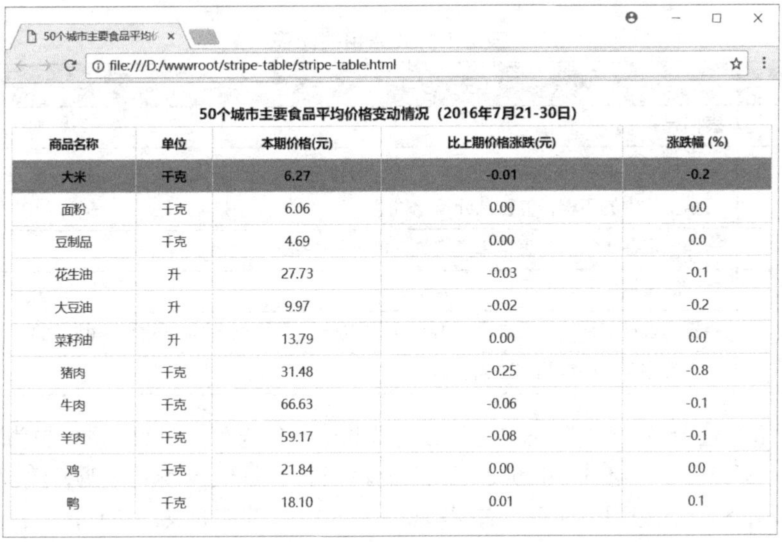

50个城市主要食品平均价格变动情况（2016年7月21-30日）

商品名称	单位	本期价格(元)	比上期价格涨跌(元)	涨跌幅 (%)
大米	千克	6.27	-0.01	-0.2
面粉	千克	6.06	0.00	0.0
豆制品	千克	4.69	0.00	0.0
花生油	升	27.73	-0.03	-0.1
大豆油	升	9.97	-0.02	-0.2
菜籽油	升	13.79	0.00	0.0
猪肉	千克	31.48	-0.25	-0.8
牛肉	千克	66.63	-0.06	-0.1
羊肉	千克	59.17	-0.08	-0.1
鸡	千克	21.84	0.00	0.0
鸭	千克	18.10	0.01	0.1

图2-1　斑马线表格最终效果

2.2 成果目标

知识目标	技能目标	素质目标
1. 阐述表格常用标签 2. 理解条纹表格实现原理 3. 理解变量命名规范 4. 理解变量作用域 5. 理解元素 style 属性 6. 理解 HTML 中使用 JavaScript 的方式	1. 设计表格结构和样式 2. 设计函数 3. 善用 getElementsByClassName 4. 善用 getElementsByTagName 5. 善用 addClass 6. 善用 mouseover、mouseout 事件 7. 善用事件委托 8. 设置元素 style 属性 9. HTML 中使用 JavaScript 的方法	1. 遵循 Web 开发规范 2. 培养严谨的编程习惯 3. 培养分析和解决前端问题的能力 4. 培养演绎思维能力 5. 培养归纳思维能力

2.3 **核心知识**

2.3.1 表格常用标签

<table>元素用来创建表格，最简单的表格由一个<table>元素构成，其中包含一个或多个行元素<tr>，每一行又包含一个或多个数据单元格<td>或表头单元格<th>。表头单元格用于显示说明列和行用途的标题文字，行或列可以没有表头单元格，也可以有多行或多列表头单元格。数据单元格可以包含任意内容，包括嵌套表格、块级元素、文字和对象。通常表头单元格放置标题文字，数据单元格显示表格式数据，如表 2-1 所示。

表 2-1　table 相关标签

标签	描述
<table>	表格元素
<thead>	表格标题行的容器元素（<tr>），用来标识表格列
<tbody>	表格主体中的表格行的容器元素（<tr>）
<tr>	一组出现在单行上的表格单元格的容器元素（<td>或<th>）
<td>	默认的表格单元格
<th>	特殊的表格单元格，用来标识列或行（取决于范围和位置）。必须在<thead>内使用
<caption>	关于表格存储内容的描述或总结

为方便对表格进行模块化样式设置，可以对表格进行行与列的分组，形成更为完整的表格结构。选用 thead 标记表头行组，选用 tbody 标记表体行组，选用 tfoot 标记表脚行组，选用 colgroup 标记列组，选用 col 标记列（col 列没有尾标记）。caption 元素定义表格标题，每个表格仅定义一个标题，一般放置在 table 标签之后，该标题会被居中于表格之上，可通过样式属性 caption-side 设置标题在表格中的位置，默认 top 值时标题定位在表格第一行上边，设置为 bottom 值时标题定位在表格最后一行下边。一般表格结构如下：

```
<table>
    <caption>项目成员通信录</caption>
    <thead>
        <tr>
            <th>姓名</th>
            <th>手机号码</th>
            <th>电子邮箱</th>
        </tr>
    </thead>
    <tbody>
        <tr>
            <td>赵建保</td>
            <td>1353876xxxx</td>
            <td>mpcer@163.com</td>
        </tr>
    </tbody>
```

```
        <tfoot>
            <tr>
                <th>姓名</th>
                <th>手机号码</th>
                <th>电子邮箱</th>
            </tr>
        </tfoot>
</table>
```

表格行可以包含任意数量的<tbody>元素，但是最多只能包含一个<thead>和一个<tfoot>，这是因为浏览器在每个表格中只能显示一个表头和表脚分组，通常表头分组位于表开头，而表脚分组位于表末尾，thead/tbody/tfoot 的显示位置与代码顺序无关。即使表脚各行的 HTML 代码位于表体代码之前也如此。

表格层次结构按从下至上的堆叠顺序为表格（table）>列组（colgroup）>列（col）>行组（thead、tbody、tfoot）>行（tr）>单元格（td）。后一个样式会覆盖前一个结构相同的样式，比如背景（background）。包含表格的 HTML 页面从底层的到顶层的结构分别是 html、body、table、表格标题（caption）、行组（thead、tbody、tfoot）、行（tr）、单元格（td 或 th）。

2.3.2　表格斑马线原理

表格斑马线能够美化表格和提高阅读效率，避免阅读表格行时跳行，其实现原理是通过周期性地设置表格行（tr）的背景颜色属性来实现，具体思路是：把 HTML 页面文档里所有 table 元素找出来，对每个 table 元素的所有行（tr）进行遍历，依照斑马线变化周期设置 tr 背景样式即可。

2.3.3　读写 HTML DOM className 属性

HTML DOM className 属性可设置或返回元素的 class 属性值。获取属性值的语法如下：

```
HTMLElementObject.className
```

设置属性值的语法如下：

```
HTMLElementObject.className=classname
```

给元素添加 class 时，如果原来没有设置过 className 属性，则直接进行设置；如果已经设置过 className 属性，则采用类名称字符串拼接操作，把新 class 设置值追加到 classname 属性上。注意，追加的字符串前增加一个空格，避免新添加的类覆盖掉原来设置的类，可编写成 addClass 函数，代码如下：

```
function addClass(element, value){
    if (element.className) {
        element.className = value;
    } else {
        element.className += " value";
    }
}
```

函数实现步骤：检查 className 属性值是否为 null，如果是，把新的 class 值直接赋值给

className 属性；如果不是，把一个空格和新的 class 设置追加到 className 属性上。

所有主要浏览器 Internet Explorer、Firefox、Opera、Google Chrome 和 Safari 都支持 className 属性。

2.3.4　严格模式（use strict）

ECMAScript 5.0 新增严格运行模式，要求 JavaScript 在更严格的条件下运行。严格模式具有以下好处：①消除 JavaScript 语法的一些不合理、不严谨之处，减少一些怪异行为；②消除代码运行的一些不安全之处，保证代码运行的安全；③提高编译器的效率和运行速度；④为未来新版本的 JavaScript 做好铺垫。"严格模式"体现了 JavaScript 更合理、更安全、更严谨的发展方向，包括 IE10 在内的主流浏览器都已经支持它，许多大项目已经开始全面拥抱它。另一方面，同样的代码，在"严格模式"中，可能会有不一样的运行结果；一些在"正常模式"下可以运行的语句，在"严格模式"下将不能运行。掌握这些内容，有助于更细致深入地理解 JavaScript，使自己变成一个更优秀的程序员。

启用严格模式只要在代码首部加入"use strict"注释字符串即可，不支持该模式的浏览器会把它当作一行普通字符串忽略掉。严格模式有全局模式和局部模式两种场景。全局模式将"use strict"放在脚本文件的第一行，则整个脚本都将以严格模式运行。如果该语句不在第一行（实际运行的脚本，前面可以有注释），则无效，整个脚本将以正常模式运行。如果不同模式的代码合并成一个文件，需要特别注意。将"use strict"放在函数内的第一行，则整个函数将以严格模式运行。因为全局模式不利于文件合并，所以更好的做法是借用局部模式的方法，将整个脚本文件放在一个立即执行的匿名函数中。

```
(function () {
    "uses trict";
    //JavaScript 代码
})();
```

严格模式的限制如下。

● 不允许使用未声明的变量，对象也是一个变量，必须先用 var 显式声明变量，然后才能被使用。

● 不允许删除变量或对象，只有 configurable 设置为 true 的对象属性才能被删除。

● 不允许删除函数。

● 禁止 this 关键字指向全局对象。

● 禁止在函数内部遍历调用栈。caller、callee 和 arguments 的调用行为都被禁用。

● 禁止使用 with 语句。

● 严格模式下会创设 eval 作用域，不再生成全局变量，它所生成的变量只能用于 eval 内部，在作用域 eval()创建的变量不能被调用，在正常模式下，eval 语句的作用域取决于它处于全局作用域还是函数作用域。

● 不允许标识符重名，包括对象不能有重名的属性、函数不能有重名的参数。

● 不允许使用八进制，整数第一位为 0 将报错，但在正常模式下，整数第一位如果是 0，表示八进制数，如 0100 为十进制的 64。

● 不允许使用转义字符。

● 不允许对只读属性赋值，赋值将报错，但在正常模式下，对一个对象的只读属性进行赋值，失败时不会报错。

● 不允许对一个使用 getter 方法读取的属性进行赋值，否则报错。

● 不允许删除一个不允许删除的属性，否则报错。

● 不允许对禁止扩展的对象添加新属性，否则报错。

● 变量名不能使用"eval"字符串。

● 函数必须声明在顶层，严格模式只允许在全局作用域或函数作用域的顶层声明函数，不允许在非函数的代码块内声明函数。

● arguments 对象限制，arguments 是函数的参数对象，在严格模式下不允许赋值、不再追踪参数的变化、禁止使用 arguments.callee，无法在匿名函数内部调用自身。

● 保留关键字，为了向将来 JavaScript 的新版本过渡，严格模式新增了一些保留关键字：implements、interface、let、package、private、protected、public、static、yield。

2.3.5　定义变量

变量用来存储数据，是一个存放数值的容器，当需要多次使用同一数据（比如 3.1415926 53589793）或者所存储的数据在初始化之后可能改变时应该使用变量。变量用来代表某些程序运行前还未知的数据，例如某个计算结果。变量保存的数据可以在需要时设置、更新或提取，赋给变量的值会更新变量的类型。变量被创建后不需要再使用 var 关键字给变量赋予新值，只需要使用变量名、=和新值即可。当离开页面后，浏览器就会删除变量。

定义变量通常用 var 操作符，var 是 variable 的缩写，后跟变量名称（标识符），声明变量时，可以使用赋值操作符等于符号（＝）给变量赋初值或者更新变量值，也可以不给变量指定值，未初始化的变量会保存一个特殊的值 undefined。变量、函数名和操作符都区分大小写。标识符是指变量、函数、属性的名字，或者函数的参数。

2.3.6　常量

常量在程序运行时值不能改变，主要用于为程序提供固定和精确的值，如数字、逻辑值等都是常量。通常使用 const 来声明常量。

2.3.7　变量命名规则

变量命名请遵守以下 4 条规则。

（1）变量名必须以字母、下划线（_）及美元符号（ɏ）开头，不能以数字开头，以便 JavaScript 可以轻易区分标识符和数字，中间可以是数字、字母、下划线和美元符号，但不能包含空格、加号（＋）、减号（－）、点（.）号、标点符号（美元符号ɏ例外），可以用下划线分隔。

（2）JavaScript 变量名严格区分大小写。hour 与 Hour 是两个不同的变量名，但不建议使用仅有大小写区别的变量。

（3）变量名应简洁明确。变量取名建议：选择有意义的名称。_m、r 或者 foo 等标识符含义模糊，不如 angle、currentRate 更容易理解；创建由多个单词组成的变量名时，采用驼峰式拼写法。按照惯例，JavaScript 变量名采用驼峰命名法，JavaScript 内置的函数和对象命名格式保持一致，第一个字母小写，剩下的每个单词的首字母大写，例如 myCar、doSomethingImportant；

少用_或γ作为标识符开头。以γ开头的标识符通常保留用于 JavaScript 库。

（4）变量名不能使用 JavaScript 关键字和保留字。关键字是一些特殊的单词，预留着未来版本可能使用的单词，指定浏览器解释器控制语句的开始或结束，或者用于执行特定操作，如 var 用来声明变量。ECMAScript 描述了一组具有特定用途的关键字，关键字不能用作标识符，如表 2-2 所示。

表 2-2　JavaScript 关键字和保留字

abstract	arguments	boolean	break	byte
case	catch	char	class*	const
continue	debugger	default	delete	do
double	else	enum*	eval	export*
extends*	false	final	finally	float
for	function	goto	if	implements
import*	in	instanceof	int	interface
let	long	native	new	null
package	private	protected	public	return
short	static	super*	switch	synchronized
this	throw	throws	transient	true
try	typeof	var	void	volatile
while	with	yield		

变量的使用通常可分为以下两个步骤：声明变量和初始化变量。变量初始化，实际上指的是变量的第一次赋值，可先声明变量，然后初始化，也可以声明变量与初始化同步进行。

2.3.8　JavaScript 语法规范

JavaScript 是区分大小写的语言。关键字、变量、函数名和所有的标识符都必须采取一致的大小写形式，大小写敏感，这点不同于 HTML 标签。在输入关键字、函数名、变量及其他标识符时，都必须采用正确的大小写形式。User 和 user 是两个不同的变量，hourNow 和 HourNow 是不同的变量。具体的语法规范如下。

（1）空白无关紧要。在标识符前后、运算符前后，空格有无和数量不影响程序功能。

（2）单双引号无区别。可以使用单引号（'）和双引号（""）包括字符串，但最好统一，且不要使用引号包括布尔值 true 和 false。

（3）每条语句都以分号（;）结尾。JavaScript 中的语句以一个分号结尾，告诉 JavaScript 解释器该条语句执行完毕，准备开始执行下一个步骤。分号不是必须的，但建议任何时候都不要省略它。分号可以避免程序输入错误，方便程序代码压缩，减少执行时断句开销。如果省略分号，则由解释器确定语句的结尾。表达式不改变程序的运行状态，仅仅计算一个值而不做任何操作。语句改变程序的运行状态。每条语句放在不同行，方便跟踪 JavaScript 脚本的执行顺序，多条语句放在同一行上时，用分号隔开，建议在每条语句的末尾加一个分号。

换行表明一个语句的结束，一个语句分为两行，将会产生错误。

可以用{}来组织代码块，使程序更容易阅读，即使是条件控制语句的单条语句也使用代码块。代码块是放在花括号内的一组语句，可以只包含一条语句，也可以包括任意数量的语句。代码块中的所有语句被视为一个整体，可能都执行，也可能都不执行，右花括号（}）的后面不需要加上分号。

（4）注释。注释可以解释程序某些语句的作用和功能，使程序易于阅读和理解，也可以用注释暂时屏蔽某些语句，使浏览器对其暂时忽略，辅助代码调试。JavaScript 使用 C 语言风格的注释，包括单选注释和块级注释。单选注释以两个斜杠开头（//），之后的内容被视为注释，不会被 JavaScript 解释器处理。块级注释以一个斜杠（/）和一个星号（*）开头，以一个星号（*）和一个斜杠（/）结尾，中间行添加星号（*）提高注释的可读性，如

```
/*
*第一行块注释
*第二行块注释
*/
```

2.3.9　变量类型

JavaScript 有 6 种数据类型：undefined、null、boolean、number、string 和 object。字面值表示某种特定类型的一个值。尽管 JavaScript 有多种变量类型，然而不同于 C/C++、C#或Java，它并不是一种强类型语言。在强类型语言中，声明变量时要指定变量类型，在 JavaScript 中，只需要使用关键字 var 而不必指定变量类型，因此 JavaScript 不是强类型语言。

数字（number）包括浮点数与整数，JavaScript 不区分浮点数值和整型数值，所有数字都由浮点型表示，如 1、586、3.14。在 Web 前端开发中，数字可以用于算术计算，表示屏幕尺寸、元素位置和时间长度等。当变量值以 0 开头时表示一个八进制（以 8 为基数）数，当变量值以 0x 开头时表示一个十六进制（以 16 为基数）数。数字采用指数表示法时，xe+y 表示数字 x 后面加 y 个 0（2e+3 表示 2000），xe-y 表示数字 x 的小数点向左移动 y 位（2e-3 表示 0.002）。JavaScript 所能处理的最大正整数（Number.MAX_SAFE_INTEGER）的安全值是 9007199254740991，最大负整数（Number.MIN_SAFE_INTEGER）的安全值为-9007199254740991。最大值（Number.MAX_VALUE）为 1.7976931348623157e+308，最小值（Number.MIN_VALUE）为 5e-324。

字符串（string）是由 Unicode 字符、数字、标点符号等组成的序列，是 JavaScript 用来表示文本的数据类型，字符包括（但不限于）字母、数字、标点符号和空格。字符串本身包含了引号时，使用转义符号"\"进行转义。字符串必须包在整个引号里，单引号或双引号都可以，但起始引号必须和结尾引号相匹配，字符串的引号必须用半角字符，不能使用全角字符，字符串必须写在一行中。如果要在字符串中使用双引号，则必须用单引号包含整个字符串，反之，要在字串符中使用单引号，则字符串用双引号包含。由单引号定界的字符串中可以含有双引号，由双引号定界的字符串中也可以含有单引号，此时不需要转义，但双引号内出现双引号或者单引号内出现单引号时则必须进行转义，转义符号为反斜杠（\），声明转义符号后的字符是内容的一部分，而不是字符串的结束符号。字符串里由任意个字符组成的序列，例如："h"、"username"、"1"。JavaScript 中双引号或单引号之间的任何值都会被视为一个字符串，"1"也是一个字符串。在一个字符串前使用 typeof 操作符会返回"string"。将一个数字字符串用于算术运算中的操作数时，该字符串会在运算中被当作数字类型来使用。

布尔值（boolean）包括 true 和 false，类似一个开关，要么开，要么关，可以想象成 on/off，

或者是 0/1，true 相当于 on 或 1，false 相当于 off 或 0。布尔值通常用来构建选择语句执行的条件。

undefined 表示这个值未定义或者未初始化，或者赋予一个不存在的属性值。如果只是声明了变量，并未对其赋值，则其值默认为 undefined。

null 是一个特殊的值，用于定义空的或不存在的引用。如果试图引用一个没有定义的变量，则返回一个 null，null 不等同于空的字符串。null 与 undefined 的区别是，null 表示一个变量被赋予了一个空值，而 undefined 则表示该变量尚未被赋值。

对象（object）本质上是由一组无序的名值对组成的，也可以分为基本类型和对象两大类。ECMAScript 的变量是松散类型的，可以保存任何类型的数据。修改变量的值会同时修改变量的类型。布尔值的转换规则如表 2-3 所示。

表 2-3　布尔值转换规则表

数值类型	转换成布尔值
undefined	false
null	false
布尔值	不转换
数字	+0、−0 和 NaN 都是 false，其他都是 true
字符串	空字符串为 false，其他为 true
对象	true

使用 var 操作符定义的变量将成为定义该变量的作用域中的局部变量，函数中使用 var 定义的变量，在函数退出后就会被销毁。省略 var 创建的是全局变量，调用过一次后变量就有了定义，就可以在函数外部的任何地方被访问了。当给一个尚未声明的变量赋值时，JavaScript 会自动用该变量名创建一个全局变量。要创建函数内部的局部变量，必须使用 var 语句进行变量声明。

JavaScript 可以使用三种方式输出变量值：第一种是 alert()，将变量值输出到浏览器的警示窗口；第二种是 console.log()，将变量输出到调试工具的 Console 标签；第三种方法是通过 document.write() 直接输出到 HTML 页面并被浏览器呈现。

2.3.10　变量作用域

JavaScript 程序按照在 HTML 文件中出现的顺序逐行执行，有时语句的执行过程可能很复杂，要等到其他语句或函数运行完成才能执行。当一条语句必须调用其他一些代码才能完成任务时，执行顺序就会改变。函数体内的代码不会被立即执行，只有函数被其他程序调用时，该代码才会被执行。调用函数的语句和函数处于同一执行上下文时，能正常执行。在解释器中，每个执行上下文都包含 variables 对象（variables 对象无法访问，是浏览器内部机制），它保存该执行上下文中的所有变量、函数和参数。每个执行上下文还可以访问其上层的 variables 对象。函数作用域会被连接到其所属的外层对象，其作用域覆盖范围是当前执行上下文的 variables 对象加上它所有外层执行上下文的 variables 对象。子对象可以访问父对象的变量信息，但父对象却无法获取子对象的变量信息。每个子对象都会从相同的父对象那里拿到相同的信息。如果某个变量不在当前上下文的 variables 对象中，就会在其外层执行上下文的 variables 对象中继续寻找，查找会影响性能，所以最好在使用变量时创建变量。

变量作用域指某个变量在程序中的作用（可访问）范围，也就是程序中存在该变量的区域。变量的声明位置将影响它的应用范围。JavaScript 根据作用域不同可分为全局变量和局部变量两种。

局部变量在函数体内通过 var 关键字定义，只能在此函数体的内部使用，无法在创建它的函数之外使用。在函数运行时，解释器创建一个局部变量，当函数完成任务时立即销毁。函数的参数也是局部性的，只在函数内部起作用。函数每次运行的变量值可能不同，两个不同的函数可以使用同名变量而不会引起命名冲突。局部变量只在固定的代码片段内可访问，一般在函数体内声明而且只作用在函数体内部及该函数体的子函数的变量。在函数中使用 var 关键字进行显式申明的变量是局部变量。如果一个变量是在函数内声明的，而且只能在函数中使用，也称为函数级作用域。

全局变量定义在所有函数之外，作用于整个脚本代码的变量可以在脚本的任何地方使用，拥有全局作用域，在 JavaScript 代码中的任何地方都有效。拥有全局作用域的变量的定义情形有：① 定义在最外层函数和在最外层函数外面定义的变量；② 所有没有用 var 关键字而直接赋值的变量；③ 所有 window 对象的属性都拥有全局作用域。window 对象的内置属性都拥有全局作用域，例如 window.name、window.location、window.top 等。全局变量在页面载入浏览器时就进驻内存，全局变量比局部变量占用更多的内存，浏览器在整个页面载入期间保存全局变量，并且增加了命名冲突的风险，所以应尽量使用局部变量。如果定义变量时没有使用 var 关键字，变量仍可用，只不过将被当作全局变量对待。变量作用域示例代码如下：

```
function outerFun() {
    var a = 0;
    alert(a);
}
var a = 4;
outerFun();
alert(a);
```

上面的代码结果是 0,4。因为在函数内部使用了 var 关键字维护 a 的作用域在 outerFun() 内部。再看下面的代码：

```
function outerFun() {
    //没有 var
    a = 0;
    alert(a);
}
var a = 4;
outerFun();
alert(a);
```

代码结果为 0, 0，真是奇怪，为什么呢？作用域链是描述一种路径的术语，沿着该路径可以确定变量的值。当执行 a=0 时，因为没有使用 var 关键字，因此赋值操作会沿着作用域链到 var a=4 并改变其值。

在一些类似 C 语言的编程语言中，花括号内的每一段代码都具有各自的作用域，而且变量在声明它们的花括号外是不可见的，称之为块级作用域。但 JavaScript 没有块级作用域，取而代之地使用了函数作用域，变量在声明的函数体及这个函数体嵌套的任意函数体内都可访问。

2.3.11 避免变量污染

定义全局变量有 3 种方式：一是在任何函数外面直接执行 var 语句；二是直接添加一个属性到全局对象上，全局对象是所有全局变量的容器，在 Web 浏览器中，全局对象为 window，例如 window.myVar=value；三是直接使用未经声明的变量，以这种方式定义的全局变量被称为隐式的全局变量，例如 myVar=value。

由于全局变量在所有作用域中都可见，使用全局变量会降低程序的可靠性，因此应努力减少使用全局变量。可以在应用程序中创建唯一一个全局变量，并定义该变量为当前应用的容器。

```
var my = {};
my.name = {
    "real-name": "zhaojianbao",
    "nickname": "mpcer"
};
my.phone = {
    "cell-phone": "135****4952",
    "telephone-number": "020872124**"
}
```

把多个全局都添加在一个名称空间下，可以降低与其他应用程序产生冲突的可能性，应用程序也会变得容易阅读，本例 my.name 指向的是顶层结构。另一种方法是使用函数体将信息隐藏起来，它是另一种有效减少变量污染的方法。

```
var my = function () {
    var name = {
        "real-name": "zhaojianbao",
        "nickname": "mpcer"
    };
    var phone = {
        "cell-phone": "135****4952",
        "telephone-number": "020872124**"
    }
}
```

JavaScript 支持函数作用域，定义在函数中的参数和变量在函数外部是不可见的，且在一个函数中的任何位置定义的变量在该函数中的任何地方都可见。

2.3.12 闭包函数

在 JavaScript 中，内嵌函数可以访问定义在外层函数中的所有变量和函数，但是在函数外部则不能访问函数的内部变量和嵌套函数，这时可以使用"闭包"来实现。所谓"闭包"，是指有权访问另一个函数作用域中的变量的函数，实现在函数外部读取函数内部的变量和让变量的值始终保持在内存中。闭包的常见创建方式就是在一个函数内部创建另一个函数，通过另一个函数访问这个函数的局部变量。

2.3.13 JavaScript 转义字符

JavaScript 转义字符如表 2-4 所示。

表 2-4　转义字符表

转义字符	说明	转义字符	说明
\b	退格	\v	跳格
\n	回车换行	\r	换行
\t	Tab 符号	\\	反斜杠
\f	换页	\	八进制整数
\'	单引号	\xHH	十六进制整数
\"	双引号	\uhhhh	十六进制编码的 Unicode

2.3.14　相等操作符

使用==时，不同类型的值也可以看作相等。如果 x 和 y 是相同类型，JavaScript 会比较它们的值或对象，其他没有列在这个表格中的情况都会返回 false，如表 2-5 所示。

表 2-5　不同类型值比较结果

类型（x）	类型（y）	比较结果
null	undefined	true
undefined	null	true
数字	字符串	x==toNumber（y）
字符串	数字	toNumber（x）==y
布尔值	任何类型	toNumber（x）==y
任何类型	布尔值	x==toNumber（y）
字符串或数字	对象	x==toPrimitive（y）
对象	字符串或数字	toPrimitive（x）==y

使用===操作符时，如果两个值类型相同，如表 2-6 所示。

表 2-6　全等比较符判断规则

类型（x）	值	结果
数字	x 和 y 数值相同（但不是 NaN）	true
字符串	x 和 y 是相同的字符	true
布尔值	x 和 y 都是 true 或者 false	true
对象	x 和 y 引用同一个对象	true

2.3.15　toNumber

toNumber 对不同类型的值的返回结果如表 2-7 所示。

表 2-7　toNumber 转换规则

值类型	返回结果
null	+0
undefined	NaN

（续表）

值类型	返回结果
数字	数字对应值
字符串	字符串包含字母返回 NaN，纯数字返回数字
布尔值	true 返回 1，false 返回+0
对象	toPrimitive（x）==y

2.3.16 使用 typeof 检测类型

JavaScript 是弱类型语言，对类型没有严格限制，但是在程序中经常需要对类型进行检测和转换。typeof 操作符用来检测给定变量的数据类型，用于返回操作数当前容纳的数据类型，对于判断一个变量是否已经被定义特别有用。对于尚未声明过的变量，只能执行 typeof 操作符检测其数据类型。typeof 不是函数，不需要使用圆括号。也可以直接对一个数值调用 typeof，并非一定要事先将其赋值给变量，例如 typeof 123。typeof 运算符把类型信息当作字符串返回，返回值有 number、string、boolean、object、function 和 undefined。

2.3.17 使用 constructor 检测类型

对于对象、数组等复杂数据，可以使用 Object 对象的 constructor 属性进行检测。constructor 属性值引用的是构造当前对象的函数，表示创建对象的函数，语法如下：

```
object.constructor
```

参数说明：object 为必选项，是对象或函数的名称。constructor 属性是所有具有 prototype 的对象的成员，包括除 Global 和 Math 对象以外的所有 JavaScript 固有对象。constructor 属性保存了对构造特定对象实例的函数的引用，例如：

```
x=newString("Hi");
if(x.constructor==String)
//进行处理（条件为真）
```

2.3.18 使用 toString()检测封装类型

toString()方法是 JavaScript 所有内部对象的一个成员方法，其操作依赖于对象的类型，toString()方法返回对象的字符串表示，语法如下：

```
objectname.toString([radix])
```

参数说明：objectname 为必选项，是由字符串表示的对象名称；radix 为可选项，指定将数字值转换为字符串时的进制，如表 2-8 所示。

表 2-8　typeof 和 constructor 返回值对比

值（value）	typeofvalue 返回值	value.constructor 返回构建函数	Object.prototype.toString.call(value) 返回对象
var value=1	"number"	Number	Number
var value="a"	"string"	String	String
var value=true	"boolean"	Boolean	Boolean

（续表）

值（value）	typeofvalue 返回值	value.constructor 返回构建函数	Object.prototype.toString.call(value) 返回对象
var value={}	"object"	Object	Object
var value=newObject()	"object"	Object	Object
var value=[]	"object"	Array	Array
var value=newDate()	"object"	Date	Date
var value=function(){}	"function"	Function	Function
function className(){}; var value=newclassName()	"object"	classname	Object

2.3.19　事件委托

对"事件处理程序过多"问题的解决方案就是事件委托，事件委托利用了事件冒泡，只指定一个事件处理程序，就可以管理某一类型的所有事件。例如，click 事件会一直冒泡到 document 层级。也就是说，可以为整个页面指定一个 onclick 事件处理程序，而不必给每个可单击的元素分别添加事件处理程序。使用事件委托，只需在 DOM 树中尽量最高的层次上添加一个事件处理程序，代码如下。

```
<body>
    <ul id='myLinks'>
        <li id='baidu'>百度</li>
        <li id='qq'>腾讯</li>
        <li id='360'>360</li>
    </ul>
    <script>
        var ul = document.getElementById('myLinks');
        ul.addEventListener('click', function (event) {
            switch (event.target.id) {
                case 'baidu':
                    location.href = 'http://www.baidu.com';
                    break;
                case 'qq':
                    location.href = 'http://www.qq.com';
                    break;
                case '360':
                    location.href = 'http://www.360.cn';
                    break;
            }
        });
    </script>
</body>
```

以上代码使用事件委托，只为<ul>元素添加了一个 onclick 事件处理程序。由于所有列表项都是这个元素的子节点，而且它们单击事件会冒泡，所以单击事件最终会被这个函数处理。事件目标是被单击的列表项，故而可以通过检测 id 属性来决定采取适当的操作。与前面未使用事件委托的代码相比，会发现这段代码的事件消耗更低，因为只取得了一个 DOM 元素，只添加了一个事件处理程序。虽然对用户来说最终的结果相同，但这种技术需要占用的内存更少。

如果可行的话，也可以考虑为 document 对象添加一个事件处理程序，用以处理页面上发生的某种特定类型的事件。这样做与采取传统的做法相比具有如下优点：① document 对象很快就可以访问，可以在页面生命周期的任何时点上为它添加事件处理程序（无须等待 DOMContentLoaded 或 load 事件）。换句话说，只要可单击的元素呈现在页面上，就可以立即具备交互功能。② 在页面中设置事件处理程序所需的时间更少。只添加一个事件处理程序所需的 DOM 引用更少，所花的时间也更少。整个页面占用的内存空间更少，能够提升整体性能。

所有用到按钮的事件（多数鼠标事件和键盘事件）都适合采用"事件委托"技术。最适合采用事件委托技术的事件包括 click、mousedown、mouseup、keydown、keyup 和 keypress，虽然 mouseover 和 mouseout 事件也冒泡，但要适当处理它们并不容易，而且经常需要计算元素的位置。

2.4 任务实施

2.4.1 编写 HTML

在前端开发环境中新建项目文件夹"stripe-table"，在该文件夹中新建"stripe-table.html"文件，新建存放样式表的文件夹"css"和存放脚本的文件夹"js"，打开"stripe-table.html"文件，依据 HTML5 规范编写斑马线表格的 HTML 结构，页面字符集设置为 UTF-8，表格标题使用 caption 标记，标题行单元格使用 th 标记，HTML 代码如下：

```html
<!DOCTYPE HTML>
<html>

<head>
    <meta charset="UTF-8">
    <title>50 个城市主要食品平均价格变动情况</title>
    <link rel="stylesheet" href="css/stripe-table.css">
</head>

<body>
    <table class="stripe">
        <caption>
            50 个城市主要食品平均价格变动情况（2016 年 7 月 21-30 日）
        </caption>
        <tbody>
            <tr>
                <th> 商品名称</th>
                <th> 单位</th>
                <th> 本期价格（元）</th>
                <th> 比上期价格涨跌（元)</th>
                <th> 涨跌幅 （%)</th>
            </tr>
```

```
<tr>
    <td> 大米</td>
    <td> 千克</td>
    <td> 6.27</td>
    <td> -0.01</td>
    <td> -0.2</td>
</tr>
<tr>
    <td> 面粉</td>
    <td> 千克</td>
    <td> 6.06</td>
    <td> 0.00</td>
    <td> 0.0</td>
</tr>
<tr>
    <td> 豆制品</td>
    <td> 千克</td>
    <td> 4.69</td>
    <td> 0.00</td>
    <td> 0.0</td>
</tr>
<tr>
    <td> 花生油</td>
    <td> 升</td>
    <td> 27.73</td>
    <td> -0.03</td>
    <td> -0.1</td>
</tr>
<tr>
    <td> 大豆油</td>
    <td> 升</td>
    <td> 9.97</td>
    <td> -0.02</td>
    <td> -0.2</td>
</tr>
<tr>
    <td> 菜籽油</td>
    <td> 升</td>
    <td> 13.79</td>
    <td> 0.00</td>
    <td> 0.0</td>
</tr>
<tr>
    <td> 猪肉</td>
    <td> 千克</td>
    <td> 31.48</td>
    <td> -0.25</td>
    <td> -0.8</td>
</tr>
<tr>
```

```
            <td> 牛肉</td>
            <td> 千克</td>
            <td> 66.63</td>
            <td> -0.06</td>
            <td> -0.1</td>
        </tr>
        <tr>
            <td> 羊肉</td>
            <td> 千克</td>
            <td> 59.17</td>
            <td> -0.08</td>
            <td> -0.1</td>
        </tr>
        <tr>
            <td> 鸡</td>
            <td> 千克</td>
            <td> 21.84</td>
            <td> 0.00</td>
            <td> 0.0</td>
        </tr>
        <tr>
            <td> 鸭</td>
            <td> 千克</td>
            <td> 18.10</td>
            <td> 0.01</td>
            <td> 0.1</td>
        </tr>
    </tbody>
  </table>
  <script src="js/stripe-table.js"></script>
</body>

</html>
```

2.4.2 编写 CSS 样式

在 "css" 文件夹中新建样式表文件 "stripe-table.css"，在该文件中分别定义表格类样式.stripe、表格标题样式.stripe caption、表格单元格样式.stripetd,.stripe th 和表格斑马线行背景色.stripe .stripe-row，具体属性及值的代码如下：

```
.stripe {
  /*表格宽度为外部容器宽度*/
  width: 100%;
  /*表格上下边距为 20 像素*/
  margin: 20px 0;
  /*表格外框线属性定义*/
  border: 1px solid #ddd;
  /*表格边框线合并*/
  border-collapse: collapse;
}
```

```
.stripe caption {
  /*设置表格标题字体大小*/
  font-size: 16px;
  /*设置表格标题字体加粗*/
  font-weight: bold;
  /*设置表格标题字体行距*/
  line-height: 1.8em;
}

.stripe tr {
  /* 默认文字不加粗 */
  font-weight: normal;
  /* 默认背景颜色 */
  background-color: #fff;
}

.stripe tr.active {
  /* 鼠标移入时文本加粗 */
  font-weight: bold;
  /* 鼠标移入时设置表格行背景色 */
  background-color: #8ac007;
}

.stripe td,
.stripe th {
  font-size: 14px;
  /*设置单元格边框线属性*/
  border: 1px solid #ddd;
  /*设置单元格内容与边框线间隙*/
  padding: 8px;
  /*设置文字居中对齐*/
  text-align: center;
}

.stripe .stripe-row {
  /*设置斑马线行的背景色*/
  background-color: #f9f9f9;
}
```

2.4.3　编写 JavaScript

在 "js" 文件夹中新建脚本文件 "stripe-table.js"，编写表格斑马线处理代码，实现当页面载入完成后，首先检查页面中所有具有 stripe 类样式的表格，然后遍历所有行，再按斑马线间隙参数 ntr 值设置表格行背景色，最后定义鼠标移入行和移离行时的文字变化样式，代码如下：

```
//定义斑马线交替周期，2 表示第 2 行设置一次
var ntr = 2;
//遍历 HTML 页面中所有类样式为 stripe 的表格，指定第一个 table
var table = document.getElementsByClassName ("stripe")[0];
```

```
//查找页面中所有带有 stripe 类样式的表格行
var trs = table.getElementsByTagName ("tr");
for (var j = 0; j < trs.length; j++) {
    //按 ntr 值确定当前行 tr 的背景色
    if (j % ntr == 0) {
        trs[j].className = "stripe-row";
    }
    else {
        trs[j].className = "";
    }

}
//使用事件委托直接在 tr 的祖先元素 table 上绑定鼠标事件
table.addEventListener ("mouseover", function (e) {
    // 获取当前触发事件的 td 的父元素 tr 作为 DOM 操作对象
    var current_row = e.target.parentNode;
    //当 mouseover 事件不是由 td 触发、父元素标签不是 TR 时停止处理
    if (current_row.nodeName !== "TR") {
        return;
    }
    //当前触发事件的单元格所在行 tr 文字加粗，行背景以#8ac007 色高亮显示
    current_row.className = "active";
    //鼠标移离时当前行 tr 内的文字取消加粗，取消行背景高亮显示
    current_row.addEventListener ("mouseout", function () {
        this.className = "";
    });
});
```

2.4.4 测试页面

完成 HTML 结构、CSS 样式和 JavaScript 编写后，在浏览器中的运行效果如图 2-2 所示。

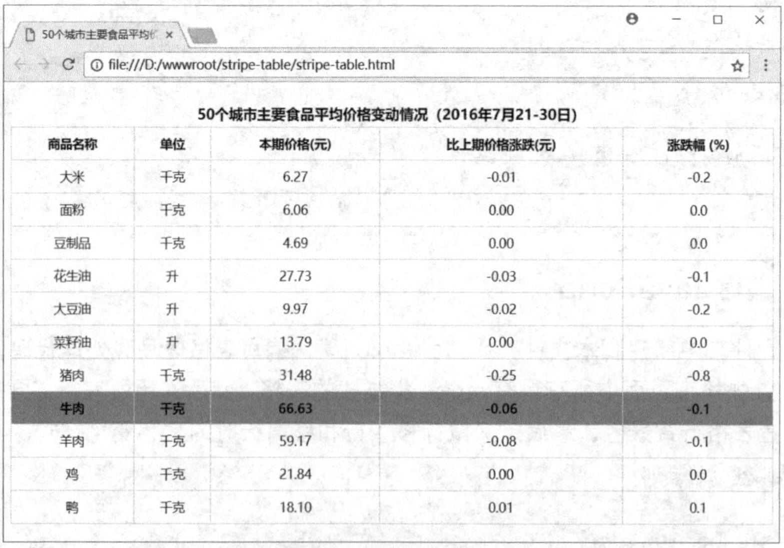

图2-2 斑马线表格最终效果

2.5　强化训练

　　结合本任务实施过程，制定班级通讯录表格斑马线效果，具体要求是搜集班级通讯录信息，要求包含姓名、性别、电话、QQ 号和微信号码，先制作表格，再定义表格样式，表格设置奇数行有背景色（颜色自选），设置当鼠标悬停某行时改变背景色，当鼠标移开后恢复到原来背景色，保存并测试你的页面。

2.6　学习成果评量

等级	评分指标	得分
及格	P1. 能够设计编写斑马线表格的 HTML 结构	
	P2. 能够设计编写斑马线表格的 CSS 样式	
	P3. 能设计实现表格行交替变色效果	
	P4. 能使用事件委托实现表格行鼠标悬停 DOM 对象切换样式操作	
良好	M1. 能够根据项目需求定制表格样式变化规律及效果	
	M2. 能够使用事件委托技术获取目标元素对象	
优秀	D1. 能够使用事件委托技术实现表格、列表等 DOM 操作	
	D2. 能够从性能效率角度整体优化 HTML、CSS 和 JavaScript 代码	
评语		

3 Chapter

JavaScript

任务 3
弹出消息框

3.1 任务导入

弹出消息框具有 alert()和 confirm()类型的功能，用于提醒用户或者让用户进行选择操作，本任务模拟 APP 开发弹出消息框组件，单击"弹层"按钮打开对话框，如图 3-1 所示，单击对话框右上角的"X""取消"或者"立即开通"按钮都可以关闭该对话框。

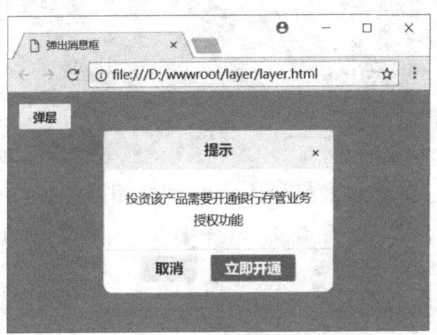

图3-1　弹出层效果

3.2 成果目标

本任务旨在理解弹出消息框的实现原理，掌握消息框显隐控制、消息框按钮事件处理的实现方法，熟悉事件处理和 DOM 样式设置操作，熟悉 Visual Studio Coder 的使用，积累前端开发的经验，培养前端组件开发的意识和兴趣。

知识目标	技能目标	素质目标
1. 理解基于负边距的垂直居中原理 2. 理解基于 transform 属性的垂直居中原理 3. 理解警告框 alert()的使用场景 4. 理解确认框 confirm()的使用场景 5. 理解提示框 prompt()的使用场景 6. 理解 BOM 对象 7. 理解 window 对象常用属性与方法	1. 设计弹出框 HTML 结构 2. 设计弹出框 CSS 样式 3. 设计 display 显示与隐藏控制 4. 设计弹出框事件交互	1. 遵循 Web 开发规范 2. 培养严谨的编程习惯 3. 培养分析和解决前端问题的能力 4. 培养演绎思维能力 5. 培养归纳思维能力

3.3 核心知识

3.3.1 基于负边距的垂直居中

James Anderson 曾感叹说："44 年前我们就把人类送上月球了，但现在我们仍然无法在 CSS 中实现垂直居中。"在 CSS 中对元素进行水平居中是非常简单的：如果是行内元素，就对它的父元素应用 text-align:center；如果是块级元素，就对它自身应用 margin:auto。然而，多年以来，垂直居中已经成为了 CSS 领域的圣杯，它同样也是前端开发圈内广为流传的笑话。原因在于它

同时具备以下几条特征。① 极其常见、常用的需求。②从理论上来看，它似乎极其简单。③在
实践中，当涉及尺寸不固定的元素时尤其复杂。为了解决这一难题，前端开发者们殚精竭虑，琢
磨出了各种解决方法，大多数因通用性原因并不实用。其中利用表格布局法（利用表格的显示模
式 dispaly:table）需要用到一些冗余的 HTML 元素，行内块法充满了 hack 的味道，为此不做讨
论。下面讨论基于以下 HTML 代码，直接插入 <body> 元素中。

```
<body>
    <div>
        <h1>垂直居中？</h1>
        <p>大神，你能帮我放垂直居中位置吗？谢谢！</p>
    </div>
</body>
```

早期的垂直居中方法，它要求元素具有固定的宽度和高度，样式代码如下：

```
div {
  position: absolute;
  top: 50%;
  left: 50%;
  margin-top: -5em;    /*10/2=5*/
  margin-left: -9em;    /*18/2*=9*/
  width: 18em;
  height: 10em;
  padding: 10px;
  box-sizing: border-box;
  background-color: #15e0fd;
}
```

先把这个元素的左上角放置在视口（或最近的、具有定位属性的祖先元素）的正中心，然后
再利用负外边距将它向左、向上移动（移动距离相当于它自身宽高的一半），从而把元素的正中
心放置在视口的正中心。显然，这个方法最大的局限在于，它要求元素的宽高是固定的。在通常
情况下，对那些需要居中的元素来说，其尺寸往往是由其内容来决定的。如果找到一个属性的百
分比值以元素自身的宽高作为解析基准，那我们的难题就迎刃而解了！遗憾的是，对于绝大多数
CSS 属性（包括 margin）来说，百分比都是以其父元素的尺寸为基准进行解析的。

3.3.2　基于 transform 属性的垂直居中

在知道元素的宽高的情况下，使用 margin-left 和 margin-top 取负值可以实现水平垂直居
中对齐；在元素的宽高未知且浏览器支持 transform 样式时，可以使用 translate 进行水平垂直居
中，translate() 函数中的百分比是相对于自身宽高的百分比，百分比是以这个元素自身的宽度和
高度为基准进行换算和移动的，而这正是我们所需要的。只要换用基于百分比的 CSS 变形来对
元素进行偏移，就不需要在偏移量中把元素的尺寸写死了。这样我们就可以彻底解除对固定尺寸
的依赖，代码如下：

```
div {
  position: absolute;
  top: 50%;
  left: 50%;
  transform: translate(-50%,-50%);
```

```
  padding: 10px;
  box-sizing: border-box;
  background-color: #15e0fd;
}
```

以上样式代码已经能够居中了，完全满足垂直居中需求。当然，没有任何技巧是十全十美的，上面这个方法依赖于绝对定位，对浏览器支持 transform 属性也有要求。

3.3.3　元素动画制作

在 CSS3 中就是通过 @keyframes 属性来实现过渡效果的精细控制，@keyframes 语法规则是由 @keyframes 开头，后面紧跟着"动画的名称"加上一对花括号"{…}"，括号中就是不同时间段样式规则。一个 @keyframes 中的样式规则是由多个百分比构成的，如 0% ~ 100%，可以在这个规则中创建更多个百分比，分别给每个百分比中需要有动画效果的元素加上不同的属性，从而让元素达到一种不断变化的效果，比如移动、颜色、位置、大小和形状等。不过有一点需要注意，可以使用"from"和"to"代表一个动画是从哪里开始，到哪里结束，也就是说 from 就相当于 0%，而 to 相当于 100%。值得一说的是，0% 不能像别的属性取值一样把百分比符号省略，在这里必须加上百分比符号（%）。如果没有加上，这个 @keyframes 就是无效的。因为 @keyframes 的单位只接受百分比值。keyframes 可以指定任何顺序排列来决定 animation 动画变化的关键位置，具体用法如下。

```
#layer {
  animation: layer3s;
}
@keyframes layer {
  0% {
    opacity: 0;
  }

  100% {
    opacity: 1;
  }
}
```

3.3.4　警告对话框 alert()

浏览器通过 alert()、confirm() 和 prompt() 方法可以调用系统对话框向用户显示消息。系统对话框与在浏览器中显示的网页没有关系，也不包含 HTML，外观由操作系统或浏览器定义，而不是由 CSS 决定的。当对话框显示时，代码会停止执行，而关掉对话框后，代码又会恢复执行。alert()、confirm() 和 prompt() 方法很适合向用户显示消息并请用户做出决定。由于不涉及 HTML 和 CSS 或 JavaScript，因此它是增强 Web 应用程序的一种便捷方式。另外，window.print() 方法和 window.find() 方法提供了异步的打印和查找对话框。

调用 alert() 方法接受一个字符串并将其显示给用户，其中包含指定的内容和一个"确定"按钮，如图 3-2 所示。通常警告框

图 3-2　alert 对话框

向用户显示无法控制的消息，例如错误消息，而用户只能在看完消息后关闭对话框。

3.3.5 确认对话框 confirm()

confirm()向用户弹出提示性信息，不过该方法弹出的对话框中包含"确定"和"取消"两个按钮，提供了用户对执行操作的选择，如图 3-3 所示。为了确定用户是单击了"确定"还是"取消"按钮，可以检查 confirm()方法返回的布尔值，true 表示单击了"确定"按钮，false 表示单击了"取消"按钮或者单击了右上角的关闭按钮🗙。

图3-3　confirm对话框

3.3.6 提示对话框 prompt()

prompt 方法提示让用户输入内容，如图 3-4 所示。用户输入的结果以字符串的形式返回，如果用户取消了对话框或没有输入任何响应，则返回 null。例如：

```
result=prompt("请输入 delete 确认删除操作！");
```

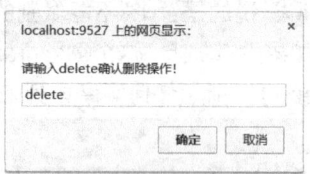

图3-4　prompt对话框

3.3.7 BOM 介绍

BOM（Browser Object Model，浏览器对象模型）主要用于管理浏览器窗口，提供了大量独立的、可以与浏览器进行互动的功能，这些功能与任何网页内容无关。BOM 由多个对象组成，其中代表浏览器窗口的 window 对象是 BOM 的顶层对象，其他对象都是该对象的子对象。

3.3.8 window 对象

window 对象是 BOM 的核心，代表浏览器窗口的一个实例，客户端 JavaScript 中的顶层对象，每当<body>或者<frameset>标签出现时，window 对象就会被自动创建。Web 浏览器使用 window 对象来表示窗口或选项卡，如表 3-1 和表 3-2 所示。

表 3-1　window 对象属性

属性	说明
document	表示窗口中显示的当前文档
frames	表示当前窗口中所有对象的集合
location	表示指定当前文档的 URL
name	表示窗口的名字
status	表示状态栏中的当前信息
defaultstatus	表示状态栏的默认信息
top	表示最顶层的浏览器窗口

（续表）

属性	说明
parent	表示包含当前窗口的父窗口
opener	表示打开当前窗口的父窗口
closed	表示当前窗口是否关闭的逻辑值
self	表示当前窗口
screen	表示用户屏幕，提供屏幕尺寸、颜色深度等信息
navigator	表示浏览器对象，用于获得与浏览器相关的信息

表 3-2　window 对象方法

方法	说明
alert()	弹出一个警告对话框
confirm()	在"确认"对话框中显示指定的字符串，单击"确定"按钮返回 true，单击"取消"按钮返回 false
prompt()	弹出一个提示窗口，接受用户输入信息，并返回用户输入的信息
open()	打开新浏览器窗口并且在窗口中加载指定 URL 地址的网页，并设置创建窗口的属性
close()	关闭被引用的窗口
focus()	将被引用的窗口放在所有打开窗口的前面
blur()	将被引用的窗口放在所有打开窗口的后面
scrollTo(x.y)	把窗口滚动到指定的坐标
scrollBy(offsetx,offsety)	按照指定的位移量滚动窗口
SetTimeout(timer)	在指定毫秒数后，对传递的表达式求值
SetInterval(interval)	指定周期性执行代码
moveTo(x.y)	将窗口移动到指定坐标处
moveBy(offsetx,offsety)	将窗口移动到指定的位移量处
resizeTo(x,y)	设置窗口的大小
resizeBy(offsetx.offsety)	按照指定的位移量设置窗口的大小
print()	相当于浏览器工具栏中的"打印"按钮
navigate(URL)	使用窗口显示 URL 指定的页面
status()	状态条，位于窗口下部的信息条，用于任何时间内信息的显示
defaultstatus()	状态条，位于窗口下部的信息条，用于某个事件发生时的信息显示

3.3.9　location 对象

location 是最有用的 BOM 对象之一，提供了与当前窗口中加载的文档相关的信息，还提供了一个导航功能。事实上，location 对象是很特别的对象，因为它既是 window 对象的属性，也是 document 对象的属性，即 window.location 和 document.location 引用的是同一组对象，如表 3-3 所示。

当一个 Location 对象被转换成字符串，href 属性的值被返回。这意味着你可以使用表达式 location 来替代 location.href。Location 对象能控制浏览器显示文档的位置。如果把一个含有

URL 的字符串赋予 Location 对象或它的 href 属性，浏览器就会把新的 URL 所指的文档装载进来，并显示出来。Location 提供了 assign()、reload()、replace()对象方法，如表 3-4 所示。

表 3-3　Location 对象属性

属性	描述
hash	设置或返回从井号（#）开始的 URL（锚），不包含散列则返回空字符串
host	设置或返回主机名和当前 URL 的端口号
hostname	设置或返回当前 URL 的主机名
href	设置或返回完整的 URL
pathname	设置或返回当前 URL 的路径部分
port	设置或返回当前 URL 的端口号
protocol	设置或返回当前 URL 的协议
search	设置或返回从问号（?）开始的 URL 查询字符串

表 3-4　Location 对象方法

属性	描述
assign()	加载新的文档
reload()	重新加载当前文档
replace()	用新的文档替换当前文档

使用 location 对象可以通过很多方式来改变浏览器的位置，将 assign()方法、location.href 和 window.location 设置为一个 URL 值均可，其中 location.href 最常见，也会以该值调用 assign()方法，以下三行代码功能相同：

```
window.find();
window.location.assign("http://www.baidu.com/");
window.location="http://www.baidu.com/";
```

通过修改 location 对象属性可以改变当前加载的页面，并在浏览器的历史记录中生成一条新记录，用户通过单击后退按钮会导航到前一个页面。要禁用这种行为，可以使用 replace()方法。该方法唯一的参数是 URL，执行后浏览器位置改变，但不会在历史记录中生成新记录。

reload()方法是重新加载当前显示的页面。如果调用 reload()时不传递任何参数，页面就会以最有效的方式重新加载，如果页面自上次请求以来并没有改变过，则页面就会从浏览器缓存中重新加载。如果要强制从服务器重新加载，则需要为该方法传递参数 true。位于 reload()调用之后的代码可能会也可能不会执行，这要取决于网络延迟或系统资源等因素，最好将 reload()放在代码的最后一行。

3.3.10　screen 对象

screen 对象用来表明客户端的能力，包括浏览器窗口外部的显示器的信息，如像素宽度和高度等。每个浏览器中的 screen 对象都包含着各不相同的属性。JavaScript 程序将利用这些信息来优化它们的输出，以达到用户的显示要求。例如，一个程序可以根据显示器的尺寸选择使用大图像还是使用小图像。另外，JavaScript 程序还能根据有关屏幕尺寸的信息将新的浏览器窗口定位在屏幕中间，具体的 screen 对象属性如表 3-5 所示。

表 3-5　screen 对象属性

属性	描述
availHeight	返回显示屏幕的高度（除 Windows 任务栏之外）
availWidth	返回显示屏幕的宽度（除 Windows 任务栏之外）
bufferDepth	设置或返回调色板的比特深度
colorDepth	返回目标设备或缓冲器上的调色板的比特深度
deviceXDPI	返回显示屏幕的每英寸水平点数
deviceYDPI	返回显示屏幕的每英寸垂直点数
fontSmoothingEnabled	返回用户是否在显示控制面板中启用了字体平滑
height	返回显示屏幕的高度
logicalXDPI	返回显示屏幕每英寸的水平方向的常规点数
logicalYDPI	返回显示屏幕每英寸的垂直方向的常规点数
pixelDepth	返回显示屏幕的颜色分辨率（比特每像素）
updateInterval	设置或返回屏幕的刷新率
width	返回显示器屏幕的宽度

3.3.11　history 对象

history 对象是 window 对象的一部分，可通过 window.history 属性对其进行访问。history 对象包含用户（在浏览器窗口中）访问过的 URL（历史记录）。目前还没有应用于 history 对象的公开标准，不过所有浏览器都支持该对象。history 对象的 length 属性返回浏览器历史列表中的 URL 数量。history 对象方法如表 3-6 所示。

表 3-6　history 对象方法

方法	描述
back()	加载 history 列表中的前一个 URL
forward()	加载 history 列表中的下一个 URL
go()	加载 history 列表中的某个具体页面

history 对象最初用来表示窗口的浏览历史，但出于隐私方面的原因，history 对象不再允许脚本访问已经访问过的实际 URL。唯一保持使用的功能只有 back()、forward()和 go()方法，go()方法可以在用户历史记录中任意跳转，可以向后也可以向前，参数为正数时向前跳转，为负数时向后跳转。history.back()执行的操作与单击后退按钮执行的操作一样，history.go(-2)代码执行的操作与单击两次后退按钮执行的操作一样。

3.4　任务实施

3.4.1　编写 HTML

在前端开发环境中新建项目文件夹"layer"，在该文件夹中新建"layer.html"文件，新建存放样式表的文件夹"css"和存放脚本的文件夹"js",打开"layer.html"文件,依据 HTML5 规范编写弹出层页面的 HTML 结构,页面字符集设置为 UTF-8,页面主要有触发弹层的按钮、id 为"layer"的弹层容器,以及在弹层容器中弹出层的标题、内容及控制按钮,HTML 代码如下:

```html
<!DOCTYPE html>
<html lang="en">

<head>
    <meta charset="UTF-8">
    <title>弹出消息框</title>
    <link rel="stylesheet" href="css/layer.css">

</head>

<body>
    <button class="btn">弹层</button>
    <div id="layer">
        <div class="layer-title">提示</div>
        <div class="layer-content">投资该产品需要开通银行存管业务授权功能</div>
        <span class="layer-close">&times;</span>
        <div class="layer-btn">
            <a class="btn btn-cancel">取消</a>
            <a class="btn btn-open">立即开通</a>
        </div>
    </div>
    <script src="js/layer.js"></script>
</body>

</html>
```

3.4.2 编写 CSS 样式

在项目"css"文件夹中建立样式文件"layer.css",打开该文件编写弹层样式,主要完成弹出层面板外观#layer、弹出层动画、弹出层按钮的定义,代码如下:

```css
body {
  background-color: #9d9d9d;
}

#layer {
  display: none;
  position: absolute;
  top: 50%;
  left: 50%;
  width: 260px;
  transform: translate(-50%,-50%);
  border-radius: 10px;
  background-color: #fff;
  text-align: center;
  animation: layer 3s;
```

```
  }
@keyframes layer {
  0% {
    opacity: 0;
  }

  100% {
    opacity: 1;
  }
}

#layer .layer-title {
  line-height: 42px;
  font-weight: bold;
  border-bottom: 1px solid #eee;
  color: #333;
  overflow: hidden;
  text-overflow: ellipsis;
  white-space: nowrap;
  background-color: #f8f8f8;
  border-radius: 2px 2px 0 0;
}

#layer .layer-content {
  position: relative;
  padding: 20px;
  line-height: 24px;
  word-break: break-all;
  overflow: hidden;
  font-size: 14px;
  overflow-x: hidden;
  overflow-y: auto;
}

.layer-btn {
  padding: 0 15px 12px;
  pointer-events: auto;
  user-select: none;
  -webkit-user-select: none;
  border-top: 1px solid #eee;

}

.btn {
  display: inline-block;
  background-color: #f8f8f8;
  color: #333;
  height: 28px;
  line-height: 28px;
  margin: 5px 5px 0;
```

```
    padding: 0 15px;
    border: 1px solid #f8f8f8;
    border-radius: 2px;
    font-weight: bold;
    cursor: pointer;
}

.btn-open {
    background-color: #1e9fff;
    color: #fff;
    border: 1px solid #1e9fff;

}

.layer-close {
    position: absolute;
    right: 15px;
    top: 15px;
    font-size: 14px;
    cursor: pointer;
}
```

3.4.3 编写 JavaScript

在项目 "js" 文件夹中新建 "layer.js" 文件，代码实现了对触发弹出层的 click 事件的绑定，通过设置弹出层的 display 属性为 block 实现层的显示，通过设置弹出层的 display 属性为 none 实现层的隐藏，代码如下：

```
var btn = document.getElementsByTagName("button")[0];
var layer = document.getElementById("layer");
var as = layer.getElementsByTagName("a");
//给弹层按钮绑定鼠标单击事击，单击弹出消息框
btn.addEventListener("click", function () {
    //通过设置消息框容器的 display 属性为 block 来显示消息框
    layer.style.display = "block";
})
//单击"取消"按钮关闭消息框
as[0].addEventListener("click", function () {
    //通过设置消息框容器的 display 属性为 none 来隐藏消息框
    layer.style.display = "none";
})
//单击"立即开通"按钮关闭消息框，跳转到开通页面
as[1].addEventListener("click", function () {
    //通过设置消息框容器的 display 属性为 none 来隐藏消息框
    layer.style.display = "none";
})
```

3.4.4 测试页面

可以直接在本地测试页面，也可以通过 http-server 来测试，单击弹层按钮打开对话框，如

图 3-5 所示，单击对话框中的"取消"或者"立即开通"按钮都可以关闭该对话框。

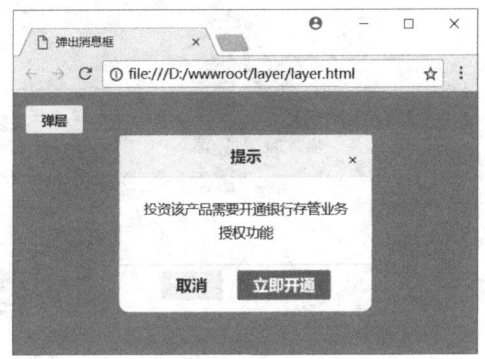

图3-5 弹出层效果

3.5 强化训练

参照 Bootstrap4 信息提示框效果图，并访问地址：http://www.runoob.com/bootstrap4/ bootstrap4-alerts.html，使用原生 JavaScript 设计开发信息提示框效果，如图 3-6 所示。

图3-6 信息提示框效果

3.6 学习成果评量

等级	评分指标	得分
及格	P1. 能设计弹出层 HTML 和样式表	
	P2. 能基于弹出层原理和事件处理实现弹出层显隐功能	
良好	M1. 能够根据项目需求局部弹出层界面和交互方式	
优秀	D1. 能够根据项目需求定制弹出层界面和功能	
评语		

4 Chapter

JavaScript

任务 4
图片缩放特效

4.1　任务导入

图片缩放特效的应用可以增强页面的动感，吸引用户关注。本任务使用 JavaScript 技术实现对元素样式的读取和设置，并通过间隙函数 setInterval()实现动画效果，任务完成后如图 4-1 所示。

图4-1　图片缩放特效

4.2　成果目标

本任务旨在理解 JavaScript 操控样式的技术原理，掌握使用 JavaScript 获取、设置元素样式，掌握间隙函数 setInterval()的用法，熟悉前端页面开发的过程，熟悉 Visual Studio Coder 的使用，积累前端开发的经验，培养前端组件开发的意识和兴趣。

知识目标	技能目标	素质目标
1. 理解 DOM 编程	1. 编写图片列表结构	1. 遵循 Web 开发规范
2. 理解字符串连接模式	2. 编写图片列表 CSS 样式	2. 培养严谨的编程习惯
3. 理解选择器 API	3. 善用 DOM 操作技术	3. 培养分析和解决前端问题的能力
4. 了解减少重排和重绘来优化 JavaScript 性能	4. 善用字符串连接技术	4. 培养演绎思维能力
	5. 能够优化 DOM 操作性能	5. 培养归纳思维能力

4.3　核心知识

4.3.1　DOM 编程

文档对象模型（DOM）是一个独立于语言，用于操作 XML 和 HTML 文档的程序接口（API）。

在浏览器中，主要用来与 HTML 文档打交道，使用 DOM API 来访问文档中的数据。尽管 DOM 是一个与语言无关的 API，它在浏览器中的接口却是用 JavaScript 实现的。由于客户端脚本编程大多数时候是在和底层文档打交道，因此 DOM 就成了现在 JavaScript 编程中的重要部分。

用脚本进行 DOM 操作是 Web 应用中最常见的操作，也会导致最常见的性能瓶颈。浏览器中通常会把 DOM 和 JavaScript 独立实现，也就是 DOM 渲染引擎和 JavaScript 引擎独立，这两个相互独立的功能通过接口彼此连接，就会产生消耗。DOM 和 JavaScript 像一个岛屿，它们之间通过收费桥梁连接。ECMAScript 每次访问 DOM，都要途径这座桥梁，并交纳过桥费，访问的次数越多，费用也就越高。因此，要尽可能减少过桥的次数，尽可能减少 DOM 操作。

4.3.2　DOM 访问与修改

访问 DOM 元素是有代价的，修改元素则更为昂贵，因为它会导致浏览器重新计算页面的几何变化。循环访问或修改元素，尤其是对 HTML 元素集合循环操作是最坏的情况。

```
for(var i=0;i<15000;i++){
document.getElementById("content").innerHTML+='a';
}
```

这段代码循环修改页面的内容，问题在于每次循环迭代，该元素都被访问两次，一次读取 innerHTML 属性值，另一次重写它。换一种效率更高的方法，用局部变量存储修改中的内容，在循环结束后一次性写入。

```
var txt="";
for(var i=0;i<15000;i++){
txt+="a";
}
document.getElementById("content").innerHTML=txt;
```

在所有浏览器中，修改后的版本都运行得更快。访问 DOM 的次数越多，代码的运行速度越慢。因此，减少访问 DOM 的次数，把运算尽量留在 ECMAScript 这一端处理。

4.3.3　DOM 遍历

DOM API 提供了多种方法来读取文档结构中的特定部分。从某个 DOM 元素开始，使用 nextSibling 来获取周围的元素，或者使用 childNodes 递归查找所有子节点。得到一个元素节点后，可以使用 parentNode、previousSibling、nextSibling、firstChild、lastChild 五个属性来找到其他相关的元素。parentNode 在 HTML 中找到包含该元素的元素节点，也就是该元素的父节点。previousSibling 和 nextSibling 找到当前节点的前一个或后一个兄弟节点。firstChild 和 lastChild 找到当前元素的第一个或最后一个子节点。被找到的节点是当前节点的属性，使用时无须加括号。当被查找的节点不存在时，返回 null。通常情况下 nextSibling 和 childNodes 的运行时间几乎相等，但在 IE 中，nextSibling 比 childNodes 快得多。因此在性能要求极高时，在老版本的 IE 中更推荐使用 nextSibling 方法来查找 DOM 节点。

遍历 DOM 可能会遇到浏览器的特殊情形，有些浏览器（除 IE 个）会把元素之间的空白（空格或者换行）当作文本节点来处理，致使 childNodes、firstChild、previousSibling 和 nextSibling 并不区分元素节点和其他类型节点，比如注释和文本节点（可能是两个节点间的空格）。在某些情况下，只需要访问元素节点，在循环中需要检查返回节点的类型并过滤掉非元素节点，这类检查和过滤其实是不必要的 DOM 操作。解决方法是删除元素间的空格或者换行，但副作用是代码阅读变得困难。另一种方法是使用 jQuery 来遍历元素，jQuery 内部已经处理了这种不确定性和兼容性。还有一种方法是采用 DOM 新属性来代替，如表 4-1 所示。

表 4-1　DOM 遍历属性

属性名	被替代的属性
children	childNodes
childElementCount	childNodes.length
firstElementChild	firstChild
lastElementChild	lastChild
nextElementSibling	nextSibling
previousElementSibling	previousSibling

表 4-1 列出的属性都被 Firefox 3.5、Safari 4、Chrome 以及 Opera 9.62 所支持，其中 IE6、IE7、IE8 只支持 children 属性。children 替代 childNodes 会更快，因为集合项更少。HTML 源码的空白实际上是文本节点，而且它并不包含在 children 集合中。

4.3.4　innerHTML 对比 DOM 方法

在使用 innerHTML 和 document.createElement()创建 1000 行表格的实验中，在旧版本的浏览器中，innerHTML 优势更加明显，IE6 中的 innerHTML 比原生的 DOM 方法快 3.6 倍，但在新版本中优势则不很明显。在基于 WebKit 内核的新版浏览器中恰恰相反，DOM 方法更高效。所以，最终选择哪种方式取决于用户经常使用的浏览器以及个人编程习惯。

在对性能有苛刻要求的 Web 应用中需要更新一大段 HTML，推荐使用 innerHTML，因为在绝大多数浏览器中都运行得更快，注意字符串合并在老版本 IE 下性能不佳，使用数组来合并大量字符串，会让 innerHTML 效率更高。但对大多数日常操作而言，并没有太大区别，所以 Web 项目应该根据可读性、稳定性、团队习惯、代码风格来综合决定。另外，也可以通过 element.cloneNode()克隆已有元素来替代 document.createElement()更新页面内容，效率会更高。

4.3.5　字符串连接

1. +=操作符

+=操作符提供了连接字符串最简单的方法，事实上，除了 IE7 及早期版本外，所有现代浏览器都对它们进行了优化，所以没必要寻找其他方法。然而，有些技巧能使操作效率最大化。例如 str+="one"+"two"语句，代码执行会经历四个步骤：① 在内存中创建一个临时字符串；② 连接后的字符串 "onetwo" 被赋值给临时字符串；③ 临时字符串与 str 当前值连接；④ 结果赋值给 str。如果改为以下代码：

```
str+="one";
str+="two";
```

用两行语句直接附加内容给 str，从而避免了产生临时字符串，或者直接使用 str=str+"one"+"two"，赋值表达式由 str 开始作为基础，每次给它附加一个字符串，由左向右依次连接，因此避免了使用临时字符串,就可以提升性能。

2. 数组项合并

Array.prototype.join 方法将数组的所有元素合并成一个字符串,它接受一个字符串参数作为分隔符插入每个元素中间。如果传入的分隔符为空字符,则将数组的所有元素连接起来。在大多数浏览器中,数组项合并比其他字符串连接方法更慢。

```
var str=" A young idler, an old beggar.少壮不努力,老大徒伤悲";
newStr="";
appendTimes=10000;
while(appendTimes--){
    newStr+=str;
}
```

改用数组项合并生成相同的字符串,由于避免了重复分配内存和拷贝逐渐膨胀的字符串,性能明显提升。当把所有数组元素连接在一起时,浏览器会分配足够的内存来存放整个字符串,而且不会多次拷贝最终字符串相同的部分。

```
var str=" A young idler, an old beggar.少壮不努力,老大徒伤悲";
newStr="";
appendTimes=10000;
while(appendTimes--){
    str[strs.length]=str;
}
newStr=strs.join("");
```

4.3.6 HTML 集合 length

document.getElementsByName()、document.getElementsByClassName()、document.getElementsByTagName()、document.images、document.links 和 document.forms 返回值是一个 HTML 集合。HTML 集合是包含了 DOM 节点引用的类数组对象,这是一个类似数组的列表,但并不是真正的数组,缺少很多数组应有的方法(比如 push()、slice()),但提供了一个类似数组中的 length 属性,并且能以数字索引的方式访问列表中的元素。正如在 DOM 标准中所定义的 HTML 集合,当底层文档对象更新时,HTML 集合也会自动更新。事实上,HTML 集合一直与文档保持着连接,每次需要更新信息时,都会重复执行查询过程,即便只是获取集合中元素的个数。

```
var alldivs=document.getElementsByTagName("div");
for(var i=0;i<alldivs.length;i++){
    document.body.appendChild(document.createElement("div"));
}
```

以上代码遍历现有的 div 元素,每次创建一个新的 div 并添加到 body 中,因为循环退出条件 alldivs.length 在每次迭代时都会增加,反映了底层文档的当前状态,事实上形成了一个死循环。在循环的条件控制语句中读取 HTML 集合的 length 属性是不推荐的做法,读取一个 HTML 集合的 length 比读取普通数组的 length 慢得多,因为每次都要重新查询。优化的方法很简单,把集合的长度缓存到一个局部变量中,然后在循环的条件退出语句中使用该变量。

```
var coll=document.getElementsByTagName("div");
var len=coll.length;
```

```
name='';
el=null;
for(var i=0;i<len;i++){
    el=coll[i];
    name=el.nodeName;
    name+=el.nodeType;
    name+=el.tagName;
}
document.getElementById("content").innerHTML=name;
```

通过局部变量引用能提升速度，在多次读取时，缓存集合能进一步提升性能。

4.3.7 减少浏览器重排与重绘

浏览器下载完 HTML、CSS、JS 后会生成两棵树：DOM 树和渲染树。当 DOM 的几何属性（比如 DOM 的宽高、颜色、position）发生变化时，浏览器需要重新计算元素的几何属性，并且重新构建渲染树，这个过程称之为重绘重排，示例代码如下：

```
bodystyle=document.body.style;
bodystyle.color=red;
bodystyle.height=1000px;
bodystyle.width=100%;
```

上述方式修改三个属性，浏览器会进行三次重排重绘，在某些情况下，减少这种重排可以提高浏览器的渲染性能。推荐方式如下，只进行一次操作，完成三个步骤：

```
bodystyle=document.body.style;
bodystyle.cssText='color:red;height:1000px;width:100%';
```

重排指浏览器重新构造渲染树的过程，重绘指浏览器将重排后的渲染树绘制到屏幕的过程。导致重排的情况有：①添加或删除可见的 DOM 元素；②元素位置改变；③元素尺寸（外边距、内边距、边框厚度、宽度、高度等属性）改变；④内容改变，如文本改变和图片被替代；⑤页面渲染初始化；浏览器窗口尺寸改变。最小化重绘和重排可以提高程序的响应速度。以下代码可能会导致浏览器触发三次重排，效率低下。3 次访问 DOM 可以被优化。

```
el.style.borderLeft="1px";
el.style.borderRight="2px";
el.style.padding="5px";
```

1. cssText 属性

通过合并所有的改变、然后一次性处理，这样只会修改 DOM 一次，使用 cssText 属性可以实现，代码如下：

```
el.style.cssText="border-left:1px;border-right:2px;padding:5px";
```

cssText 属性会覆盖已经存在的样式信息，因此想保留现有样式，可以把它附加在 cssText 字符串后面，改为：

```
el.style.cssText+=";border-left:1px;border-right:2px;padding:5px";
```

另外一种一次性修改样式的办法是修改元素的样式名称，而不是修改内联样式，这种方法适合那些不依赖运行逻辑和计算的情况。改变 CSS 的 class 名称的方法更清晰，更易于维护，有助于保持脚本与 HTML 分离。

2. 批量修改 DOM

当需要对 DOM 元素进行一系列操作时，可以通过使元素脱离文档流、对其应用批量修改和把元素带回文档 3 个步骤，减少因批量修改过程导致的多次重排操作。使元素脱离文档可以采用隐藏元素、文档片断（document fragment）和修改副本再替换三种方式。

减少重排的第一种方法：将要修改的区域先设置 display 属性隐藏起来，临时从文档中移除元素，修改完毕后再恢复显示。

```
<ul id="mylist"></ul>

var data = [
    {
        "name": "百度",
        "url": "http://www.baidu.com"
    },
    {
        "name": "腾讯",
        "url": "http://www.qq.com"
    }
];

function apendDataToElement(appendToElement, data) {
    var a, li;
    for (var i = 0, max = data.length; i < max; i++) {
        a = document.createElement("a");
        a.href = data[i].url;
        a.appendChild(document.createTextNode(data[i].name));
        li = document.createElement("li");
        li.appendChild(a);
        appendToElement.appendChild(li);
    }
}
var ul = document.getElementById("mylist");
ul.style.display = "none";
apendDataToElement(ul, data);
ul.style.display = "block";
```

减少重排的第二种方法：在文档之外创建并更新一个文档片断，然后把它附加到原始列表中。文档片段是一个轻量级的 document 对象，其设计初衷是为了完成更新和移动节点的任务。当附加一个片段到节点时，实际上被添加的是该片断的子节点，而不是片段本身。以下例子少一行代码，只触发一次重排，而且只访问一次实时的 DOM。

```
var fragment=document.createDocumentFragment();
apendDataToElement(fragment,data);
document.getElementById("mylist").appendChild(fragment);
```

减少重排的第三种方法：为需要修改的节点创建一个备份，然后对副本进行操作，一旦操作完成，就用新的节点替换旧的节点。

```
var old=document.getElementById("mylist");
var clone=old.cloneNode(true);
apendDataToElement(clone,data);
old.parentNode.replaceChild(clone,old);
```

推荐使用文档片断方案，该方案所产生的 DOM 遍历和重排次数最少，唯一潜在的问题是文档片断未被充分利用，有些团队成员可能并不熟悉这项技术。

3. 缓存布局信息

浏览器尝试通过队列化修改和批量执行的方式最小化重排次数。当查询布局信息时，比如偏移量（offsetLeft、offsetTop 等）、滚动位置（scrollTop、scrollLeft）或是计算样式值时，浏览器为了返回最新值，会刷新队列并应用所有变更。最好的做法是尽量减少布局信息的获取次数，获取后把它缓存给局部变量，然后再操作局部变量。

```
var ul=document.getElementById("content");
ul.style.left=ul.offsetLeft+1+"px";
ul.style.top=ul.offsetTop+1+"px";
if(ul.offsetLeft>=500){
    stopAnimation();
}
```

这种方法效率低下，因为元素每次移动时都会查询偏移量，导致浏览器刷新渲染队列而不利于优化。优化后的方法是将获取起始位置的值赋值给一个变量，然后在动画循环中直接使用变量，而不再查询偏移量。

```
var current=ul.offsetLeft;
current++;
ul.style.left=current+"px";
ul.style.left=current+"px";
if(current>=500){
    stopAnimation();
}
```

4. 让元素脱离动画流

浏览器所需要重排的次数越少，应用程序的响应速度就越快。例如，当页面顶部的一个动画推移至页面整个余下的部分时，会导致一次昂贵的大规模重排，让用户感到页面一顿一顿的。渲染树中需要重新计算的节点越多，情况越糟。避免页面中的大部分重排的方法是使用绝对位置定位页面上的动画元素，将其脱离文档流，让元素动起来，当动画结束时恢复定位，从而只会下移一次文档的其他元素。

4.4　任务实施

4.4.1　编写页面结构

在前端开发环境中新建项目文件夹"img-hover"，在该文件夹中新建"img-hover.html"文件，新建存放样式表的文件夹"css"、存放脚本的文件夹"js"和存放图片的文件夹"img"，打开"img-hover.html"文件，依据 HTML5 规范编写页面 HTML 结构，页面字符集设置为 UTF-8，页面标题 title 设置为"图片缩放特效"，页面由一个类样式为"wrap"的 div 包含，里面放置了页面标题标签 h3 和图片项目容器 ul，HTML 代码如下：

```html
<!DOCTYPE html>
<html>

<head>
    <meta charset="utf-8">
    <title>图片缩放特效</title>
    <link rel="stylesheet" type="text/css" href="css/img-hover.css">
</head>

<body>
    <!-- 页面容器 -->
    <div class="wrap">
        <!-- 标题 -->
        <h3>图片缩放特效</h3>
        <!-- 图片容器 -->
        <ul class="stretch" id="stretch">
            <!-- 图片项目 -->
            <li>
                <a href="">
                    <img src="img/img1.jpg" alt="">
                </a>
            </li>
            <li>
                <a href="">
                    <img src="img/img2.jpg" alt="">
                </a>
            </li>
            <li>
                <a href="">
                    <img src="img/img3.jpg" alt="">
                </a>
            </li>
            <li>
                <a href="">
                    <img src="img/img4.jpg" alt="">
                </a>
            </li>
            <li>
                <a href="">
                    <img src="img/img5.jpg" alt="">
                </a>
            </li>
            <li>
                <a href="">
                    <img src="img/img6.jpg" alt="">
                </a>
            </li>
```

```
        </ul>
    </div>
    <script src="js/img-hover.js"></script>
</body>

</html>
```

4.4.2　编写 CSS 样式

在项目"css"文件夹中建立样式文件"img-hover.css",打开该文件编写样式表,分别定义页面容器类样式 wrap、标题 h3 样式和图片项目样式,具体属性及值代码如下:

```
* {
  padding: 0;
  margin: 0;
}

body,
html {
  background: url("../img/bg_pattern.jpg") repeat;
  font-family: Verdana, Geneva, sans-serif;
}

.wrap {
  width: 610px;
  margin: 10px auto;
}

.wrap h3 {
  margin: 20px 0;
  font-size: 36px;
  font-weight: bold;
}

.stretch {
  position: relative;
  overflow: hidden;
}

.stretch li {
  position: relative;
  width: 200px;
  height: 200px;
  float: left;
  border: 1px solid #fff;
  list-style-type: none;
  overflow: hidden;
}

.stretch img {
```

```
    border: none;
    position: absolute;
    top: -66.5px;
    left: -150px;
    height: 500px;
}
```

4.4.3 编写 JavaScript

在项目 "js" 文件夹中新建 "img-hover.js" 文件,给图片容器中的每张图片绑定鼠标事件 mouseover 和 mouseout,当 mouseover 事件发生时,执行动画函数 startMov(element,styles),该函数内部实现了样式属性的间隔性变化,从而形成图片缩放的动画效果,代码如下:

```javascript
//通过<img>标签获取所有图片对象
var imgs = document.getElementsByTagName("img");
//利用 for 循环,对图片绑定鼠标事件 mouseover 和 mouseout
for (var i = 0; i < imgs.length; i++) {
    imgs[i].onmouseover = function () {
        startMov(this, { width: 200, height: 200, top: 0, left: 0 });
    }

    imgs[i].onmouseout = function () {
        startMov(this, { width: 200, height: 500, top: -66, left: -150 });
    }
    //设置图像计时器为空值
    imgs[i].timer = null;
}
//定义 startMov()函数,element 为图片对象,styles 为动画对象的样式属性
function startMov(element, styles) {
    clearInterval(element.timer); //执行动画之前清除动画
    //setInterval()函数以给定的时间间隔重复执行一个函数
    element.timer = setInterval(function () {
        //for in 循环语句循环遍历对象的属性,attr 为属性名
        for (var attr in styles) {
            var icur = 0;
            if (attr == 'width') {
                //round()把对象四舍五入为最接近的整数
                icur = Math.round(parseFloat(getStyle(element, attr)) *
100);
            } else {
                //parseInt()函数可解析一个字符串,并返回一个整数
                icur = parseInt(getStyle(element, attr));
            }

            //设置运动速度
            var speed = 0;
            speed = (styles[attr] - icur) / 8;
            //ceil(),floor()分别为 Math 的上舍入和下舍入函数
```

```
            speed = speed > 0 ? Math.ceil(speed) : Math.floor(speed);
            if (attr == 'width') {
                element.style.width = (icur + speed) / 100;
            } else {
                element.style[attr] = icur + speed + 'px';
            }
        }
    }, 30);
}
function getStyle(obj, attr) {
    if (obj.currentStyle) {
        return obj.currentStyle[attr];          //仅限 IE 兼容
    } else {
        return getComputedStyle(obj, false)[attr];   //兼容 FireFox
    }
}
```

4.4.4　测试页面

可以直接在本地测试页面，在资源管理器中定位到 img-hover.html 文件所在目录，双击 img-hover.html 即可启动浏览器进行测试，效果如图 4-2 所示，用户将鼠标移入图片上将触发 mouseover 事件，图片缩放动画开始执行，当鼠标移离图片上将触发 mouseout 事件，图片恢复 初始样式。

图4-2　图片缩放特效

4.5　强化训练

参考本任务，从京东、淘宝、微店等网站搜集新鲜果蔬的图片，设计开发图片透明度渐变动 画效果。

4.6 学习成果评量

等级	评分指标	得分
及格	P1. 能设计制作图片列表 HTML 结构	
	P2. 能设计编写图片列表界面样式	
	P3. 能使用 JavaScript 技术读取和设置元素 style 属性	
良好	M1. 能够根据项目需求局部修改图片缩放界面和触发条件	
优秀	D1. 能够根据项目需求定制图片效果	
	D2. 能够根据项目需求定制图片属性修改功能	
评语		

5 Chapter

JavaScript

任务 5
网页换肤

5.1 任务导入

Web 界面主要是由版式和图文样式决定的，而样式表是决定图文样式的重要因素。更改单个选择器的样式定义会影响局部元素表现，更改系列选择器的样式定义则会引发页面界面的更大范围的变化，把页面共有样式和个性化皮肤分离，通过切换个性化皮肤所对应的样式表文件即可实现网页的换肤功能，进而满足用户界面个性化的需求，提高内容的可读性和适应性，完成后的效果如图 5-1 所示。

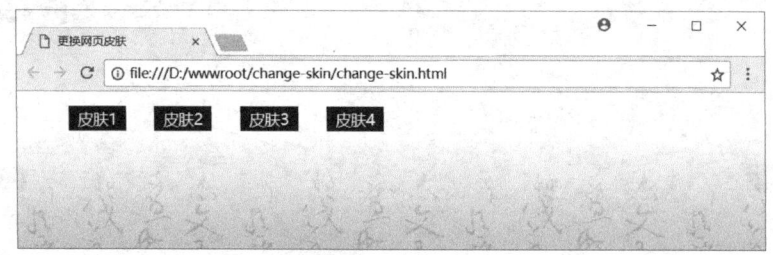

图5-1 网页换肤界面

5.2 成果目标

本任务旨在理解网页换肤的原理，掌握外部样式表的切换方法，掌握客户端皮肤的存取方法，熟悉前端页面开发的过程，熟悉 Visual Studio Coder 的使用，培养前端开发的意识和兴趣。

知识目标	技能目标	素质目标
1. 理解网页换肤原理 2. 理解 HTML DOM 3. 理解 document 对象的属性和方法 4. 理解 element 对象属性和方法 5. 理解 sessionStorage 对象 6. 理解 localStorage 对象 7. 理解 cookie	1. 设计换肤模块的 HTML 2. 设计换肤的 CSS 3. 善用 JavaScript 换肤技术 4. 善用 getAttribute() 5. 善用 setAttribute() 6. 善用 localStorage 存储数据	1. 遵循 Web 开发规范 2. 培养严谨的编程习惯 3. 培养分析和解决前端问题的能力 4. 培养演绎思维能力 5. 培养归纳思维能力

5.3 核心知识

5.3.1 网页换肤原理

在网页设计中，可以使用 JavaScript 动态设置网页皮肤，当用户选择某种皮肤样式之后，脚本存储用户已经选择的皮肤参数，当用户再次访问该网站时，通过读取存储的皮肤参数来显示上次预设的皮肤样式。对于皮肤配置数据，最适合使用 localStorage 进行存储，这样每次访问页面时，都会自动调用 localstorage 数据设置页面样式，避免用户每次访问页面时都需要重新设置选项。

5.3.2　HTML 文档对象模型

DOM 是文档对象模型 Document Object Model 的缩写，是 W3C（万维网联盟）的标准，它是独立于平台和语言的接口，允许程序和脚本动态地访问和更新文档的内容、结构和样式。HTML DOM 是 HTML 文档的标准对象模型，定义了所有 HTML 元素的对象和属性，以及获取、修改、添加或删除 HTML 元素的编程接口标准。浏览器将网页文档（HTML）转换为一个文档对象（Object），所有 HTML 元素被定义为对象，而编程接口则是对象属性和方法，属性是能够获取或设置的值（比如节点的 class 属性），方法是能够执行的动作（比如添加或修改元素）。值得注意的是，document 对象主要处理浏览器窗口内的网页内容，而 window 对象对应着浏览器窗口本身，其属性和方法统称为 BOM（浏览器对象模型）。

5.3.3　HTML DOM 节点树

在 HTML DOM 中，HTML 文档中的所有内容都是节点，文档是由节点构成的集合，整个文档是一个文档节点，每个 HTML 元素是元素节点，元素节点构成了网页的框架结构，HTML 元素内的文本是文本节点，文本节点构成了网页的内容，可通过节点的 innerHTML 属性来访问文本节点的值。每个 HTML 属性是属性节点，它总是被放在元素节点的起始标签里，属性节点用来对元素做出更具体的描述。注释是注释节点。

HTML DOM 将 HTML 文档视作树结构，被称为节点树，如图 5-2 所示。

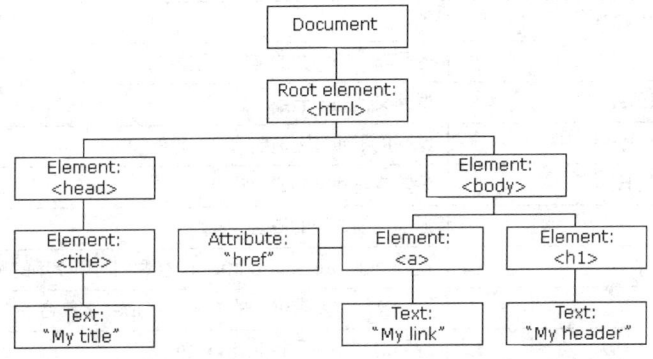

图5-2　HTML DOM节点树

通常我们用父（parent）、子（child）和同胞（sibling）等术语来描述节点树中元素节点的层级关系。父节点拥有子节点。同级的子节点被称为同胞（兄弟或姐妹）。在节点树中，顶端节点被称为根（root），它既没有父亲，也没有兄弟。除了根外，每个节点都有父节点，一个节点可拥有任意数量的子节点，同胞是拥有相同父节点且互不包含的节点，图 5-3 所示为节点树的一部分，以及节点之间的关系名称。

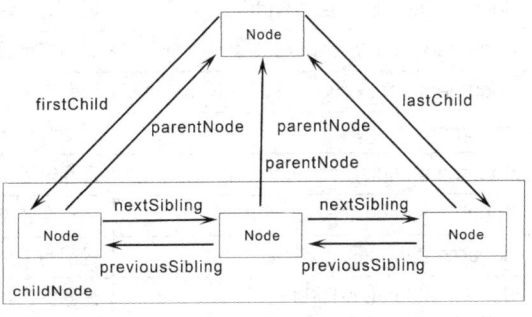

图5-3　节点关系名称

5.3.4　document 对象属性和方法

HTML document 对象可以使用的属性和方法如表 5-1 所示。

表 5-1　document 对象属性和方法

属性/方法	描述
document.activeElement	返回当前获取焦点元素
document.addEventListener()	向文档添加句柄
document.adoptNode（node）	从另外一个文档返回 adapded 节点到当前文档
document.anchors	返回对文档中所有 anchor 对象的引用
document.applets	返回对文档中所有 applet 对象的引用
document.baseURI	返回文档的绝对基础 URI
document.body	返回文档的 body 元素
document.close()	关闭用 document.open()方法打开的输出流，并显示选定的数据
document.cookie	设置或返回与当前文档有关的所有 cookie
document.createAttribute()	创建一个属性节点
document.createComment()	createComment()方法可创建注释节点
document.createDocumentFragment()	创建空的 DocumentFragment 对象，并返回此对象
document.createElement()	创建元素节点
document.createTextNode()	创建文本节点
document.doctype	返回与文档相关的文档类型声明（DTD）
document.documentElement	返回文档的根节点
document.documentMode	返回用于通过浏览器渲染文档的模式
document.documentURI	设置或返回文档的位置
document.domain	返回当前文档的域名
document.domConfig	返回 normalizeDocument()被调用时所使用的配置
document.embeds	返回文档中所有嵌入的内容（embed）集合
document.forms	返回对文档中所有 form 对象引用
document.getElementsByClassName()	返回文档中所有指定类名的元素集合，作为 NodeList 对象
document.getElementById()	返回对拥有指定 id 的第一个对象的引用
document.getElementsByName()	返回带有指定名称的对象集合
document.getElementsByTagName()	返回带有指定标签名的对象集合
document.images	返回对文档中所有 image 对象的引用
document.implementation	返回处理该文档的 DOMImplementation 对象
document.importNode()	把一个节点从另一个文档复制到该文档以便应用
document.inputEncoding	返回用于文档的编码方式（在解析时）
document.lastModified	返回文档被最后修改的日期和时间
document.links	返回对文档中所有 area 和 link 对象的引用
document.normalize()	删除空文本节点，并连接相邻节点

（续表）

属性/方法	描述
document.normalizeDocument()	删除空文本节点，并合并相邻节点
document.open()	打开一个流，以收集来自任何 document.write() 或 document.writeln()方法的输出
document.querySelector()	返回文档中匹配指定的 CSS 选择器的第一元素
document.querySelectorAll()	document.querySelectorAll()是 HTML5 中引入的新方法，返回文档中匹配的 CSS 选择器的所有元素节点列表
document.readyState	返回文档状态（载入中……）
document.referrer	返回载入当前文档的 URL
document.removeEventListener()	移除文档中的事件句柄（由 addEventListener()方法添加）
document.renameNode()	重命名元素或者属性节点
document.scripts	返回页面中所有脚本的集合
document.strictErrorChecking	设置或返回是否强制进行错误检查
document.title	返回当前文档的标题
document.URL	返回文档完整的 URL
document.write()	向文档写 HTML 表达式或 JavaScript 代码
document.writeln()	等同于 write()方法，不同的是在每个表达式之后写一个换行符

5.3.5　element 对象属性和方法

在 HTML DOM 中，element 对象表示 HTML 元素。element 对象可以是元素节点、文本节点、注释节点的子节点。元素对象属性和方法适用于所有 HTML 元素，如表 5-2 所示。DOM 操作主要有修改元素内容、改变元素样式、改变元素属性、创建新元素、删除元素等。

表 5-2　HTML DOM 元素通用属性和方法

属性/方法	描述
element.accessKey	设置或返回元素的快捷键（热键），按 Alt+设定的键字符，光标就会快速定位到该当元素
element.addEventListener()	向指定元素添加事件句柄（DOM2 事件模型）
element.appendChild()	为元素添加新的子元素
element.attributes	返回元素的属性数组
element.childNodes	返回元素的子节点的数组
element.classlist	返回元素的类名，作为 DOMTokenList 对象
element.className	设置或返回元素的 class 属性
element.clientHeight	返回元素渲染后的高度（不包括边框 border、边距 margin 或滚动条）
element.clientWidth	返回元素渲染后的宽度（不包括边框 border、边距 margin 或滚动条）
element.cloneNode()	克隆某个元素

（续表）

属性/方法	描述
element.compareDocumentPosition()	比较两个节点，并返回描述它们在文档中位置关系的整数：1 表示没有关系，两个节点不属于同一个文档；2 表示第一节点位于第二节点后；4 表示第一节点定位在第二节点前；8 表示第一节点位于第二节点内；16 表示第二节点位于第一节点内；32 表示没有关系，或是两个节点是同一元素的两个属性。返回值可以是值的组合。例如，返回 20 意味着第二节点在第一节点内部（16），并且第一节点在第二节点之前（4）。如 <div id="box1"><div id="box2"></div></div>
element.contentEditable	设置或返回元素的内容是否可编辑
element.dir	设置或返回一个元素中的文本方向
element.firstChild	返回元素的第一个子节点
element.focus()	设置文档或元素获取焦点
element.getAttribute()	返回指定元素的属性值
element.getAttributeNode()	返回指定属性节点
element.getElementsByTagName()	返回指定标签名的所有子元素集合
element.getElementsByClassName()	返回文档中所有指定类名的元素集合，作为 NodeList 对象
element.getFeature()	返回指定特征的 APIs 对象
element.getUserData()	返回一个元素中关联键值的对象
element.hasAttribute()	如果元素中存在指定的属性，返回 true，否则返回 false
element.hasAttributes()	如果元素有任何属性，返回 true，否则返回 false
element.hasChildNodes()	返回一个元素是否具有任何子元素
element.hasfocus()	返回布尔值，检测文档或元素是否获取焦点
element.id	设置或者返回元素的 id
element.innerHTML	设置或者返回元素的内容
element.insertBefore()	在现有的子元素之前插入一个新的子元素
element.isContentEditable	如果元素内容可编辑，返回 true，否则返回 false
element.isDefaultNamespace()	如果指定了 namespaceURI，返回 true，否则返回 false
element.isEqualNode()	检查两个元素是否相等
element.isSameNode()	检查两个元素所有相同节点
element.isSupported()	如果在元素中支持指定特征，返回 true
element.lang	设置或者返回一个元素的语言
element.lastChild	返回的最后一个子元素
element.namespaceURI	返回命名空间的 URI
element.nextSibling	返回该元素紧跟的一个元素
element.nodeName	可依据节点的类型返回其名称（大写）。元素节点返回标签名，属性节点返回属性名，文本节点为#text
element.nodeType	返回元素的节点类型，元素节点返回 1，属性节点返回 2，文本节点返回 3

（续表）

属性/方法	描述
element.nodeValue	返回元素的节点值，元素节点返回 null，属性节点返回属性值，文本节点返回节点内容
element.normalize()	合并相邻的文本节点并删除空的文本节点
element.offsetHeight	返回元素的高度（包括边框 margin 和填充 padding，不含边距），即元素在垂直方向上占用空间高度，无单位（以像素 px 计），如果存在垂直滚动条，offsetWidth 也包括垂直滚动条的宽度
element.offsetWidth	返回元素的宽度（包括边框 margin 和填充 padding，不含边距），即元素在水平方向上占用的空间宽度，无单位（以像素 px 计），如果存在水平滚动条，offsetHeight 也包括水平滚动条的高度
element.offsetLeft	返回该对象元素边界的左上角顶点相对于 offsetParent 的左上角顶点的水平偏移量
element.offsetParent	返回元素的定位容器，元素自身有 fixed 定位，offsetParent 的结果为 null；元素自身无 fixed 定位，且父级元素都未经过定位，offsetParent 的结果为<body>，<body>元素的 parentNode 是 null；元素自身无 fixed 定位，且父级元素存在经过定位的元素，offsetParent 的结果为离自身元素最近的经过定位的父级元素
element.offsetTop	返回该对象元素边界的左上角顶点相对于 offsetParent 的左上角顶点的垂直偏移量
element.ownerDocument	返回元素的根元素（文档对象）
element.parentNode	返回元素的父节点
element.previousSibling	返回元素紧接之前元素
element.querySelector()	返回匹配指定 CSS 选择器元素的第一个子元素
document.querySelectorAll()	返回匹配指定 CSS 选择器元素的所有子元素节点列表
element.removeAttribute()	从元素中删除指定的属性
element.removeAttributeNode()	删除指定属性节点并返回移除后的节点
element.removeChild()	删除一个子元素
element.removeEventListener()	移除由 addEventListener()方法添加的事件句柄
element.replaceChild()	替换一个子元素
element.scrollHeight	返回整个元素的高度（包括带滚动条的隐蔽的地方）
element.scrollLeft	返回当前视图中的实际元素的左边缘和左边缘之间的距离
element.scrollTop	返回当前视图中的实际元素的顶部边缘和顶部边缘之间的距离
element.scrollWidth	返回元素的整个宽度（包括带滚动条的隐蔽的地方）
element.setAttribute()	设置或者改变指定属性并指定值
element.setAttributeNode()	设置或者改变指定属性节点
element.setUserData()	在元素中为指定键值关联对象
element.style	设置或返回元素的样式属性
element.tabIndex	设置或返回元素的标签顺序
element.tagName	作为一个字符串返回某个元素的标记名（大写）
element.textContent	设置或返回一个节点和它的文本内容

（续表）

属性/方法	描述
element.title	设置或返回元素的 title 属性
element.toString()	一个元素转换成字符串
nodelist.item()	返回某个元素基于文档树的索引
nodelist.length	返回节点列表的节点数目

5.3.6　获取元素属性 getAttribute()

getAttribute()能够获取指定元素的属性值，传递的参数是一个以字符串形式表示的元素属性名称，返回的是一个字符串类型的值，如果给定的属性不存在，则返回的值为 null。该方法不属于 document 对象，所以不能通过 document 对象调用，只能通过元素节点对象调用。语法格式为 object.getAttribute（attribute）。

```
<img src="images/bean.jpg" alt="豌豆"/>
<script>
    var img=document.getElementsByTagName("img")[0];
    alert(img.getAttribute("alt"));
</script>
```

对于 class 属性，必须使用 className 属性名，因为 class 是 JavaScript 语言的保留字；对于 for 属性，则必须使用 htmlFor 属性名，这与 style 脚本中 float 改写为 cssFloat、text 改写为 cssText 原因相同。

```
<label for="phone" id="label-phone" class="label-class">输入手机号码</label>
<input type="text" name="phone" id="phone">
<script>
    var label=document.getElementById("label-phone");
    alert(label.className);
    alert(label.htmlFor);
</script>
```

对于获取元素上的多个样式套用，特别是像 class 类样式，需要使用 split()方法处理返回的字符串，然后遍历读取样式。

```
<a href="" class="btn btn-lg" id="btn">结算</a>
<script>
var a=document.getElementById("btn");
var arr_class=a.getAttribute("class").split("");
var str="";
for(var i=0,len=arr_class.length;i<len;i++){
    str+=arr_class[i]+"\n";
}
alert(str);
</script>
```

除了使用 getAttribute()读取属性值外，HTML DOM 还支持使用点语法快捷读取属性值，点方法比较简便，也获得了所有浏览器的支持。但要注意，对于 HTML 标签和相应的 DOM 对象都具有的属性（如 title、class 等），两种方法取得的值是相同的。对于 HTML 标签具有而 DOM 对象不具有的自定义属性，getAttribute() 可以取得相应的属性值，但点操作符返回 undefined。对于 DOM 对象具有而 HTML 标签不具有的属性（如 innerHTML 和对象上自定义属性），点操作符可以取得相应的属性值，但 getAttribute() 返回 null。

5.3.7　设置元素属性 setAttribute()

setAttribute() 用于创建或设置元素节点的属性值，如果对象本身属性未设置，则将为元素创建属性并设置属性，如果对象本身属性已经设置过，则会被覆盖，所有主要浏览器都支持 setAttribute() 方法，IE8 及更早 IE 版本不支持该方法。语法格式如下：

```
object.setAttribute(name,value)
```

参数 name 和 value 分别表示属性名称和属性值。属性名称和属性值必须以字符串的形式进行传递。

```
<input value="OK">
<script>
    document.getElementsByTagName("input")[0].setAttribute("type","button");
</script>
```

通常可以使用 object.className 来添加类样式，但当元素已经存在类样式时，会覆盖元素原有的样式，此时可以采用叠加的方式添加类。

```
<a href="" class="btn btn-lg" id="btn">结算</a>
<script>
    var a=document.getElementById("btn");
    a.className="btn";
    a.className+="btn-lg";
<script>
```

为防止类样式的重复添加，可以定义一个类样式检测函数，判断元素是否包含指定的类，然后再决定是否添加类。

```
function hasClass(element,className){
var reg=newRegExp('(\\s|^)'+className+'(\\s|$)');
return reg.test(element,className);
}
```

5.3.8　本地数据存储方案

随着 Web 应用程序的出现，催生了能够直接在客户端上存储用户信息能力的要求：将用户登录信息、偏好设定或其他私用信息存在该用户设备上。随着 Web 应用的快速发展，在客户端直接存储用户数据变得越来越重要，这个问题的第一个方案是以 cookie 的形式出现的，cookie 是原来的网景公司创造的，它是简单、易行的实现方法，但是 cookie 同时存在很多缺陷。HTML5 提出了 WebStorage、Web Database 等解决方案，Web Database 因目前兼容性较差，在此不做介绍。WebStorage 的目的是克服由 cookie 带来的一些限制，当数据需要被严格控制在客户端上时，无须持续地将数据发回服务器。WebStorage 的两个主要目标是：提供一种在 cookie 之外存储会话数据的途径；提供一种存储大量可以跨会话存在的数据的机制。

5.3.9　WebStorage

HTML5 的 WebStorage 提供了 localStorage 和 sessionStorage 两种客户端存储数据的方法。它们以键值对的形式在本地保存数据，WebStorage 类型只能存储字符串。非字符串的数据在存储之前会被转换成字符串，提供最大的存储空间（因浏览器而异）。localStorage 用于持久化的本地存储，除非主动删除数据，否则数据是永远不会过期的。sessionStorage 保存会话期内的数据，当用户关闭浏览器后，这些数据会被删除。

WebStorage 的优点如下：① 存储空间更大；② 存储内容不会发送到服务器；③ 提供一套更为丰富的接口，使得数据操作更为简便；④ 每个域（包括子域）有独立的存储空间，各个存储空间是完全独立的，不会造成数据混乱。

WebStorage 的缺陷主要集中在安全性方面：① 浏览器会为每个域分配独立的存储空间，但是浏览器不会检查 JavaScript 脚本所在的域与当前域是否相同；② 存储在本地的数据未加密而且永远不会过期，极易造成隐私泄漏。

目前所有主流浏览器都支持 WebStorage。但是 IE7 及以下版本不支持 WebStorage，可使用 IE 的 UserData 进行兼容。

5.3.10　WebStorage 基本属性和方法

localStorage 和 sessionStorage 对象拥有相同的属性和方法，具有相同的操作，如表 5-3 所示。

表 5-3　localStorage 和 sessionStorage 方法

方法	说明
clear()	删除所有值；Firefox 中没有实现
getItem（name）	根据指定的名字 name 获取对应的值
key（index）	获得 index 位置处的值的名字
removeItem（name）	删除由 name 指定的名值对
setItem（name,value）	为指定的 name 设置一个对应的值

其中 getItem()、removeItem()和 setItem()方法可以直接调用，也可通过 Storage 对象间接调用。因为每个项目都是作为属性存储在该对象上的，所以可以通过点语法或者方括号语法访问属性来读取和设置值，或者通过 delete 操作符进行删除。最好使用方法而不是属性来访问数据，以免某个键会意外重写该对象上已经存在的成员。还可以使用 length 属性来判断有多少键值对存放在 Storage 对象中，但无法判断对象中所有数据的大小，不过 IE8 提供了一个 remainingSpace 属性，用于获取还可以使用的存储空间的字节数。

5.3.11　使用 sessionStorage 对象

sessionStorage 对象存储特定于某个会话的数据，也就是该数据只保持到浏览器关闭。这个对象就像会话 cookie，也会在浏览器关闭后消失。存储在 sessionStorage 中的数据可以跨越页面刷新而存在，同时如果浏览器支持，浏览器崩溃并重启之后依然可用（Firefox 和 WebKit 都支持，IE 则不行）。因为 seesionStorage 对象绑定于某个服务器会话，所以当文件在本地运行的时候是不可用的。存储在 sessionStorage 中的数据只能由最初给对象存储数据的页面访问到，所以对多页面应用有限制。

　　由于 sessionStorage 对象其实是 Storage 的一个实例，因此可以使用 setItem()或者直接设置新的属性来存储数据。使用 setItem()方法可以存储值，用法为 setItem（key,value）。参数 key 表示键名，value 表示值，都以字符串形式传递。例如：

```
//使用方法存储数据
sessionStorage.setItem("name","Nicholas");
//使用属性存储数据
sessionStorage.book="Professional JavaScript";
```

　　sessionStorage 中有数据时，可以使用 getItem()或者通过直接访问属性名来获取数据。用法为：getItem（key），参数 key 表示键名，键名以字符串形式传递。该方法将获取指定 key 本地存储的值。例如：

```
//使用方法读取数据
var name=sessionStorage.getItem("name");
//使用属性读取数据
var book=sessionStorage.book;
```

　　还可以通过结合 length 属性和 key()方法来迭代 sessionStorage 中的值，localStorage 和 sessionStorage 提供 key()方法和 length 属性，使用它们可以方便地实现存储数据的遍历操作。代码如下：

```
for(var i=0,len=sessionStorage.length;i<len;i++){
    var key=sessionStorage.key(i);
    var value=sessionStorage.getItem(key);
    alert(key+"="+value);
}
```

　　首先通过 key()方法获取指定位置上的名字，然后通过 getItem()找出对应该名字的值。还可以使用 for-in 循环来迭代 sessionStorage 中的值，代码如下：

```
for(var key in sessionStorage){
    var value=sessionStorage.getItem(key);
    alert(key+"="+value);
}
```

　　要从 sessionStorage 中删除数据，可以使用 delete 操作符删除对象属性，也可调用 removeItem()方法。例如：

```
//使用 delete 删除一个值
deletesessionStorage.name;
//使用 removeItem()方法删除一个值
sessionStorage.removeItem("book");
```

　　sessionStorage 对象应该用于仅针对会话的小段数据的存储。如果需要跨越会话存储数据，那么 localStorage 更为合适。

　　使用 clean()方法可以清空所有本地存储的键值对，使用 sessionstorage.clear()可以清空本地存储。

5.3.12 使用 localStorage 对象

localStorage 对象在修订过的 HTML5 规范中作为持久保存客户端数据的方案取代了 globalStorage。要访问同一个 localStorage 对象，页面必须来自同一个域名（子域名无效），使用同一种协议，在同一个端口上。由于 localStorage 是 Storage 的实例，所以可以像使用 sessionStorage 一样来使用它。

```
//使用方法存储数据
localStorage.setItem("name","mpcer");
//使用属性存储数据
localStorage.book="JavaScript";
//使用方法读取数据
var name=localStorage.getItem("name");
//使用属性读取数据
var book=localStorage.book;
```

存储在 localStorage 中的数据保留到通过 JavaScript 删除或者是用户清除浏览器缓存。

5.3.13 使用 storage 事件

在其他页面对 Storage 对象进行任何修改操作，都会触发当前页面文档上的 storage 事件。当通过属性或 setItem() 方法保存数据，使用 delete 操作符或 removeItem() 删除数据，或者调用 clear() 方法时，都会发生该事件。storage 事件的 event 对象属性如表 5-4 属性。

表 5-4 storage 事件对象属性

属性	类型	说明
key	String	设置或者删除的键名
oldValue	Any	键被更改之前的值（被覆盖的值），如果是新添加的项目，则为 null
newValue	Any	如果是设置值，则是新值，如果是新添加的项目，则为 null
url	Strng	引发更改的方法所在页面地址

本例为页面添加了一个 storage 事件，当页面的本地存储发生值变动时将触发该事件，代码如下如下：

```
if(window.addEventListener){
        window.addEventListener("storage",handleStorage,false);
}
else if(window.attachEvent){
        window.attachEvent("onstorage",handleStorage);
}
function handleStorage(e){
var
logged="key:"+e.key+",newValue:"+e.newValue+",oldValue:"+e.oldValue+",
url:"+e.url+",storageArea"+e.storageArea;
        console.log(logged);
}
```

与其他客户端数据存储方案类似，WebStorage 同样也有限制。这些限制因浏览器而异。一般来说，对存储空间大小的限制都是以每个来源（协议、域和端口）为单位的。换句话说，每个来源都有固定大小的空间用于保存自己的数据。考虑到这个限制，就要注意分析和控制每个来源中有多少页面需要保存数据。

对于 localStorage 而言，大多数桌面浏览器会设置每个来源 5MB 的限制。Chrome 和 Safari 对每个来源的限制是 2.5MB。而 iOS 版 Safari 和 Android 版 WebKit 的限制也是 2.5MB。

对 sessionStorage 的限制也是因浏览器而异。有的浏览器对 sessionStorage 的大小没有限制，但 Chrome、Safari、iOS 版 Safari 和 Android 版 WebKit 都有限制，也都是 2.5MB。IE8+ 和 Opera 对 sessionStorage 的限制是 5MB。有关 WebStorage 的限制，请参考 http://dev-test.nemikor.com/web-storage/support-test/。

5.3.14　cookie 介绍

cookie 是保存在客户端系统中的一个文本文件，每个 cookie 文本文件都与指定 Web 服务器的域中的固定目录相关联。当浏览器向服务器请求该目录下的页面时，关联的 cookie 信息就会随着 HTTP 请求以头部信息的方式发送给服务器。在客户端，用户可以使用 JavaScript 读写 cookie 信息，服务器端脚本也能够编辑这些 cookie 信息。cookie 的优点有：简单易用，浏览器负责发送数据，浏览器自动管理不同站点的 cookie。同时 cookie 也存在不足：使用简单的文本文件存储数据，安全性很差，很容易被黑客窃取；cookie 中存储的数据容量有限，其上限为 4KB；存储 cookie 的数量有限，多数浏览器上限为 30 或 50 个，如 IE6 只支持每个域名 20 个 cookie，也有部分浏览器存储 cookie 的数量高达 300 个；如果浏览器的安全配置为最高级别，则 cookie 会失效；cookie 不适合大量数据的存储，因为 cookie 会由每个对服务器的请求来传递，从而造成 cookie 速度缓慢、效率低下。cookie 在性质上是绑定在特定的域名下的。当设定了一个 cookie 后，再给创建它的域名发送请求时，都会包含这个 cookie。这个限制确保了存储在 cookie 中的信息只能让批准的接受者访问，而无法被其他域访问。由于 cookie 是存储在客户端计算机上的，还加入了一些限制，确保 cookie 不会被恶意使用，同时不会占据太多磁盘空间。每个域的 cookie 总数是有限的，不过浏览器之间各有不同：IE6 以及更低版本限制每个域名最多 20 个 cookie；IE7 和之后版本每个域名最多 50 个 cookie；IE7 最初是支持每个域名最大 20 个 cookie，之后被微软的一个补丁所更新；Firefox 限制每个域最多 50 个 cookie；Opera 限制每个域最多 30 个 cookie；Safari 和 Chrome 对于每个域的 cookie 数量限制没有硬性规定。

当超过单个域名限制之后还要再设置 cookie，浏览器就会清除以前设置的 cookie。IE 和 Opera 会删除最近最少使用过的 cookie，腾出空间给新设置的 cookie。Firefox 看上去好像是随机决定要清除哪个 cookie，所以考虑 cookie 限制非常重要，以免出现不可预期的后果。

浏览器中对于 cookie 的尺寸也有限制。大多数浏览器都有大约 4096B（加减 1）的长度限制。为了使浏览器获得较好的兼容性，最好将整个 cookie 长度限制在 4095B（含 4095）以内。尺寸限制影响到一个域下所有的 cookie，而并非每个 cookie 单独限制。

如果你尝试创建超过最大尺寸限制的 cookie，那么该 cookie 会被悄无声息地丢掉。注意，虽然一个字符通常占用一字节，但是多字节情况则有不同。

5.3.15　cookie 构成

完整的 cookie 信息字符串应该包括键值对、有效期、有效路径、有效域和安全性。

（1）cookie 信息字符串，包含一个键值对，默认为空。一个唯一确定 cookie 的名称，是不区分大小写的，myCookie 和 MyCookie 被认为是同一个 cookie。cookie 的名称和字符串值必须经过 URL 编码，所以必须使用 decodeURIComponent() 来解码。

（2）cookie 有效期，表示 cookie 何时应该被删除的时间戳（也就是，何时应该停止向服务器发送这个 cookie）。包含一个 GMT 格式的字符串，默认为当前会话期，即如果没有设置，则当关闭浏览器时，cookie 信息就会因过期而被清除。也可以自己设置删除时间。这个值是一个 GMT 格式的日期（Wdy,DD-Mon-YYYYHH:MM:SSGMT），用于指定应该删除 cookie 的准确时间。因此，cookie 可在浏览器关闭后依然保存在用户的机器上。如果你设置的失效日期是以前的时间，则 cookie 会被立刻删除。

（3）cookie 有效路径，默认为 cookie 所在页面目录及其子目录。对于指定域中的那个路径，应该向服务器发送 cookie。例如，你可以指定 cookie 只有从 http://www.abc.com/user/ 中才能访问，那么 http://www.abc.com 的页面就不会发送 cookie 信息，即使请求都是来自同一个域的。

（4）cookie 有效域，默认为设置 cookie 的页面所在的域。cookie 对于哪个域是有效的，所有向该域发送的请求中都会包含这个 cookie 信息。这个值可以包含子域（如 www.abc.com），也可以不包含它，如 .abc.com，则对于 abc.com 的所有子域都有效）。如果没有明确设定，那么这个域会被认作来自设置 cookie 的那个域。

（5）cookie 安全性，默认为不采用安全加密措施进行传递。cookie 使用 secure 属性定义 cookie 信息的安全性。secure 标志是 cookie 中唯一一个非键值对，secure 属性取值包括 secure 或者空字符串，在默认情况下，secure 属性值为空，也就是说 cookie 信息使用不安全的 HTTP 连接传递数据。如果一个 cookie 设置了 secure，那么 cookie 信息在客户端与 Web 服务器之间进行传递时，就通过 HTTPS 或者其他安全协议传递数据。例如：

```
HTTP/1.12000K
Content-type:text/html
Set-Cookie:name=value;domain=.wrox.com;path=/;secure
Other-header:other-header-value
```

这里，创建了一个对于所有 wrox.com 的子域和域名下（由 path 参数指定的）所有页面都有效的 cookie。因为设置了 secure 标志，这个 cookie 只能通过 SSL 连接才能传输。尤其要注意，域、路径、失效时间和 secure 标志都是服务器给浏览器的指示，以指定何时应该发送 cookie。这些参数并不会作为发送到服务器的 cookie 信息的一部分，只有键值对才会被发送。

5.3.16 写入 cookie 信息

BOM 的 document.cookie 属性会因为使用它的方式不同而表现出不同的行为。当用于设置值的时候，document.cookie 属性可以设置为一个新的 cookie 字符串。这个 cookie 字符串会被解释并添加到现有的 cookie 集合中。设置 document.cookie 并不会覆盖 cookie，除非设置的 cookie 的名称已经存在。设置 cookie 的格式和 Set-Cookie 头中使用的格式一样，cookie 字符串是一组键值对，名称和值之间以等号相连，键值对之间使用分号进行分隔，值中不能包含分号、逗号和空白符。如果包含特殊字符，必须使用 escape() 函数对其进行编码，在读取 cookie 时也必须使用 unescaped 函数进行解码。cookie 的格式如下：

```
<script>
var d=newDate();
```

```
d=d.toString();
d="date:"+escape(d);//设置 cookie 字符串
document.cookie=d;//写入 cookie 信息
</script>
```

在默认状态下，cookie 信息只能在当前会话期（当前浏览窗口）中有效并存在，一旦结束会话（关闭浏览窗口），这些 cookie 信息就会被自动删除。如果长久保存 cookie 信息，可以设置 expires 属性，把字符串"expires=date"附加到 cookie 字符串后面。用法如下：

```
name=value;expires=date
```

date 为格林威治时间（GMT）格式：TueJun05201806:15:38GMT+0800（中国标准时间）。可使用 Date.toGMTString()方法可以快速把时间对象转换为 GMT 格式。本例将创建一个有效期为一个月的 cookie 信息，代码如下：

```
<script>
var d=newDate();
d.setMonth(d.getMonth()+1);//获取月份并加1,然后重新设置当前日期对象
d="date:"+escape(d)+"expires="+d.toGMTString();//设置 cookie 字符串
document.cookie=d;//写入 cookie 信息
</script>
```

cookie 信息是有域和路径限制的。在默认情况下，仅在当前页面路径内有效。例如，在下面页面中写入了 cookie 信息 http://www.mysite.cn/bbs/index.html，这个 cookie 只会在 http://www.mysite.cn/bbs/路径下可见，其他域或本域其他目录中的文件是无权访问的。这种限制主要是为了保护 cookie 信息安全，避免恶意读写。用户可以使用 cookie 的 path 和 domain 属性重设可见路径和作用域。其中 path 属性包含了与 cookie 信息相关联的有效路径，domain 属性定义了 cookie 信息的有效作用域。用法如下：

```
name-value;expires=date;domain=domain;path=path;
```

如果设置"path=/"，cookie 信息与服务根目录及其子目录相关联，从而实现在整个网站中共享 cookie 信息。如果只想让 bbs 目录下的网页访问，可以设置"path=/bbs"即可。
很多网站可能包含很多域名，例如百度网站包含的域名就有很多个，例如：

```
http://www.baidu.com/
http://news.baidu.com/
http://tieba.baidu.com/
http://zhidao.baidu.com/
http://mp3.baidu.com/
```

在默认情况下，cookie 信息只能在本域中访问，通过设置 cookie 的 domain 属性，可修改域的范围，例如在 http://www.baidu.com/index.html 文件中设置 cookie 的 domain 属性为"domain=tieba.baidu.com"，就可以在 http://tieba.baidu.com/域下访问该 cookie。如果允许所有子域都能访问 cookie 信息，设置"domain=baidu.com"即可，这样，该 cookie 信息就与 baidu.com 的所有子域下的所有页面相关联了。
可以把写入 cookie 信息的实现代码进行封装。参数 name 表示 cookie 名称，value 表示 cookie 值，expires 表示有效天数，path 表示有效路径，domain 表示域，secure 表示安全性设置。其中 name、value、path 和 domain 参数以字符串形式传递，使用时需要加上引号，而参

数 expires 为数值, secure 为布尔值, 表示是否加密传输, 代码如下:

```
function setcookie(name, value, expires, path, domain, secure) {
    var today = newDate();//获取当前时间对象
    today.setTime(today.getime());//设置现在时间
    if (expires) {
        //如果有效期参数存在, 则转换为毫秒数
        expires = expires * 1000 * 60 * 60 * 24;
    }
    //新建有效期时间对象信息
    var expires_date = newDate(today.getTime() + expires);
    //写入 cookie
    document.cookie = name + "=" + (expires(value)) +
        //指定有效期
        ((expires) ? ";expires=" + expires_date.toGMTstring() : "") +
        //指定有效路径
        ((path) ? ";path=" + domain : "") +
        //指定有效域
        ((domain) ? ";domain=" + domain : "") +
        //指定是否加密传输
        ((secure) ? ";secure" : "");
}
```

5.3.17 读取 cookie 信息

当用来获取属性值时, document.cookie 返回当前页面可用的(根据 cookie 的域、路径、失效时间和安全设置)所有 cookie 的字符串, cookie 属性值是一个由零个或多个名值对的子字符串组成的字符串列表, 每个名值对之间通过分号进行分隔。可以采用下面的方法把 cookie 字符串转换为对象类型, 没有参数, 返回值为对象。

```
function getCookie() {
    var a = document.cookie.split(";");//把 cookie 字符串劈开为数组
    var o = {};//临时对象直接量
    for (var i = 0; i < a.length; i++) {
        //遍历数组
        var v = a[i].split("=");//劈开每个数组元素
        o[v[0]] = v[1];//把元素的名和值转换为对象的属性和属性值
    }
    return o;//返回对象
}
```

如果在写入 cookie 信息时使用了 escape()方法编码 cookie 值,则应该在读取时不要忘记使用 unescape()方法解码 cookie 值。在实际开发中, 更多的操作是直接读取某个 cookie 值, 而不是读取所有 cookie 信息, 通常定义一个比较实用的函数 getCookie()用来读取指定名称的 cookie 值, 参数 name 为读取的 cookie 名称。

```
function getCookie(name){
    var start = document.cookie.indexOf(name + "=");//提取 cookie 中与名称相同
的字符串索引
    var len = start + name.length + 1;//计算值的索引位置
```

```
    if ((!start) && (name != document.cookie.substring(0, name.length))) {
        //不存在, 则返回 null
        return null;
    }
    if (start == -1) returnnull;//如果没有找到, 则返回
    var end = document.cookie.indexof(";", len);//获取值后面的分号索引位置
    if (end == -1) end = document.cookie.length;//如果索引值为-1, 设置 cookie
字符串的长度
    return unescap(document.cookie.substring(len, end));//获取名称对应的截取
值并解码返回
    }
```

如果要改变指定 cookie 的值, 只需要使用相同名称和新值重新设置该 cookie 值即可。如果要删除某个 cookie 信息, 只需要为该 cookie 设置一个已过期的 expires 属性值。

5.4　任务实施

5.4.1　编写 HTML

在前端开发环境中新建项目文件夹 "change-skin", 在该文件夹中新建 "change-skin.html" 文件, 新建存放样式表的文件夹 "css" 和存放脚本的文件夹 "js", 打开 "change-skin.html" 文件, 依据 HTML5 规范编写网页换肤页面的 HTML 结构, 页面字符集设置为 UTF-8, 设置页面标题 title 为 "更换网页皮肤", 建立页面最外层容器并套用 wrap 和 clearfix 样式, 采用无序列表 ul 建立换肤的超链接菜单项 li, 分别为 "皮肤 1" 和 "皮肤 2", HTML 代码如下:

```html
<!DOCTYPE html>
<html>

<head>
    <meta charset="UTF-8">
    <title>更换网页皮肤</title>
    <link rel="stylesheet" href="css/base.css">
    <link rel="stylesheet" href="css/skin2.css" id="skinCSS">
</head>

<body>
    <div class="wrap clearfix">
        <ul>
            <li id="skin1">皮肤 1</li>
            <li id="skin2">皮肤 2</li>
            <li id="skin3">皮肤 3</li>
            <li id="skin4">皮肤 4</li>
        </ul>
    </div>
    <script src="js/change-skin.js"></script>
</body>

</html>
```

将页面以"change-skin.html"为文件名保存到站点根文件夹的"change-skin"文件夹中,在浏览器中测试页面,如图5-4所示。

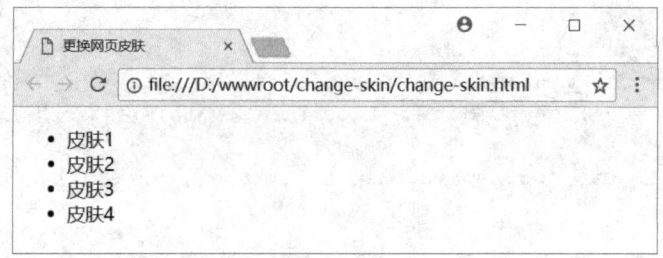

图5-4 换肤菜单原始效果图

在"change-skin"文件夹中新建图片文件夹"img",将"circle.jpg""floor.jpg""handwriting.gif"和"lv.gif"4张换肤用的背景图片拷贝到该文件夹中。

5.4.2 编写 CSS

在"css"文件夹中建立样式文件"base.css",打开该文件编写换肤页面共有样式,主要包括页面容器 wrap、无序列表样式 ul/li 和浮动清除样式定义。代码如下:

```css
body,
html {
  width: 100%;
  height: 100%;
  margin: 0;
}

ul {
  /* 取消 UL 默认的上下各 1em 的边距 margin */
  margin: 0;
  /* 取消 UL 左边 40 像素的填充 */
  padding-left: 0; ;
}

.wrap {
  /* 定义渐变背景色 */
  background: linear-gradient(#fff 30%,rgba(255,255,255,0));
  /* 定义左下角和右下角圆角效果 */
  border-radius: 0 0 10px 10px;
  position: relative;
  width: 1240px;
  max-width: 100%;
  min-width: 768px;
  height: 96%;
  /* 页面容器居中 */
  margin: 0 auto;
}

li {
```

```
  float: left;
  margin: 15px;
  width: 60px;
  line-height: 26px;
  list-style-type: none;
  text-align: center;
  color: #fff;
  background-color: #000;
  /* 鼠标移入时变手形，提示可交互 */
  cursor: pointer;
}

.clearfix:after {
  content: ".";
  display: block;
  height: 0;
  clear: both;
  visibility: hidden;
}
```

　　在 "css" 文件夹中建立样式文件 "skin1.css" "skin2.css" "skin3.css" 和 "skin4.css"，在各样式文件中定义该套皮肤的私有样式属性，比如 body 背景图片和列表菜单背景颜色，代码如下：

```
/* skin1.css */
body {
  background-color: #b24926;
  background-image: url('../images/circle.jpg');
}

li {
  background-color: #b24926;
}

/* skin2.css */
body {
  background-color: #108040;
  background-image: url('../images/floor.jpg');
}

li {
  background-color: #108040;
}

/* skin3.css */
body {
  background-color: #390f39;
  background-image: url('../images/handwriting.gif');
}
```

```
li {
  background-color: #390f39;
}
/* skin4.css */
body {
  background-color: #9a1B1E;
  background-image: url('../images/lv.gif');
}

li {
  background-color: #9a1B1E;
}
```

5.4.3 编写 JavaScript

在"js"文件夹中新建"chang-skin.js"文件，代码实现了皮肤的切换和皮肤的本地存储功能，皮肤切换是通过修改 head 标签中 link 元素的 href 属性值来实现的，也就是换了另一个样式表文件，本地存储则使用了 HTML5 本地存储 window.localStorage 的 setItem()和 getItem()来实现，代码如下：

```
var lists = document.getElementsByTagName('li')
// 把引入皮肤 css 路径的 link 标签对象选取出来
var cssStyle = document.getElementById('skinCSS')
// 访问本地存储，获取上次设置的皮肤样式文件
var cssSavedName = getStorage('cssSavedName')
// 判断是否设置过并存储了皮肤文件，如果是，就使用设置过的，否则用默认的
if (cssSavedName && cssSavedName != null) {
  cssStyle.href = cssSavedName
} else {
  // 没有存储过就使用 skin4.css
  cssStyle.href = 'css/skin4.css'
}
for (var i = 0; i < lists.length; i++) {
  lists[i].addEventListener('click', function () {
    // 根据单击的列表对象的 id 属性值来关联对应的样式表文件
    var cssName = 'css/' + this.id + '.css'
    // 变换 link 标签中的 href 属性，切换样式文件
    cssStyle.href = cssName
    // 将用户选择的皮肤样式存入客户端
    setStorage('cssSavedName', cssName)
  })
}
// html5 设置本地存储
function setStorage (name, value) {
  window.localStorage.setItem(name, value)
}

function getStorage (name) {
  var cssSavedName = window.localStorage.getItem(name)
  return cssSavedName
}
```

5.4.4　测试页面

可以直接在本地测试页面，也可以通过 http-server 来测试，如图 5-5 所示，单击四个列表项按钮可以切换页面的背景图片和按钮效果。

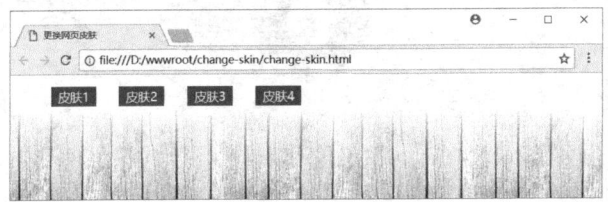

图5-5　换肤界面

5.5　强化训练

结合本任务实施过程，编写一个新闻页面，制作"大""中""小"和"打印"四个链接，实现页面文字的放大、缩小和打印功能，保存并测试页面。参考效果页面如图 5-6 所示。

图5-6　页面文字缩放及打印效果图

5.6　学习成果评量

等级	评分指标	得分
及格	P1. 能设计制作换肤功能的 HTML 和样式表	
	P2. 能基于换肤原理实现换肤基本功能和效果	
良好	M1. 能够根据项目需求局部修改换肤界面和换肤参数	
优秀	D1. 能够根据项目需求定制换肤界面、功能	
	D2. 能够根据 Web 设计风格定制多套 Web 皮肤	
评语		

6 Chapter

任务 6
下拉广告

JavaScript

6.1　任务导入

下拉广告是在用户浏览页面时，以全屏方式强制插入一个广告页面或弹出广告窗口，以增加可视区域大小，吸引访问者关注，保证广告的传达率，具有一定的强制性，广告持续 3 秒至 5 秒的广告逐渐缩成 banner 尺寸的网络广告形式，或者直接隐藏掉。广告内容有静态的页面，也可以纯动画（GIF 或者 Flash）或者视频片段。浏览者可以通过关闭按钮手工关闭广告，也可以主动打开重播广告。

6.2　成果目标

本任务旨在理解 css3 transition 属性和 setTimeout 的语法，掌握 Web 页面广告控制及过渡效果实现技术，熟悉前端页面开发的过程，熟悉 Visual Studio Coder 的使用，积累前端开发的经验，培养前端组件开发的意识和兴趣。

知识目标	技能目标	素质目标
1. 理解 transition 属性 2. 理解 setTimeout()用法	1. 设计下拉广告 HTML 2. 设计下拉广告 CSS 样式 3. 能使用 transition 设计动画 4. 善用 setTimeout()	1. 遵循 Web 开发规范 2. 培养严谨的编程习惯 3. 培养分析和解决前端问题的能力 4. 培养演绎思维能力 5. 培养归纳思维能力

6.3　核心知识

6.3.1　transition 属性

transition 属性是一个简写属性，用于设置四个过渡属性：transition-property、transition-duration、transition-timing-function 和 transition-delay。transition-property 属性规定应用过渡效果的 CSS 属性名称，为 none 时，没有属性获得过渡效果，为 all 时，所有属性都将获得过渡效果，为具体 CSS 属性名称列表时，列表以逗号分隔。transition-duration 规定完成过渡效果需要多少秒或毫秒，若时长为 0，就不会产生过渡效果。transition-timing-function 规定速度效果的速度曲线，有 linear、ease、ease-in、ease-out、ease-in-out 和 cubic-bezier（n,n,n,n）等取值类型，linear 匀速，ease 由快到慢到更慢，ease-in 越来越快，ease-out 越来越慢，ease-in-out 先加速后减速，cubic-bezier（n,n,n,n）函数定义速度曲线，值为 0 ~ 1 的数值，如 cubic-bezier（0.25，0.1，0.25，1）示例代码如下：

```
<!DOCTYPEhtml>
<html lang="en">

<head>
    <meta charset="UTF-8">
    <meta name="viewport" content="width=device-width,initial-scale=1.0">
```

```html
    <meta http-equiv="X-UA-Compatible" content="ie=edge">
    <style>
        .container {
            height: 0;
            position: relative;
            overflow: hidden;
            -webkit-transition: height 0.6s;
            -moz-transition: height 0.6s;
            -o-transition: height 0.6s;
            transition: height 0.6s;
        }

        .container img {
            position: absolute;
            bottom: 0;
        }
    </style>
    <title>Document</title>
</head>

<body>
    <p>查看墙纸
        <a href="javascript:" id="button">打开</a>
    </p>
    <div id="more" class="container">
        <img src="images/coffee1.jpg" />
    </div>
    <script>
    (function () {
        var eleBtn = document.getElementById("button");
        var eleMore = document.getElementById("more");
        var display = false;
        eleBtn.onclick = function () {
            display = !display;
            eleMore.style.height = display ? "720px" : "0px"
            return false;
        };
    })();
    </script>
</body>

</html>
```

6.3.2　超时调用 setTimeout()方法

　　超时调用需要使用 window 对象的 setTimeout()方法，它将在指定的时间过后执行代码，该方法接受两个参数，即要执行的代码和以毫秒为单位的时间（执行前需要等待的毫秒）。其中第一个参数可以是一个包含 JavaScript 代码的字符串，也可以是一个函数；第二个参数表示等待多长时间的毫秒数，但经过该时间后指定的代码不一定会执行。JavaScript 是一个单线程的解释器，因此一定时间内只能执行一段代码。为了控制要执行的代码，就有一个 JavaScript 任务队列，这些任务会按照将它们添加到队列的顺序执行。如果队列是空的，那么添加的代码会立即执行，如果队列不是空的，那么它就要等待前面的代码执行完成才会执行。

调用 setTimeout() 方法之后会返回一个数值 ID，表示超时调用。这个超时调用是计划执行代码的唯一标识符，可以通过它来取消超时调用。要取消还没有执行的超时调用，可以调用 clearTimeout() 方法并将相应的超时调用 ID 作为参数传递给它。

```
var timeoutId = setTimeout(function () {
  alert('Hello JavaScript!')
}, 1000)
clearTimeout(timeoutId)
```

只要是在指定的时间尚未过去之前调用 clearTimeout() 就可以完全取消超时调用。由于超时调用在全局作用域中执行，因此函数中 this 的值在非严格模式下指向 window 对象，在严格模式下是 undefined。

6.4 任务实施

6.4.1 编写 HTML

在前端开发环境中新建项目文件夹"slidedown-ad"，在该文件夹中新建"slidedown-ad.html"文件，新建存放样式表的文件夹"css"、存放脚本的文件夹"js"和存放广告图片的文件夹"img"，打开"slidedown-ad.html"文件，依据 HTML5 规范编写全屏广告页面的 HTML 结构，页面字符集设置为 UTF-8，设置页面标题 title 为"下拉广告"，HTML 代码如下：

```
<!DOCTYPE html>
<html lang="en">

<head>
    <meta charset="UTF-8">
    <title>下拉广告</title>
    <link rel="stylesheet" href="css/slidedown-ad.css">
</head>

<body>
    <div>
        <div id="banner">
            <div id=banner_top>
                <a href="#">
                    <img id="banner-small" src="images/banner_small.jpg">
                </a>
            </div>

            <div id=banner_top_slide>
                <a href="#">
                    <img id="banner-big" src="images/banner_big.jpg">
```

```
                </a>
            </div>
        </div>

        <div class="main"></div>
    </div>
    <!--链接 js 文件-->
    <script type=text/javascript src="js/slidedown-ad.js"></script>
</body>

</html>
```

6.4.2 编写 CSS 样式

编写 CSS 样式。设置图片样式 img、广告关闭后的区域样式#banner_top img、广告下拉后的样式#banner_top_slide img 和内容容器类样式 main，通过设置 transition 属性改变图片高度以实现折叠效果，具体属性及值代码如下：

```
body {
  margin: 0;
  padding: 0;
}

img {
  border: 0;
  /*设置图片为无边框*/
}

/*设置盒子样式*/
#banner_top {
  margin: auto;
  width: 960px;
  display: block;
}
/*设置盒子样式*/
#banner_top_slide {
  margin: auto;
  width: 960px;
  display: none;
}
/*用 transition 属性改变图片高度以实现折叠效果*/
#banner_top img {
  width: 960px;
  height: 70px;
  overflow: hidden;
  -webkit-transition: height 1s;
  -moz-transition: height 1s;
  -ms-transition: height 1s;
```

```
    -o-transition: height 1s;
    transition: height 1s;
}
/*用 transition 属性改变图片高度以实现折叠效果*/
#banner_top_slide img {
    width: 960px;
    height: 0;
    overflow: hidden;
    -webkit-transition: height 1s;
    -moz-transition: height 1s;
    -ms-transition: height 1s;
    -o-transition: height 1s;
    transition: height 1s;
}

.main {
    background-color: rgba(248, 243, 211, 0.81);
    width: 960px;
    height: 500px;
    margin: auto;
}

div {
    width: 100px;
    height: 100px;
    background: blue;
    transition-property: width;
    transition-duration: 5s;
    /* Firefox 4 */
    -moz-transition-property: width;
    -moz-transition-duration: 5s;
    /* Safari and Chrome */
    -webkit-transition-property: width;
    -webkit-transition-duration: 5s;
    /* Opera */
    -o-transition-property: width;
    -o-transition-duration: 5s;
}

div:hover {
    width: 300px;
}
```

6.4.3　编写 JavaScript 代码

在 JavaScript 代码中，先通过 getElementById()方法查找 DOM 元素，再用 setTimeout()函数延迟指定的时间去执行动画效果，代码如下：

```
//通过 getElementById()方法查找元素并定义元素
var banner = document.getElementById("banner_top_slide");
var bannerSmall = document.getElementById("banner-small");
var bannerBig = document.getElementById("banner-big");
//用 setTimeout()方法延迟指定的时间去执行下列函数，从而实现动画效果
setTimeout(function () {
    banner.style.display = "block";
}, 2450);
setTimeout(function () {
    banner.style.display = "none";
}, 9500);
setTimeout(function () {
    bannerSmall.style.height = "0";
    bannerBig.style.height = "400px";
}, 2500);
setTimeout(function () {
    bannerSmall.style.height = "70px";
    bannerBig.style.height = "0";
}, 8500);
```

6.4.4　测试页面

可以直接在本地测试页面，也可以通过 http-server 来测试，页面效果如图 6-1 所示，单击相应的按钮可以控制视频的播放。

图6-1　下拉广告效果

6.5　强化训练

结合本任务实施过程和相关技术，设计编写一个广告效果组件，实现广告的自动弹出、关闭和界面定制功能，保存并测试页面。

6.6　学习成果评量

等级	评分指标	得分
及格	P1. 能设计下拉广告 HTML 页面和样式表	
	P2. 能使用 setTimeout() 和样式实现广告控制	
良好	M1. 能够根据项目需求定制广告控制功能	
优秀	D1. 能够根据项目需求实现广告手动控制功能	
评语		

7 Chapter

JavaScript

任务 7
轮播图

7.1　任务导入

有人称轮播（Carousel）为旋转轮播，也有人称之为焦点图，还有人称之为幻灯片。无论是淘宝、京东、亚马逊等购物网站，还是中国政府网、凤凰、人民网等政府新闻网站，轮播图几乎成了所有网站的标配，也是网站的一大看点和亮点，轮播在默认情况下是循环向右（向后）轮播，如果单击某个指示块，会直接跳转到所单击的那张轮播图，并且图片标题及轮播指示器会同步跳转。轮播图内容可以是图像、内嵌框架、视频或者其他任何类型的内容。如何高效便捷地设计轮播图的 HTML 结构、进行样式排版以及使用 javascript 控制轮播行为及交互，成了前端工程师的基本功。本任务完成后如图 7-1 所示。

图7-1　百度AI轮播效果图

7.2　成果目标

本任务旨在理解轮播图的样式及 JavaScript 实现原理，掌握自动轮播、轮播控制的方法，熟悉前端页面开发的过程，熟悉 Visual Studio Coder 的使用，积累前端开发的经验，培养前端组件开发的意识和兴趣。

知识目标	技能目标	素质目标
1. 理解间歇调用 setInterval()方法	1. 编写轮播的 HTML 结构	1. 遵循 Web 开发规范
2. 列举常见 JavaScript 错误	2. 编写轮播的 CSS 样式	2. 培养严谨的编程习惯
3. 理解 Error 对象	3. 善用 setInterval()方法	3. 培养分析和解决前端问题的能力
4. 了解错误处理思路	4. 善用 JavaScript 断点调试程序	4. 培养演绎思维能力
5. 理解使用浏览器控制台	5. 善用 try-catch 处理异常	5. 培养归纳思维能力

7.3　核心知识

7.3.1　间歇调用 setInterval()

JavaScript 是单线程语言，但它允许通过设置超时值和间歇时间值来调度代码在特定的时刻执行。间歇调用与超时调用类似,只不过它会按照指定的时间间隔重复执行代码,直到间歇调用被取消或者页面被卸载。设置间歇调用的方法是 setInterval(),它接受的参数包括要执行的代码(字符串或函数)和每次执行之前需要等待的毫秒数。代码如下:

```
var intervalId=setInterval(function(){alert("Hello JavaScript");},1000);
clearInterval(intervalId);
```

调用 setInterval()方法之后会返回一个间歇调用数值 id,这是间歇调用计划执行代码的唯一标识符,可以通过它来取消还没有执行的间歇调用。取消间歇调用的需求远远高于取消超时调用,因为在不加干涉的情况下,间歇调用将会一直执行到页面卸载。

7.3.2 避免常见 JavaScript 错误

(1)JavaScript 大小写敏感,确保标识符大小写一致。

(2)没有使用 var 来声明的变量是全局变量,其值可能被重写。

(3)如果无法访问变量,检查变量是否在当前执行上下文中。

(4)不要在变量中使用保留字和横线 "-"。

(5)确保单双引号成对。

(6)对变量中的引号进行转义。

(7)确保 DOM 中的 id 属性唯一。

(8)每条语句都应该以分号结尾。

(9)检查是否缺少右花括号或右括号。

(10)检查是否有,}和,)的意外用法。

(11)条件语句要添加到括号内。

(12)确保调用函数的参数数量和类型正确。

(13)区分 undefined 和 null,null 针对对象,undefined 针对属性、方法和变量。

(14)检查并确保脚本已经加载就绪,特别是 CDN 资源。

(15)检查脚本之间是否存在冲突。

(16)使用=来给变量赋值,使用==判断值是否匹配,使用===来严格检查值和类型相等。

(17)switch 语句中的值并不是宽松的,它们会被强制转换。

(18)switch 语句块的 case 语句块遇到 break 和 return 将中止执行。

7.3.3 理解 Error 对象

JavaScript 语句执行错误会抛出一个异常,此时解释器就会停止处理脚本,去查找并处理异常的代码,异常处理应该通知用户异常的更多细节。查找范围为当前执行上下文及上级执行上下文,直到全局上下文,此时若仍然没有异常处理代码,脚本就会停止执行,并创建一个 Error 对象,如表 7-1 所示。

表 7-1 Error 对象

属性	描述
name	异常类型
message	描述

（续表）

属性	描述
FileNumber	JavaScript 文件名称
lineNumber	错误所在代码行数

JavaScript 有 7 种内置的错误对象，如表 7-2 所示。

表 7-2　JavaScript 内置错误对象

对象	描述
Error	一般错误，是其他错误的基础
SyntaxError	语法未遵循规范，语法不正确，如引号不匹配、未闭合、缺少右括号、数组中缺少逗号、变量名称有空格等
ReferenceError	引用了未在作用域内声明的变量，如变量未申明、函数未定义等
TypeError	意外的数据类型值，无法进行自动转换，如使用了不存在的对象或方法、大小写格式不正确、DOM 节点不存在
RangeError	数字超出可接受的范围，如创建长度为负数的数组、传递给 toFixed() 的小数位数超过 20、传递给 toPrecision() 的小数位数超过 22 等
URIError	没用正确地使用 EncodeURL()、DecodeURL() 以及类似的方法，如果 URI 没有对：“/?&#:;”进行转义，就会导致此错误
EvalError	没有正确地使用 Eval() 函数

如调用 greetUser() 函数时误写为 greetuser() 时，Chrome 浏览器会抛出 ReferenceError，错误发生在 debug.html 文件的第 13 行，如图 7-2 所示。

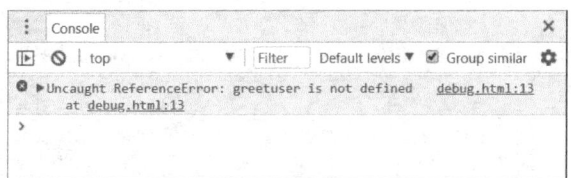

图7-2　Chrome浏览器错误提示

7.3.4　错误处理思路

JavaScript 不容易学，且容易出错。如何发现代码中的错误以及在编写代码时处理潜在的错误非常重要。良好的错误处理机制可以让用户及时得到提醒，知道到底发生了什么，因而不会惊慌失措，作为开发人员，必须理解处理 JavaScript 错误的可用手段和工具。

从浏览器控制台、开发工具、常见错误源以及错误处理入手，如果在编写脚本时遇到了错误或者收到项目成员的错误报告，就需要调试相关代码、跟踪错误来源并修复。首先，识别代码出错的位置。查看调试工具错误信息，找出出错的相关脚本文件及出错代码所在行数，识别错误的类型，检查脚本能执行到什么程度，可借助调试工具向控制台输出信息，从控制台调用函数，检查其返回值是否符合预设的值，检查对象是否存在，以及是否拥有需要的方法或属性。也可以在出错的地方使用断点，让脚本暂停执行以查看变量的值，判断变量值是否正确。

7.3.5　使用浏览器控制台调试程序

　　IE、Firefox、Opera、Chrome 和 Safari 等主流浏览器都提供了 JavaScript 控制台，可以在代码控制台编写 JavaScript 脚本，每次写完一行代码按 Enter 键立即执行，如果要编写多行代码，避免执行单行代码，在换行时按【Shift】+【Enter】组合键即可。　◎ 图标用于清空控制台的现有信息，依然保存变量和函数。

　　JavaScript 控制台还具有向用户报告 JavaScript 错误的机制，用来查看 JavaScript 错误，并允许通过代码向控制台输出消息。默认情况下，所有浏览器都会隐藏此类信息，毕竟除了开发人员之外，很少有人关心这些内容。在 Chrome 浏览器中，按 F12 键或者【Ctrl】+【Shift】+【I】来打开开发者工具面板，如图 7-3 所示。当脚本出现错误时，JavaScript 控制台（Console）会提示出错的信息，包括错误类型、文件名和代码所在行数。

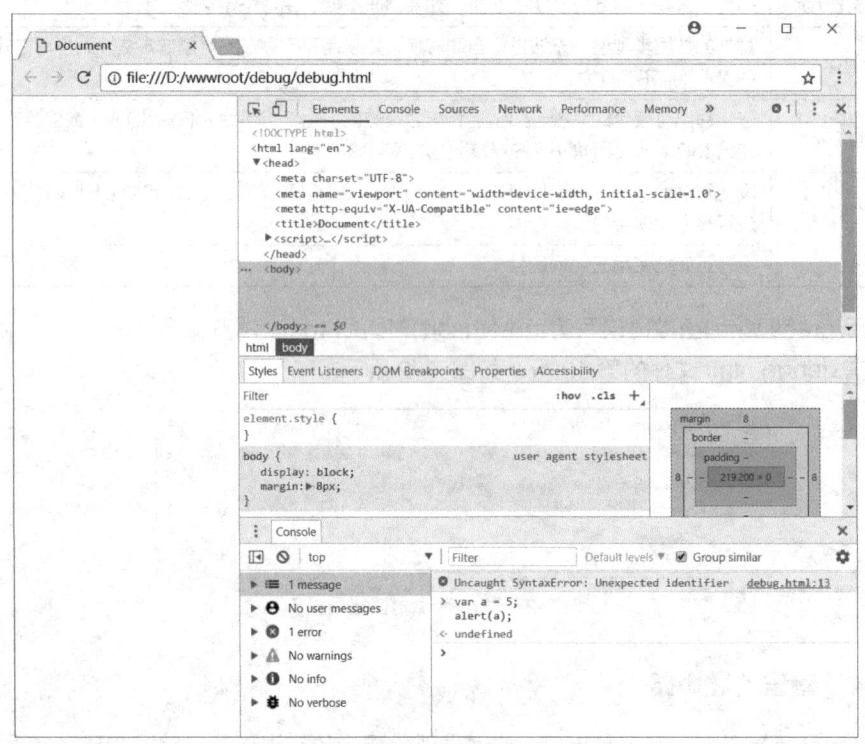

图7-3　Chrome开发者工具面板

　　console 对象包含的方法有：error（message）将错误消息输出到控制台，info（message）将消息性记录到控制台，log（message）将一般消息输出到控制台，warn（message）将警告输出到控制台。如果需要向控制台输出一组相关数据，可以使用 console.group()方法将消息组合到一起，以 console.groupEnd()方法结束，然后就可以单击分组名称来展开和收缩输出结果，如图 7-4 所示。还可以使用 console.table()以表格形式输出信息，用 console.assert()函数来测试条件是否成立，并在表达式值为 false 时输出到控制台。

　　在 Chrome 和 Safari 中，可以通过右键单击相关页面，并选择"审查元素"来打开控制台，然后就会弹出 Web 审查工具面板，选择其标签栏上的"控制台"标签切换到控制台界面，然后，直接在控制台中输入代码，按下 Enter 键，代码就会被执行。console 指定的返回值也会在控制台中被打印出来，代码会在当前页面的上下文环境中运行，所以，如果输入 location.href，控制台就会返回当前页面的 URL。除此之外，该控制台还具有一套自动完成功能，其工作方式与操作系统命令行类似。举个例子，如果输入 docu，然后按 Tab 键，docu 就会被自动补全为 document。这时如果再继续输入一个 "."（点操作符），就可以通过重复按 Tab 键的方式来遍历 document 对象中所有可调用的方法和属性。按 Tab 键或右方向键执行代码补全。通过上下箭头键，可以随时从相关列表中找回已经执行过的命令，并在控制台中重新执行它们。通常情况下，控制台只提供单行输入，但可以用分号做分隔符来执行多行 JavaScript 语句，而如果您需要执行更多行代码，也可以通过组合键【Shift】+【Enter】来实现，在这种情况下，代码不会被立即执行。尝试输入以下代码：

```
//爱你一万年
for(var y=0;y<=10000;y++){
    console.log("爱你"+y+"年");
}
```

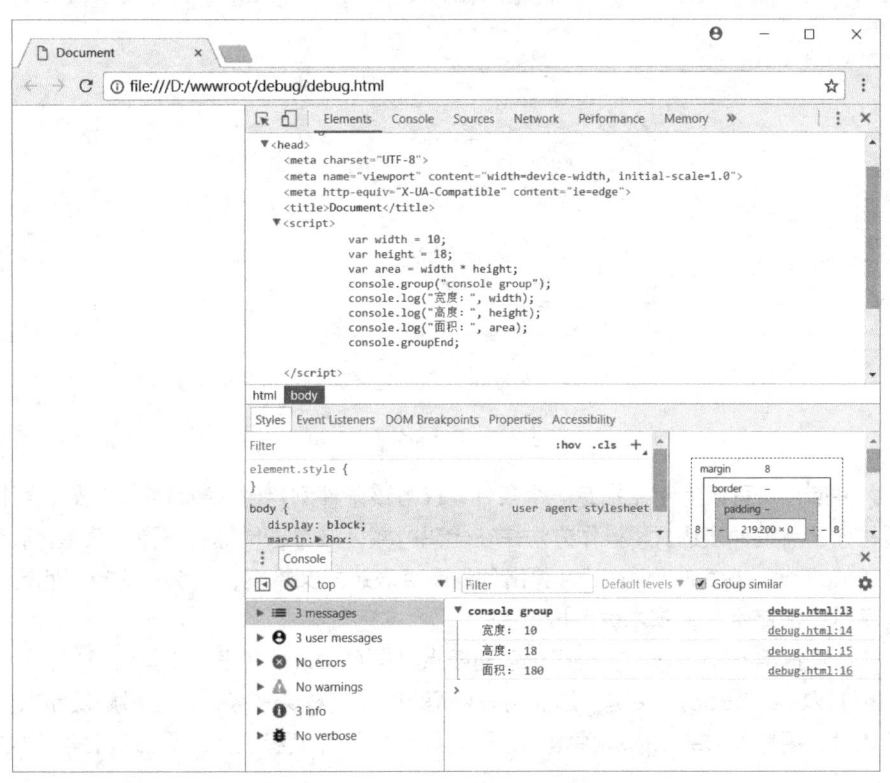

图7-4　Chrome控制台信息分组

7.3.6　使用断点调试程序

使用断点可以让脚本在任何一行暂停执行，然后就可以检查变量在当时所存放的值。在 Chrome 浏览器中按 F12 键打开开发者工具，选择 Sources 选项卡，在左侧面板中单击要调试的脚本文件后，代码会在 Sources 选项卡右侧显示出来，单击代码行数区域，当再次执行脚本时，就会在该断点暂停，此时将鼠标移入在变量名上会提示变量的值，如图 7-5 所示。 暂停标识会在解释器遇到断点时变成继续执行按钮，单击解释器继续执行到下一个断点， 逐句进行到下一行代码， 单步进入一个函数调用，执行到函数的第一行， 跳出一个单步进入的函数，执行函数剩下的代码，同时调试器会进行到它的父函数， 单步执行， 激活或者取消断点激活， 在异常时暂停。

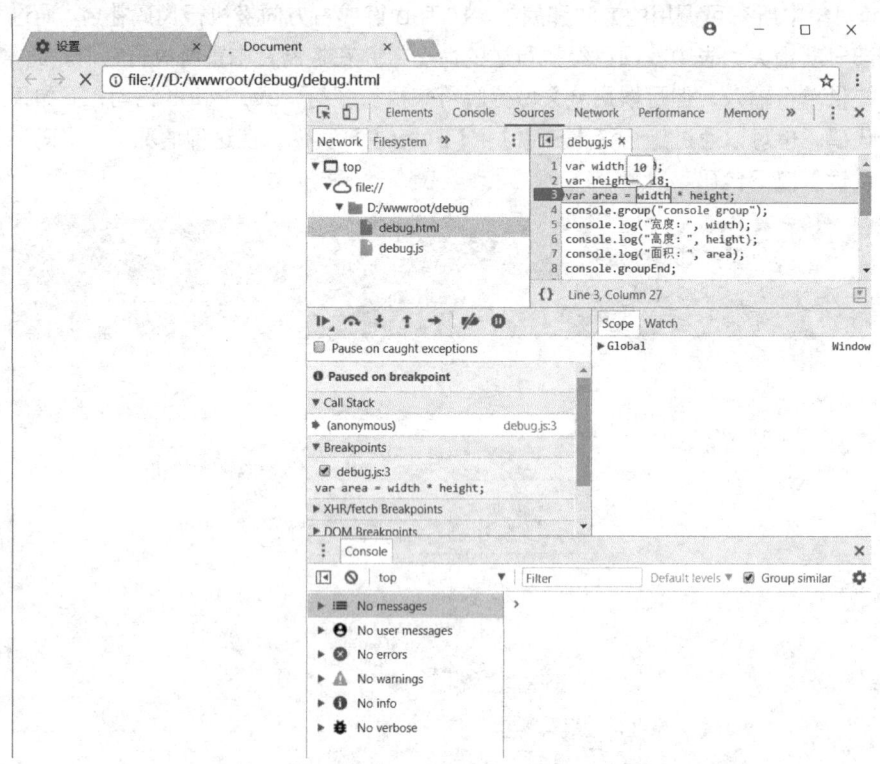

图7-5 Chrome断点

（1）条件断点。可以为断点指定一个条件，仅当该条件满足时，断点才会生效，可以使用现有的变量构建断点条件表达式。操作方法是在代码行数区域单击鼠标右键弹出菜单，从菜单中选择 "Add conditional breakpoint…"，弹出条件断点表达式文本框，当脚本执行到此行且条件表达式值为真时，断点生效，脚本暂停执行。

（2）使用关键字 debugger 在代码中创建断点。当 Chrome 开发者工具打开后，就会自动创建断点。还可以将 debugger 关键字添加到条件语句中，这样会在条件满足时触发断点。要注意，当代码部署时，要删除 debugger 关键词，否则如果打开开发者工具，页面就会暂停执行。

7.3.7 使用 try-catch 处理异常

如果预测代码可能会出错，可以使用 try、catch、throw 和 finally 语句来处理错误，确保程序发生错误时，不会中断脚本的执行，实现发生错误通知用户，而不是默不作声。在明确知道代码会发生错误时不应该再使用 try-catch 语句。代码结构如下：

```
try{
    //可能发生潜在错误的代码
```

```
}catch(error){
    //如果发生错误执行这里的代码
}finally{
    无论是否异常，总要执行的代码
}
```

将可能抛出异常的代码添加到 try 语句块中，而把那些用于错误处理的代码放在 catch 块中。try 必不可少，如果 try 块抛出异常，就会立即退出 try 代码块执行过程，自动跳转到对应的 catch 块执行。如果在 try 中使用了 continue、break 或者 return，则会跳转到 finally 子句中。catch 块包含一个错误对象参数，该对象的实际信息会因浏览器而异，但共同的是有一个保存着错误消息的 message 属性，可依据该属性用来设计处理错误或者直接提醒用户。finally 块可选，但只要 finally 块存在就总会被执行，即便是 try 和 catch 块中使用了 return 关键字，finally 会照样执行。try 语句块中的代码全部正常执行，finally 子句也会执行。try 语句块出错，执行了 catch 语句块，finally 语句块也照样会执行。如果提供了 finally 子句，则 catch 子句就成了可选的，catch 和 finally 有一个即可。

使用 try 包裹的代码，即使不出错，效率也比不用 try 包裹的代码低，应在 try 中，尽量少地包含可能出错的代码，无法提前预知错误类型的错误(比如向第三方请求数据)，必须用 try-catch 捕获，finally 可以省略。

7.4 任务实施

7.4.1 编写 HTML

在前端开发环境中新建项目文件夹"slide"，在该文件夹中新建"slide.html"文件，新建存放样式表的文件夹"css"和存放脚本的文件夹"js"，打开"slide.html"文件，依据 HTML5 规范编写轮播图页面的 HTML 结构，页面字符集设置为 UTF-8，建立展示轮播图 class 为 carousel 的区域 div，在 class 中为 carousel-inner 容器放置图像和该图片标题、在 class 中为 carousel-indicators 的容器放置轮播指示器，HTML 代码如下：

```html
<!DOCTYPE html>
<html lang="en">
<head>
    <meta charset="UTF-8">
    <meta name="viewport" content="width=device-width, initial-scale=1.0">
    <meta http-equiv="X-UA-Compatible" content="ie=edge">
    <title>轮播图</title>
    <link rel="stylesheet" href="css/slide.css">
</head>

<body>
    <div class="carousel" id="carousel">

        <div class="carousel-inner">

            <div class="item">
```

```
                    <a href="#" class="ai-banner-contain" target="_blank">
                       <img src="images/call-center-voice.png" title="呼叫中心语音
识别发布">
                       <div class="carousel-caption">呼叫中心语音识别发布</div>
                 </a>
              </div>

              <div class="item">
                 <a href="#" class="ai-banner-contain" target="_blank">
                    <img src="images/structured-ocr.png" title="自定义模板文字识
别发布">
                    <div class="carousel-caption">自定义模板文字识别发布</div>
                 </a>
              </div>

              <div class="item">
                 <a href="#" class="ai-banner-contain" target="_blank">
                    <img src="images/umin.jpg" title="UNIT 扫码接入微信公众号">
                    <div class="carousel-caption">"UNIT 扫码接入微信公众号</div>
                 </a>
              </div>

               <div class="item">
                 <a href="#" class="ai-banner-contain" target="_blank">
                   <img src="images/body-analysis.jpg" title="人体分析正式上线">
                   <div class="carousel-caption">人体分析正式上线</div>
                 </a>
              </div>

              <div class="item">
                 <a href="#" class="ai-banner-contain" target="_blank">
                    <img src="images/face-recognition.jpg" title="人脸识别离线
SDK 全面开放">
                       <div class="carousel-caption">人脸识别离线 SDK 全面开放</div>
                 </a>
              </div>

              <div class="item">
                 <a href="#" class="ai-banner-contain" target="_blank">
                    <img src="images/EasyDL.jpg" title="EasyDL 定制化图像识别">
                    <div class="carousel-caption">"EasyDL 定制化图像识别</div>
                 </a>
              </div>

              <div class="item">
                 <a href="#" class="ai-banner-contain" target="_blank">
                    <img src="images/paddle.jpg" title="PaddlePaddle 中文社区上线">
                       <div class="carousel-caption">PaddlePaddle 中文社区上线
</div>
                 </a>
```

```
            </div>

            <div class="carousel-indicators">
                <li></li>
                <li></li>
                <li></li>
                <li></li>
                <li></li>
                <li></li>
                <li></li>
            </div>

            <div class="carousel-control left">&lsaquo;</div>
            <div class="carousel-control right">&rsaquo;</div>
        </div>
    </div>
    <script src="js/slide.js"></script>
</body>

</html>
```

将页面保存，在浏览器中测试页面，如图 7-6 所示。

图7-6　轮播图原始效果图

7.4.2　编写 CSS 样式

在项目 "css" 文件夹中建立样式文件 "slide.css"，打开该文件编写轮播样式，主要包括轮播容器 carousel、轮播图文区 carousel-inner 和轮播指示器样式 carousel-indicators，这里采用了绝对定位技术，代码如下：

```
.carousel {
    /*设置轮播容器为相对定位，作为后代元素标题文字、指示器和左右翻页的定位祖先元素*/
```

```css
  position: relative;
  width: 100%;
  height: auto;
  margin: 0 auto;
}

.carousel-inner {
  position: relative;
  width: 100%;
  overflow: hidden;
}

.carousel-inner > .item {
  position: relative;
  display: none;
  transition: .6s ease-in-out left;
}

.carousel-inner > .active {
  display: block;
  left: 0;
  -webkit-transform: translate3d(0,0,0);
  transform: translate3d(0,0,0);
}

.carousel-inner > .item > a > img {
  display: block;
  max-width: 100%;
  height: auto;
  line-height: 1;
  vertical-align: middle;
  border: 0;
}

.carousel-caption {
  position: absolute;
  right: 15%;
  bottom: 40px;
  left: 15%;
  z-index: 10;
  padding: 20px 0;
  color: #fff;
  text-align: center;
  text-shadow: 0 1px 2px rgba(0,0,0,.6);
}

.carousel-indicators {
  position: absolute;
  bottom: 10px;
  left: 50%;
```

```
  z-index: 15;
  width: 60%;
  padding-left: 0;
  margin-left: -30%;
  text-align: center;
  list-style: none;
}

.carousel-indicators > li {
  display: inline-block;
  width: 10px;
  height: 10px;
  margin: 1px;
  text-indent: -999px;
  cursor: pointer;
  background-color: rgba(0,0,0,0);
  border: 1px solid #fff;
  border-radius: 10px;
}

.carousel-indicators .active {
  width: 12px;
  height: 12px;
  margin: 0;
  background-color: #fff;
}

.carousel-control {
  position: absolute;
  top: 50%;
  transform: translateY(-50%);
  color: #fff;
  font-size: 72px;
  line-height: 72px;
  text-align: center;
  text-shadow: 0 1px 2px rgba(0,0,0,.6);
  width: 72px;
  z-index: 10;
  cursor: pointer;
}

.carousel-control.left {
  left: 0;
}

.carousel-control.right {
  right: 0;
}
```

7.4.3 编写 JavaScript

在项目"js"文件夹中新建"slide.js"文件，代码实现了自动轮播、鼠标单击指示器切换到当前图片和轮播前后翻页功能，自动轮播是通过 setInterval()来实现的，代码如下：

```javascript
//获取所有图片项目
var innerItems = document.getElementsByClassName("item");
//获取所有指示器项目
var indicatorsLists = document.getElementsByTagName("li");
//获取导航控制左链接对象
var controlLeft = document.getElementsByClassName("left")[0];
//获取导航控制右链接对象
var controlRight = document.getElementsByClassName("right")[0];
//设置初始化时从第 1 张图片开始
var current = 0;
//添加 active 样式，实现初始化图片的显示
innerItems[current].className = "item active";
//添加 active 样式，实现初始化图片的对应的指示器填充白色
indicatorsLists[current].className = "active";
//轮播函数开始
function slide() {
    for (var i = 0, len = indicatorsLists.length; i < len; i++) {
        //设置所有图片不可见
        innerItems[i].className = "item";
        //设置所有指示不高亮
        indicatorsLists[i].className = "";
        indicatorsLists[i].index = i;
        //给所有指示器添加单击事件
        indicatorsLists[i].onclick = function () {
            // 如果单击的指示器与当前页相同，则停止执行，返回
            if (this.index == current) {
                return false;
            } else {
                current = this.index;
                slide();
            }
        }
    }
    innerItems[current].className = "item active";
    indicatorsLists[current].className = "active";
    console.log(current);
}

//对导航控制左链接绑定单击事件，实现后退
controlLeft.onclick = function () {
    current--;
    if (current == -1) {
        current = indicatorsLists.length - 1;
    }
```

```
        slide();
    }
    //对导航控制右链接绑定单击事件，实现前进
    controlRight.onclick = function () {
        current++;
        if (current == indicatorsLists.length) {
            current = 0;
        }
        slide();
    }
    //开始自动轮播
    var timer = setInterval(controlRight.onclick, 3000);

    //鼠标移入到导航控制链接上时停止轮播
    controlLeft.onmouseover = controlRight.onmouseover = function () {
        clearInterval(timer);
        controlLeft.style.opacity = 1;
        controlRight.style.opacity = 1;
    }

    //鼠标移出导航控制链接上时恢复轮播
    controlLeft.onmouseout = controlRight.onmouseout = function () {
        timer = setInterval(controlRight.onclick, 3000);
        controlLeft.style.opacity = 0;
        controlRight.style.opacity = 0;
    }
```

7.4.4　测试页面

可以直接在本地测试页面，也可以通过 http-server 来测试，轮播效果如图 7-7 所示，单击左右两侧的尖括号可以实现向前和向后换图，单击底部中间的圆圈可以切换到当前图片。

图7-7　百度AI轮播效果图

7.5　强化训练

访问 Swiper 中文网（http://www.swiper.com.cn/），熟悉轮播图的形式、样式及 API 用法，

尝试使用 swiper.min.js 和 swiper.min.css 等文件，从百度图片（http://images.baidu.com/）搜索图片，参照本任务制作轮播图。

7.6 学习成果评量

等级	评分指标	得分
及格	P1. 能设计轮播 HTML 和样式表	
	P2. 能基于轮播原理实现轮播基本功能和效果	
良好	M1. 能够根据项目需求局部修改轮播界面和轮播参数	
优秀	D1. 能够根据项目需求定制轮播界面和功能	
评语		

8 Chapter

JavaScript

任务 8
滚动公告

8.1 任务导入

Web 页面的滚动公告非常像银行、医院、政务服务大厅的 LED 显示屏，会定时显示预设的公告内容，有左右滚动式的，也有上下滚动式的，如凤凰金融 APP 首页中部"活动"的滚动公告，如图 8-1 所示。

本任务实现公告栏滚动显示效果，如图 8-2 所示，限于篇幅，仅实现滚动公告部分，默认每 3000 毫秒换下一条公告，单击右侧的"<"可以跳到上一条公告信息，单击右侧的">"可以跳到下一条公告信息。

图8-1　滚动公告

图8-2　上下滚动公告效果

8.2 学习成果

本任务旨在理解滚动公告的样式及 JS 实现原理，掌握自动滚动、上下翻页控制的实现方法，逐步熟悉事件处理、函数和间歇调用 setInterval() 的应用，熟悉 Visual Studio Coder 的使用，积累前端开发的经验，培养前端组件开发的意识和兴趣。

知识目标	技能目标	素质目标
1. 理解 HTML 事件模型 2. 理解 DOM0 级事件模型 3. 理解 DOM2 级事件模型 4. 理解 IE 事件模型	1. 设计滚动公告 HTML 结构 2. 设计滚动公告 CSS 样式 3. 善用 setInterval() 方法 4. 善用 addEventListener() 5. 善用匿名函数	1. 遵循 Web 开发规范 2. 培养严谨的编程习惯 3. 培养分析和解决前端问题的能力 4. 培养演绎思维能力 5. 培养归纳思维能力

8.3 核心知识

8.3.1 HTML 事件模型

浏览器事件模型主要有 HTML 事件模型、DOM 0 事件模型和 DOM 2 事件模型。HTML 事件模型主要通过 DOM 元素节点的事件属性（如 onclick）绑定事件处理程序。它是通过指定 onclick 属性并将 JavaScript 代码作为它的值来定义的，值可以是具体要执行的代码，当值为具体代码时，不能使用未经转义的 HTML 语法字符，例如和号（&）、双引号（""）、小于号（<）或大于号（>）。例如，要在按钮被单击时执行 JavaScript，可以编写如下代码：

```
<input type="button" value="单击我" onclick="alert('已经点击')"/>
<input type="button" value="ClickMe" onclick="try{showMessage();}catch
(ex){}"/>
```

事件处理程序值可以是函数调用，代码如下：

```
<script>
    function showMessage() {
        alert("Helloworld!");
    }
</script>
<input type="button" value="ClickMe" onclick="showMessage()" />
```

在这个例子中，单击按钮就会调用 showMessage() 函数。这个函数是在一个独立的 <script> 元素中定义的，当然也可以被包含在一个外部文件中。事件处理程序中的代码在执行时，有权访问全局作用域中的任何代码。这样指定事件处理程序会创建一个事件对象变量 event，通过 event 变量，可以直接访问事件对象，在函数内部，this 值等于事件的目标元素，如：

```
<!--输出"ClickMe"-->
<input type="button" value="ClickMe" onclick="alert(this.value)">
```

这种方式还扩展了作用域，事件处理程序要访问自己的属性更简单，对于表单，可以直接访问表单中的元素，示例代码如下：

```
<!--输出"ClickMe"-->
<input type="button" value="ClickMe" onclick="alert(value)">
<form method="post">
    <input type="text" name="username" value="">
    <input type="button" value="显示用户名称" onclick="alert(username.value)">
</form>
```

将相应的属性设置为 null 可以删除指定的事件处理程序。

这种模型应用比较广泛，获得了所有浏览器的支持，目前依然比较流利。但这种模型存在以下缺点：① 对 HTML 文档标签的依赖较为严重，HTML 与 JavaScript 代码紧密耦合；如果要更换事件处理程序，就要同时改动 HTML 代码和 JavaScript 代码，不利于 JavaScript 独立开发，而这正是许多开发人员摒弃 HTML 事件处理程序，转而使用另外两种事件模型的原因；② 扩展事件处理程序的作用域链在不同浏览器中会导致不同结果。不同 JavaScript 引擎遵循的标识符解析规则略有差异，很可能会在访问非限定对象成员时出错；③ 可以存在时差问题。用户触发事件时，若脚本还未下载，则会引起程序错误，为避免用户看到出错信息，可以使用 try-catch 块。

8.3.2　DOM0 级事件模型

JavaScript 指定事件处理程序的传统方式是将一个函数赋值给一个事件处理程序属性，这种事件处理程序至今仍然为所有现代浏览器所支持，具有简单和跨浏览器的优势。要使用 JavaScript 指定事件处理程序，首先必须取得一个要操作的对象的引用。每个元素（包括 window

和 document）都有自己的事件处理程序属性，属性通常全部小写（如 onclick）。将这种属性的值设置为一个函数，就可以指定事件处理程序，示例代码如下：

```
<input type="button"  id="myBtn"  value="ClickMe" onclick="showMessage
()" />
var btn = document.getElementByld("myBtn");
btn.onclick = function () {
  alert(this.id);
};
```

以上代码先选取按钮的引用 btn，然后为它指定 onclick 事件处理程序。使用 DOM0 级方法指定的事件处理程序被认为是元素的方法，事件处理程序在元素的作用域中运行，程序中的 this 引用当前元素，可以在事件处理程序中通过 this 访问元素的任何属性和方法。将事件处理程序属性的值设置为 null 可以删除 DOM0 级方法指定的事件处理程序，代码如下：

```
btn.onclick=null;//删除事件处理程序
```

将事件处理程序设置为 null 之后，再单击按钮将不会有任何动作发生。

8.3.3　DOM2 级事件模型

DOM2 级事件定义了 addEventListener()和 removeEventListener()两个方法用于添加和删除事件处理程序，适用所有 DOM 节点，包含事件名称、处理事件程序函数和一个布尔值 3 个参数，布尔值参数为 true 表示在捕获阶段调用事件处理程序，false 表示在冒泡阶段调用事件处理程序。IE9、Firefox、Safari、Chrome 和 Opera 支持 DOM2 级事件处理程序。为按钮绑定 click 事件的处理程序代码如下：

```
var btn=document.getElementById("myBtn");
btn.addEventListener("click",function(){
    alert(this.id);
}, false);
```

以上的代码为一个按钮添加了 click 事件处理程序，而且最后一个参数是 false，设定该事件会在冒泡阶段被触发。与 DOM0 级方法一样，添加的事件处理程序也是在其依附的元素的作用域中运行。使用 DOM2 级方法添加事件处理程序的主要好处是可以添加多个事件处理程序。以下代码为按钮添加了两个事件处理程序，这两个事件处理程序会按照添加它们的顺序触发，因此首先会显示元素的 ID，其次会显示"Hello world!"消息。

```
var btn=document.getElementById("myBtn");
btn.addEventListener("click",function(){
    alert(this.id);
},false);
btn.addEventListener("click",function(){
    alert("Hello world!");
},false);
```

通过 addEventListener()添加的事件处理程序只能使用 removeEventListener()来移除。移除时传入的参数与添加处理程序时使用的参数相同，这也意味着通过 addEventListener 添加的匿名函数将无法移除。代码如下：

```
btn.addEventListener("click",function(){
    alert(this.id);
},false);
//这里省略了其他代码
btn.removeEventListener("click",function(){//没有用!
    alert(this.id);
},false);
```

以上代码使用 addEventListener()添加了一个事件处理程序。虽然调用 removeEvent
Listener()时看似使用了相同的参数，但实际上，第二个参数与传入 addEventListener()中的那一
个是完全不同的函数。而传入 removeEventListener()中的事件处理程序函数必须与传入
addEventListener()中的相同，代码如下：

```
var btn=document.getElementById("myBtn");
var handler=function(){
    alert(this.id);
};
btn.addEventListener(("click",handler,false);
//这里省略了其他代码
btn.removeEventListener("click",handler,false);//有效!
```

重写后的这个例子没有问题，因为在 addEventListener()和 removeEventListener()中使用了
相同的函数。大多数情况下，都是将事件处理程序添加到事件流的冒泡阶段，这样可以最大限度
地兼容各种浏览器。最好只在需要在事件到达目标之前截获它的时候将事件处理程序添加到捕获
阶段。如果不是特别需要，不建议在事件捕获阶段注册事件处理程序。

8.3.4 IE 事件模型

IE 实现了与 DOM 中类似的两个方法：attachEvent()和 detachEvent()。这两个方法接受相
同的两个参数：事件处理程序名称与事件处理程序函数。由于 IE8 及更早版本只支持事件冒泡，
所以通过 attachEvent()添加的事件处理程序都会被添加到冒泡阶段。要使用 attachEvent()为按
钮添加一个事件处理程序，可以使用以下代码：

```
var btn=document.getElementByld("myBtn");
btn.attachEvent("onclick,attachEvent("onclick",function(){
    alert("Clicked"),
});
```

注意，attachEvent()的第一个参数是"onclick"，而非 DOM 的 addEventListener()方法中的
"click"。

在 IE 中使用 attachEvent()与使用 DOM0 级方法的主要区别在于事件处理程序的作用域。
在使用 DOM0 级方法的情况下，事件处理程序会在其所属元素的作用域内运行；在使用
attachEvent()方法的情况下，事件处理程序在全局作用域中运行，因此 this 等于 window。
例如：

```
var btn=document.getElementByld("myBtn");
btn.attachEvent("onclick", function(){
    alert(this===window);//true
}));
```

在编写跨浏览器的代码时，牢记这一区别非常重要。与 addEventListener()类似，attachEvent()方法也可以用来为一个元素添加多个事件处理程序。例如：

```
var btn=document.getElementById("myBtn");
btn.attachEvent("onclick",function(){
    alert("Clicked");
});
btn.attachEvent("onclick",function(){
    alert("Hello world!");
});
```

这里调用了两次 attachEvent()，为同一个按钮添加了两个不同的事件处理程序。不过与 DOM 方法不同的是，这些事件处理程序不是以添加它们的顺序执行，而是以相反的顺序被触发。单击这个例子中的按钮，首先看到的是"Hello world!"，然后才是"Clicked"。使用 attachEvent()添加的事件可以通过 detachEvent()来移除，条件是必须提供相同的参数。与 DOM 方法一样，这也意味着添加的匿名函数将不能被移除。不过，只要能够将对相同函数的引用传给 detachEvent()，就可以移除相应的事件处理程序。例如：

```
var btn=document.getElementById("myBtn");
var handler=function(){
    alert("Clicked");
};
btn.attachEvent("onclick",handler);
//这里省略了其他代码
btn.detachEvent("onclick",handler);
```

这个例子将保存在变量 handler 中的函数作为事件处理程序，因此后面的 detachEvent()可以使用相同的函数来移除事件处理程序。支持 IE 事件处理程序的浏览器有 IE 和 Opera。

8.4 任务实施

8.4.1 编写 HTML

在前端开发环境中新建项目文件夹"notice"，在该文件夹中新建"notice.html"文件，新建存放样式表的文件夹"css"和存放脚本的文件夹"js"，打开"notice.html"文件，依据 HTML5 规范编写滚动公告页面的 HTML 结构，页面字符集设置为 UTF-8，页面分 id 为"notice-title"的公告标题容器、ul 公告内容区和 id 为"nav-arrows"的公告手动切换链接 3 个部分，HTML 代码如下：

```
<!DOCTYPE html>
<html lang="zh-CN">

<head>
    <meta charset="UTF-8">
    <meta name="viewport" content="width=device-width, initial-scale=1.0">
    <meta http-equiv="X-UA-Compatible" content="ie=edge">
    <title>上下滚动公告栏</title>
```

```html
        <link rel="stylesheet" href="css/notice.css">
</head>

<body>
    <div id="notice">
        <!-- 左侧公告标题 -->
        <div id="notice-title">公告</div>
        <!-- 公告内容区 -->
        <ul>
            <li>关于 4 月 1 日基金业务关联银行通知</li>
            <li>关于基金业务赎回费率公告</li>
            <li>3 月 29 日基金业务关联银行升级</li>
            <li>关于基金业务现金宝暂停快速提现业务公告</li>
        </ul>
        <!-- 公告手动翻页按钮 -->
        <div id="nav-arrows">
            <span id="nav-arrows-left">&lt;</span>
            <span id="nav-arrows-right">&gt;</span>
        </div>
    </div>
    <script src="js/notice.js"></script>
</body>

</html>
```

8.4.2 编写 CSS 样式

在项目"css"文件夹中建立样式文件"notice.css",打开该文件编写滚动样式,主要完成 id 为"notice-title"的公告标题容器、ul 公告内容区和 id 为"nav-arrows"的公告手动切换链接的样式设置,代码如下:

```css
#notice {
  position: relative;
  /*定义公告栏显示区域的高度*/
  height: 35px;
  background-color: #d4d4d4;
  overflow: hidden;
}

#notice-title {
  float: left;
  line-height: 35px;
  width: 68px;
  text-align: center;
  background-color: rgb(207, 12, 54);
  color: #fff;
  margin-right: 10px;
}

#notice ul {
```

```
   margin: 0;
   padding: 0;
}

#notice li {
  list-style-type: none;
  line-height: 35px;
  /*当公告内容太多时隐藏*/
  white-space: nowrap;
  text-overflow: ellipsis;
  overflow: hidden;
}

#notice #nav-arrows {
  width: 50px;
  position: absolute;
  right: 0;
  top: 0;
  bottom: 0;
}

#notice span {
  display: inline-block;
  width: 18px;
  text-align: center;
  line-height: 35px;
  color: #333;
  cursor: pointer;
}
```

8.4.3　编写 JavaScript

在项目"js"文件夹中新建"notice.js"文件，代码实现了滚动公告功能，默认每 3000 毫秒换下一条公告，单击右侧的"<"可以跳到上一条公告信息，单击右侧的">"可以跳到下一条公告信息，自动滚动是通过间隔调用 setInterval()方法来实现的，代码如下：

```
var currentNoticeId = 0;
//获取公告项容器
var notice = document.getElementById("notice");
//获取所有公告项
var lists = document.getElementsByTagName("li");
timer = setInterval(function () { noticeAutoPlay('next') }, 3000);
//给公告项绑定鼠标移入事件，事件发生时暂停公告项滚动
notice.addEventListener("mouseover", function () {
    clearInterval(timer);
});
//给公告项绑定鼠标移出事件，事件发生时恢复公告项滚动
notice.addEventListener("mouseout", function () {
    timer = setInterval(function () { noticeAutoPlay('next') }, 3000);
});
```

```
// 手动滚动公告项
document.getElementById("nav-arrows-left").addEventListener("click",
function () {
    noticeAutoPlay('prev');
});

document.getElementById("nav-arrows-right").addEventListener("click",
function () {
    noticeAutoPlay('next');
});

//自动滚动函数
function noticeAutoPlay(pos) {
    if (pos == "next") {
        if (lists.length > currentNoticeId) {
            currentNoticeId++;
        } else {
            currentNoticeId = 1;
        }
    }
    else {
        if (currentNoticeId - 2 == -1) {
            currentNoticeId = lists.length;
        } else {
            currentNoticeId = currentNoticeId - 1;
        }
    }

    for (var i = 0; i < lists.length; i++) {
        //隐藏所有公告项
        lists[i].style.display = "none";
    }

    lists[currentNoticeId - 1].style.display = "block";
}
```

8.4.4　测试页面

可以直接在本地测试页面，也可以通过 http-server 来测试，如图 8-3 所示，单击左右两侧的尖括号可以实现向前和向后换图，单击底部中间的圆圈可以切换到当前图片。

图8-3　上下滚动公告效果图

8.5 强化训练

访问中国政府网（http://www.gov.cn/）首页，找到首页轮播区，如图 8-4 所示，将首页轮播区的图片标题整理出来，参照本任务的实现过程，制作成标题左右滚动的公告效果。

我国成功发射遥感三十二号01组卫星

图8-4 中国政府网首页轮播图

8.6 学习成果评量

等级	评分指标	得分
及格	P1. 能设计滚动公告 HTML 和样式表	
	P2. 能基于滚动公告原理实现字幕滚动功能和效果	
良好	M1. 能够根据项目需求局部修改滚动字幕界面和滚动参数	
优秀	D1. 能够根据项目需求定制滚动方式、界面和功能	
评语		

9 Chapter

任务 9
贷款计算器

JavaScript

9.1 任务导入

贷款计算器根据用户输入的贷款金额、贷款年利率和贷款年限自动计算每月还款额、总还款额和总利息。设计开发一个贷款计算器将涉及客户端数值输入与获取、表单事件、数值转换与计算、设置元素 HTML 内容等内容。

9.2 成果目标

本任务旨在掌握表单数值提取、数值计算、数值信息添加到特定元素的方法，熟悉 Visual Studio Coder 的使用，积累前端开发的经验，培养前端组件开发的意识和兴趣。

知识目标	技能目标	素质目标
1. 理清表单类型 2. 善用表单结构 3. 理解 form 对象 4. 理解表单事件 5. 理解 JavaScript 操作符 6. 理解 Math 对象 7. 理解条件语句 8. 理解循环语句	1. 设计表单 HTML 2. 设计表单 CSS 样式 3. 能获取表单值 4. 能定义函数 5. 能创建表达式 6. 能创建条件语句 7. 善用 innnerHTML 修改元素文本	1. 遵循 Web 开发规范 2. 培养严谨的编程习惯 3. 培养分析和解决前端问题的能力 4. 培养演绎思维能力 5. 培养归纳思维能力

9.3 核心知识

9.3.1 表单类型

传统意义上，表单是供用户在空白区域填写信息的打印稿或印刷品，Web 表单（Form）是 HTML 网页交互中最重要的部分，谷歌搜索框、百度搜索框、用户注册与登录、论坛留言、新闻发布等都离不开表单，可以说表单是用户与网站数据交换的接口，用于获取用户提交的数据，也是用户参与网站内容建设的基本形式。HTML 表单用于接收不同类型的用户输入，用户提交表单时向服务器提交数据，从而实现用户与 Web 服务器的交互，其工作原理是用户填写表单，然后单击"提交"按钮（<input type="submit">），向<form>标签 action 属性设置的服务器文档 URL 提交数据处理请求，Web 服务利用 PHP、Java、asp（x）等后端技术负责处理表单提交过来的数据，处理包括表单数据提取和预处理、数据库操作等过程，处理完毕后生成页面返回给客户端浏览器。

文本框 input 是最常见的表单控件，type 属性值有 text、password、datetime、datetime-local、date、month、time、week、number、email、url、search、tel 和 color，如表 9-1 所示，type 属性值直接决定了控件的数据用途和类型，也会影响控件触发时的界面。

表 9-1　input type 属性

type 属性值	使用场景
button	为 Web 界面提供更好控制的按钮，允许其他元素（文本或图像）在 button 内部
checkbox	用于定义复选框，用户从若干选项中选取一个或多个选项，比如兴趣爱好。同一控件的 name 值相同，value 值指定被选择后发送给服务器的值，checked 指定表单加载后默认选中的按钮 ☐读书 ☑运动 ☑旅游 ☑音乐
color 5	用于选取颜色（chrome 和 Opera 支持）
date 5	用于从日期选择器选择一个日期（IE 和 Firefox 不支持）
datetime 5	用于选择一个日期和时间（UTC 时间）
datetime-local 5	用于选择一个日期和时间（无时区，IE、Firefox 不支持）
email 5	用于收集 Email 地址（Safari 不支持）
file	定义文件上传表单，用于用户给服务器上传图像、视频、MP3 等文件。单击选择文件按钮，会弹出窗口让用户从计算机中选择要上传的文件。注意设置 form 的 method 属性为 post [选择文件] 未选择任何文件
hidden	用于隐藏输入域的表单控件
image	定义图像作为提交按钮，单击则触发提交表单
month 5	用于选择一个月份（IE、Firefox 不支持）
number 5	用于数值的输入（Firefox 不支持）
password	类似于单行文本框，但输入字符会被隐藏替换，防止被旁观者偷窥敏感数据 ••••••••
radio	用于定义单选按钮，多个选项中仅能选择一个，同一控件的 name 值相同，value 值指定被选择后发送给服务器的值，checked 指定表单加载后默认选中的按钮 ◯男 ◉女
range 5	用于在一定数值范围内设定数值
reset	用于重置表单各控件为初始值
search 5	用于搜索域，比如站点搜索或 Google 搜索
submit	定义表单提交按钮，把表单页数据提交给 Web 服务器处理，另一个属性 value 设定提交按钮的文字标签
tel 5	用于定义电话号码输入框
text	用于定义单行文本输入框，用于用户名称、姓名、邮件地址等输入 [mpcer@163.com]
time 5	用于选择时间
url 5	用于定义 URL 地址输入域
week 5	用于选择周和年

文本域 textarea 用于多行文本的输入，比如留言、发帖、评论等场景。与 input 不同，textarea 并非空元素，有尾标签，标签内文本将在页面加载后显示，如果用户没有删除该文本，将会被提交给服务器。rows 属性定义文本域能显示的行数，cols 属性定义文本域每行能显示的字数，建议用 CSS 来控制文本域宽度和高度。例如：

```
<textarea name="content" class="commentArea" cols="30" rows="10"">
文明上网，不传谣言，登录评论！
</textarea>
```

选择框（select）也叫下拉列表框或者选择框，允许用户从多个选项中选择一个选项，使用 <select>创建下拉列表框，使用 option 元素创建列表选项，option 元素的 select 属性用来指定当页面加载时被选中的选项。如果使用 multiple="multiple"，则允许用户选择多个选项，使用 size 属性指定显示的选项数量，select 属性如表 9-2 所示，选择框代码及效果如表 9-3 所示。

表 9-2　select 属性

属性	值	描述
autofocus 5	autofocus	规定在页面加载后文本区域自动获得焦点
disabled	disabled	规定禁用该下拉列表
form 5	form_id	规定选择框所属的一个或多个表单
multiple	multiple	规定可选择多个选项
name	name	规定下拉列表的名称
required 5	required	规定文本区域是必填的
size	number	规定下拉列表中可见选项的数目

表 9-3　选择框模式与效果

```
<!--多选模式，允许选择多个选项-->
<select name="province" multiple="multiple" size="4">
<option value="广东省">广东省</option>
<option value="湖南省">海南省</option>
<option value="湖北省">江西省</option>
<option value="福建省">云南省</option>
</select>
```
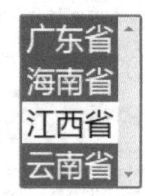

按钮<button>标签定义一个按钮。与使用<input>元素创建的按钮之间的不同，在<button>元素内部可以放置文本或图像等内容。

9.3.2　表单结构

表单使用块级元素型表单标签<form>来设置，表单通常包含多个表单控件，用于收集不同的信息，区别每个表单控件的依据是表单控件的 name 属性值，name 属性值会与用户输入或选择的值形成"名称=值"成对结构，一同以 get 方式或 post 方式发送到服务器，服务器利用服务器端技术（例如 PHP、ASP）来读取表单数据，然后进行数据库增、删、改、查操作，执行完成后服务器返回执行结果到客户端浏览器，一般都会在 input 标签前面设置 label 标签，用作<input>元素的功能说明，也可以触发该表单控件获得焦点。label 通过属性"for"来与 input 的属性"id"建立连接对应关系。表单的一般结构模式如下：

```
<form>
    <div class="form-group">
        <label for="name">名称</label>
        <input type="text" class="form-control" id="name" placeholder="请输
```

```
入名称">
    </div>
    <div class="form-group">
        <label for="inputfile">文件输入</label>
        <input type="file" id="inputfile">
    </div>
    <div class="checkbox">
        <label>
            <input type="checkbox">请打勾
        </label>
    </div>
    <button type="submit">提交</button>
</form>
```

9.3.3 form 对象

1. 获取 form 对象

如果 HTML 定义了第一个表单为<form name="reg" id="reg">，获取该表单对象有四种方法。
① 通过<form>元素的 id 属性访问表单。可以使用 document.getElementById（"reg"）实现。
② 表单序号索引法。在 HTML 文档中<form>每出现一次，forms 对象就会被创建，它包含了当前文档中所有 form 元素集合，document.forms 获取所有表单元素，document.forms[0]获得 HTML 页面中第一个表单。③ 表单<form>元素的 name 属性。document.forms["reg"]获取表单对象，即直接通过表单对象（如 document.forms["reg"]）加表单元素 name 值来访问，如 document.forms["reg"].phone.value 可以获取注册表单中手机号码的填写值。④ 直接使用表单名访问表单，即 document.reg 获取表单对象，可以使用 document.reg.length 来获取表单长度。

获取和设置表单对象的语法为 formObject.property，如 document.forms["reg"].id 可设置和获取表单的 id 值，form 对象属性如表 9-4 所示。

表 9-4 form 对象属性

属性	描述
acceptCharset	服务器可接受的字符集
action	设置或返回表单的 action 属性
enctype	设置或返回表单用来编码内容的 MIME 类型
id	设置或返回表单的 id
length	返回表单中的元素数目
method	设置或返回将数据发送到服务器的 HTTP 方法
name	设置或返回表单的名称
target	设置或返回表单提交结果的 Frame 或 Window 名
className	设置或返回元素的 class 属性
title	设置或返回元素的 title 属性

form 对象方法中的 reset()方法把表单的所有输入元素重置为默认值，submit()方法用于提交表单。form 对象事件中的 onreset 在重置表单元素之前调用，onsubmit 在提交表单之前调用。

2. 获取表单元素的值

document.forms[0].elements[]数组来获取第一个表单的所有表单元素，elements 由 input、select 和 textarea 等表单元素来定义，可以将 input 标签的 id 或 name 属性作为 elements[]数组的索引引用表单元素，也可以索引序号来引用表单元素，如 document.forms["reg"].elements["phone"].value、document.forms[0].elements["phone"].value 或者 document.reg.phone.value 将获得 name 值为 phone 的表单元素的值。表单元素存放在 elements 数组中，顺序为 HTML 页面表单元素自上而下的顺序，即表单元素在数组中出现的顺序由表单在 HTML 源代码中出现的顺序决定。可以使用 document.reg.elements.length 来获取表单长度。

9.3.4 表单事件

Web 页面对访问者行为的响应叫作事件。事件处理程序指的是当 HTML 中发生某些事件时所调用的方法，比如鼠标移入元素、选取单选按钮、点击元素等。常见事件分为鼠标、键盘、页面事件和 UI 事件，如表 9-5 所示，其中第 3 列为表单事件。

表 9-5　常用事件

鼠标事件	键盘事件	表单事件	页面事件
click	keypress	focus	DOMContentLoaded
dblclick	keydown	blur	load
mousedown	keyup	select	unload
mouseenter		change	resize
mouseleave		submit	scroll
mousemove		reset	error
mouseout		beforecopy	
mouseover		copy	
mouseup		beforecut	
		cut	
		beforepaste	
		paste	

焦点处理主要包括获取焦点 focus 和失去焦点 blur 事件类型。所谓焦点，就是激活表单字段使其可以响应键盘事件。当通过鼠标单击选中元素或通过 Tab 键定位到表单元素或者超链接时，就会触发焦点事件。focus 事件是确定页面内鼠标当前定位的一种方式。默认情况下，整个文档处于焦点状态，但是单击或者使用 Tab 键可以改变焦点的位置。blur 事件在元素失去焦点时触发，它与 focus 事件是对应的，主要作用于表单元素和超链接对象。blur()方法的作用是从元素中移走焦点。在调用该方法时，并不会把焦点转移到某个特定的元素上，仅仅是将焦点移走。一般使用 focus 事件和 blur 事件以某种方式改变用户界面，比如提示用户表单输入的长度和类型要求。

select 事件当在文本框或文本区域内选择文本时触发。通过该事件，可以设计用户选择操作的交互行为。在 IE9+、Opera、Firefox、Chrome 和 Safari 中，只有用户选择了文本，并且释放鼠标才会触发 select 事件，但在 IE8 及以下版本中，只要用户选择一个字母，不必释放鼠标就会触发 select 事件。另外，在调用 select()方法时也会触发 select 事件。

change 事件在表单元素的值发生变化时触发，它主要用于 input、select 和 textarea 元素。对于 input 和 textarea 元素，当它们失去焦点且输入框值改变时触发，对于 select 元素，在其选项改变时触发，也就是不失去焦点，就会触发 change 事件。change 事件多用于验证用户在字段中输入数据。

submit 事件仅在表单内单击提交按钮和在文本框中输入文本并按回车键时触发。提交按钮可以使用 input 和 button 标签并将属性 type 设置为 submit 时定义，表单提交会触发此事件。可以采用事件对象的 event.preventDefault() 方法阻止表单提交事件，方便表单的验证。

reset 事件在用户单击重置按钮时触发，表单被重置，所有表单字段恢复为初始值。

9.3.5　表达式与操作符

表达式可以求出一个值，求值的过程可以包含运算。表达式可分为赋值表达式（var i=0）和由操作符连接起来的多个值构成的表达式（var area=3*2）。在表达式中需要使用操作符。所谓操作符，通常是指能对一两个输入执行某种操作，并返回结果的符号。操作符是把操作数构建成表达式的桥梁。操作符使得程序员可以对一个或多个值进行运算得到一个值。在 JavaScript 中有算术操作符、赋值操作符、比较操作符、逻辑操作符、位操作符、一元操作符和其他操作符，如表 9-6 所示。

表 9-6　操作符类型

操作符类型	操作符	相关操作	代码示例
算术操作符	+	加法运算	3+2=5
	−	减法运算	3−2=1
	*	乘法运算	3*2=6
	/	除法运算	3/2=1.5
	%	取模运算（取余数）	3%2=1
	++	自增 1 运算	a=3,a++则为 4
	−−	自减 1 运算	a=3,a−−则为 2
赋值操作符	=	赋值	
	+=	加赋值	x+=y
	−+	减赋值	x−=y
	*=	乘赋值	x*=y
	/=	除赋值	x/=y
	%=	取余赋值	x%=y
比较操作符	==	相等	x==y
	===	全符	x===y
	!=	不等	x!=y
	>	大于	x>y
	>=	大于等于	x>=y
	<	小于	x<y
	<=	小于等于	x<=y

（续表）

操作符类型	操作符	相关操作	代码示例
逻辑操作符	&&	逻辑与	x&&y
	||	逻辑或	x||y
	!	逻辑非	x!y
位操作符	&	与运算符	
	|	或运算符	
	~	非运算符	
	^	异或运算符	
	<<	左移	
	>>	右移	
	>>>	填 0 右移	

算术运算符的执行顺序。在一个表达式中可以包含多个算术运算符，乘法和除法在加减法之前被执行，如 total=2+5*6，其计算结果为 32 而非 42。要改变操作符运算顺序可以使用括号。

字符串操作符在操作数字和字符串时，被视为连接操作，数字会变成字符串的一部分。如 12+"Road"结果为"12Road"。如果对字符串运用算术操作符，结果会等于一个叫作 NaN（Not a Number）的值。

9.3.6 转换为数字

JavaScript 提供了 parseInt()和 parseFloat()两种静态方法把非数字的原始值转换为数字，其中 parseInt()可以将值转换为整数，而 parseFloat()可以把值转换为浮点数。这两个方法对字符串类型的值有效，其他类型的值调用这两个函数都会返回 NaN。

parseInt()在开始转换时，会查看字符串最左边的字符，如果该位置不是有效数字，则将返回 NaN，转换中断。如果最左边的字符是数字，则将查看左边第 2 个字符，并进行同样的测试，以此类推，在整个验证过程中，直到发现非数字字符为止，此时 parseInt()函数将把前面分析合法的数字字符转换为数值并返回。浮点数中的点号对于 parseInt()函数来说属于非法字符，因此不会转换它并返回。如果是以 0 为开头的数字字符，则 parseInt()函数会把字符串作为八进制数字处理，先把它转换为数值，然后再转换为十进制的数字返回。如果是以 0x 为开头的数字字符串，则 parseInt()函数会把字符串作为十六进制数字处理，先把它转换为数值，然后再转换为十进制的数字返回。parseInt()函数也支持基模式，可以把二进制、八进制、十六进制等不同进制的数字字符串转换为整数。基模式由 parseInt()函数的第二个函数参数指定。

parseFloat()函数能够识别第一个出现的小数点号，而第二个小数点号则被视为非法的。数字必须是十进制的字符串，而不能使用八进制或十六进制的数字字符串。对于数字前面的 0（八进制数字标识）会忽略，而对于十六进制的数字，则返回 0 值。

另外，如果让一个数字字符串变量乘以 1，则 JavaScript 解释器能够自动把数字字符串转换为数值，然后再继续求和运算，而不是进行字符串连接操作。加号运算符可以把一个值转换为字符串。

9.3.7　设置小数位数

JavaScript 设置数字显示的小数位数有 toFixed()、toExponential()和 toPrecision()3 个方法。toFixed()能够把数值转换为字符串，并显示小数点后的指定位数。例如：

```
var a=10;
alert(a.toFixed(2))//返回字符串 10.00
alert(a.toFixed(4))//返回字符串 10.0000
```

toExponential()方法用来把数字转换为科学计数法形式的字符串，参数指定了保留的小数位数，省略的部分采用四舍五入的方法进行处理。例如：

```
var a=123456789;
alert(a.toExponential(2))//返回字符串 1.23e+8
alert(a.toExponential(4))//返回字符串 1.2346e+8
```

toPrecision()方法用来指定有效数字的位数，而不仅仅指定小数位数，例如：

```
var a=123456789;
alert(a.toPrecision(2))//返回字符串 1.2e+8
alert(a.toPrecision(4))//返回字符串 1.235e+8
```

9.3.8　Math 对象

Math 对象用于执行数学任务。Math 对象并不像 Date 和 String 那样是对象的类，因此没有构造函数 Math()，如 Math.sin()只是函数，不是某个对象的方法，无须创建它，通过把 Math 作为对象使用就可以调用其所有属性和方法，如表 9-7 所示。使用 Math 属性的语法为 var pi_value=Math.PI。

表 9-7　Math 对象属性

属性	描述
E	返回算术常量 e，即自然对数的底数（约等于 2.718）
LN2	返回 2 的自然对数（约等于 0.693）
LN10	返回 10 的自然对数（约等于 2.302）
LOG2E	返回以 2 为底的 e 的对数（约等于 1.414）
LOG10E	返回以 10 为底的 e 的对数（约等于 0.434）
PI	返回圆周率（约等于 3.14159）
SQRT1_2	返回 2 的平方根的倒数（约等于 0.707）
SQRT2	返回 2 的平方根（约等于 1.414）

使用 Math 对象的方法如表 9-8 所示，使用语法为 var sqrt_value=Math.sqrt(15)。

表 9-8　Math 对象方法

方法	描述
abs(x)	返回数的绝对值
acos(x)	返回数的反余弦值
Asin(x)	返回数的反正弦值

（续表）

方法	描述
atan(x)	以介于-PI/2 与 PI/2 弧度之间的数值来返回 x 的反正切值
atan2(y,x)	返回从 x 轴到点（x，y）的角度（介于-PI/2 与 PI/2 弧度之间）。
ceil(x)	对数进行上舍入
cos(x)	返回数的余弦
exp(x)	返回 e 的指数
Floor(x)	对数进行下舍入
Log(x)	返回数的自然对数（底为 e）
Max(x,y)	返回 x 和 y 中的最高值
Min(x,y)	返回 x 和 y 中的最低值。
Pow(x,y)	返回 x 的 y 次幂
Random()	返回 0~1 之间的随机数
Round(x)	把数四舍五入为最接近的整数
Sin(x)	返回数的正弦
Sqrt(x)	返回数的平方根
Tan(x)	返回角的正切
Tosource()	返回该对象的源代码
Valueof()	返回 Math 对象的原始值

9.3.9 条件语句

大多数编程语言中最为常用的一个语句是 if 语句，其中条件可以是任意表达式，而且对表达式的计算结果不一定是布尔值。ECMAScript 会自动调动 Boolean{}转换函数将这个表达式的结果转换为一个布尔值。如果对条件求值的结果为 tru，则执行语句 1，为 false 则执行语句 2。语句可以是一行代码，也可以是一个包括多行代码的代码块。无论是一行代码还是多行代码，都添加{}号视为代码块，这样各条件执行的语句范围更为清晰，如表 9-9 所示。

表 9-9　条件语句类型

使用场景	示例

当条件为 true 时只执行 A 脚本	var num = 1;
	if (num === 1) {
	　　A
	}

当条件为 true 时执行 A 脚本，其他情况执行 B 脚本	var num = 1;
	if (num === 1) {
	　　A
	} else {
	　　B
	}

（续表）

使用场景	示例

如果有多个脚本，可以多次使用 if else 根据不同的条件执行不同的语句	```js
	var num = 1;
	if (num === 1) {
	    A
	} else if{
	    B
	} else if{
	    C
	}else {
	    D
	}
	``

各分支要判断的条件相同，但值不相同时使用 switch 语句，case 判断当前 switch 的值是否和 case 分支语句的值相等，break 会中止 switch 语句的执行，default 在表达式不匹配任何其他分支时执行	```js
	var num = 1;
	switch (num) {
	    case 1:
	        A
	        break;
	    case 2:
	        B
	        break;
	    }
	    case 3:
	        C
	        break;
	    default:
	        D
	}
	``

1. 优化 if-else

优化 if-else 最简单的方法是确保最可能出现的条件放在首位，减少到达正确分支所需要的判断次数，代码如下：

```js
var i = 6;
if (i < 5) {
  //语句
} else if (i > 5 && i < 10) {
  //语句
} else {
  //语句
}
```

以上代码只有当 i 值经常小于 5 的时候才是最优的，如果 i 等于 10，那么每次到达正确分支之前都必须经过两个条件判断，最终增加了语句所消耗的平均时间。if-else 中的条件语句应该总是按照最大概率到最小概率的顺序排列，以确保运行速度最快。另一种减少条件判断次数的方法是把 if-else 组织成一系列嵌套的 if-else 语句，使用单个庞大的 if-else 通常会导致运行缓慢，因为每个条件都需要判断，在这个 if-else 语句中，假如 i 取值为 0 到 10 之间，条件语句最多要判断 10 次。为了减少条件判断次数，代码可重写为一系列嵌套的 if-else 语句。例如：

```
if (i < 6) {
  if (i < 3) {
    if (i == 0) {
      //i 等于 0 的处理语句
    } else if (i == 1) {
      //i 等于 1 的处理语句
    } else {
      //i 等于 2 的处理语句
    }
  } else if (i == 3) {
    //i 等于 3 的处理语句
  } else if (i == 4) {
    //i 等于 4 的处理语句
  } else {
    //i 等于 5 的处理语句
  }

} else {
  if (i < 8) {
    if (i == 6) {
      //i 等于 6 的处理语句
    } else {
      //i 等于 7 的处理语句
    }
  } else {
    if (i = = 8) {
      //i 等于 8 的处理语句
    } else if (i == 9) {
      //i 等于 9 的处理语句
    } else {
      //i 大于 9 的处理语句
    }
  }

}
```

重写的 if-else 语句使用二分法把值域分成一系列的区间，然后逐步缩小范围。每次正确到达分支时最多经过 4 次条件判断，代码运行平均时间缩短了很多，这个方法非常适合有多个值域需要测试时使用。如果值是离散值，那么 switch 语句更为合适。

条件语句与循环的原理类似，条件表达式决定了 JavaScript 运行的走向，使用 if-else 还是 switch 的根本依据是基于测试条件的数量来判断，条件数量较少时，if-esle 更常用，代码可读性更好，条件数量较多时，越倾向于使用 switch 而不是 if-else，此时 switch 可读性更好。大多数情况下，当条件数量很大时，switch 比 if-else 运行得更快，随着条件数量的增多，if-else 性能负担增加比 switch 要多。因此，当条件数量较少时使用 if-else，而当条件数量较大时使用 switch。另一方面，if-else 适用于判断两个离散值或几个不同的值域，当判断多于两个离散值时，

switch 语句是更佳选择。

2. 使用查找表

当有大量离散值需要测试时，应避免使用 if-else 和 switch，改用查找表能明显提升性能，不仅速度快，而且代码的可读性更好。在 JavaScript 中可以使用数组和普通对象来构建查找表，通过查找表访问数据比用 if-else 和 switch 快得多，特别是在条件语句数量很大的时候。

```
var results=[result0,result1,result2,result3,result4,result5,result6,result7,
result8,result9];
    return results[i];
```

switch 语句更适合于每个键都要对应一个独特的动作或一系列动作的场合。如果使用 switch 语句，表达式代码所占的空间可能与它的重要性不成比例，改用一个数组作为查找表替代，特别适合单个键和单个值之间存在逻辑映射的情况，查找表可以完全抛弃条件判断语句，把条件判断改为数组项查找或者对象成员查询。查找表的优点是不用书写任何条件判断语句，增加候选结果也比较容易。

9.3.10 for 循环

for 循环是 JavaScript 中最常见的循环结构，具有在执行循环前初始化变量和定义循环后要执行的代码的功能，for 语句是一种前测循环语句，由初始化表达式、控制条件表达式、循环后表达式和循环体四部分构成。初始化表达式中，var 语句会创建一个函数级的变量，而不是循环级，由于 JavaScript 只有函数级作用域，因此在 for 循环中定义的一个新变量相当于在循环体外定义一个新变量，初始化表达式、控制表达式和循环后表达式都是可选的，将这三个表达式全部省略，就会创建一个无限循环，如果只给出控制表达式的 for 循环转换成了 while 循环，for 语句的语法如下：

```
//正常 for 循环
for (初始化表达式; 控制表达式; 循环后表达式) {
  语句
}
//无限 for 循环
for (; ;) {
  语句
}
//转换为 while 循环
for (; 控制表达式;) {
  语句
}
```

当代码运行中遇到 for 循环时，先运行初始化表达式代码，然后进入控制表达式。如果控制表达式的结果为 true，则运行循环体。循环体执行完后，循环后表达式开始运行，示例代码如下：

```
//获取文档中的所有 tr 对象
var trs = document.getElementsByTagName("tr");
//定义变量 row 的初始值为 0，从表格第一行开始循环，变量也可以在 for 前面定义
//只能当条件 row<trs.length 为真时才进入 for 循环，即当前行未到达最后一行时继续循环
//如果执行了循环体中的代码，则一定会对循环后的表达式 row++求值
for (var row = 0; row < trs.length; row++) {
    trs[row].addEventListener("mouseover", function () {
```

```
        this.style.backgroundColor = "#f5f5f5";
    })
}
```

9.3.11　while 循环

while 循环是最简单的前测循环，由一个前测条件和一个循环体构成。先判断 while 的条件是否成立，成立时会执行循环内的代码，否则跳出循环体。任何 for 循环都能改写成 while 循环，反之亦然。下例中有一个初始值为 0 的变量，在小于 10 时输出它的 0 到 9，代码如下：

```
var i = 0;
while (i < 10) {
  console.log(i);
  i++;
}
```

9.3.12　do-while 循环

do-while 循环是 JavaScript 中唯一的一种后测循环，它由循环体和后测条件两部分构成。先执行循环体中的代码，再判断循环条件。循环至少会让循环体中的代码执行一次，而后再由后测条件决定是否再次运行，代码如下：

```
var i = 0;
do {
  console.log(i);
} while (i < 10)
```

9.3.13　for-in 循环

for-in 循环可以枚举任何对象的属性名，基本格式如下：

```
for (var prop in object) {
  //循环主体
}
```

循环体每次运行时，prop 变量被赋值为 object 的一个属性名（字符串），直到所有属性遍历完成才返回。所返回的属性包括对象实例属性以及从原型链中继承而来的属性。for-in 循环的每次操作都会同时搜索实例和原型属性，明显比其他循环慢。除非明确需要迭代一个属性数量未知的对象，否则应避免使用 for-in 循环。如果需要遍历一个数量有限的已知属性列表，使用其他循环类型会更快，比如可以使用以下循环：

```
var props = ['prop1', 'prop2'], i = 0
while (i < props.length) {
  process(object[props[i++]])
}
```

以上代码创建了一个由属性名称构成的数组，while 循环用来遍历这个属性列表并处理对应的对象成员。相对于查找该对象的每一个属性，在给定属性的情况下减少了循环的开销，也节省了时间。不要使用 for-in 来遍历数组成员，当扩展 JavaScript 原生的 Array 类，或者引入一个外部的 JS 框架时也扩展了原生 Array，遍历结果并非数组本身，会包括扩展的属性和方法。

9.3.14　优化循环性能

循环结构有 for、while、do-while 和 for-in 共 4 种。除了 for-in 循环外，其他 3 种循环的性能都差不多。选择循环时重点考虑每次循环处理的事务和循环次数，限制循环处理的事务的时间性能开销，减少这两者中的一个或者全部时间开销，可以提升循环的整体性能，通过倒序循环和减少属性查找是循环性能提升的基本方法。如通过减少对象成员及数组项的查找次数，将 length 属性值存储到一个局部变量，然后在控制条件中使用，将 for(var i=0;i<items.length;i++) 改为 for（var i=0,len=items.length;i<len;i++）；也可以通过颠倒数组的顺序来提高循环性能。通常，数组项的顺序与所要执行的任务无关，从最后一项向前处理是个备选方案。倒序循环是编程语言中一种通用的性能优化方法，JavaScript 中倒序循环会略微提升性能，前提是排除额外操作带来的影响。可将 for（var i=0;i<items.length;i++）改写为 for（var i=items.length;i--;）来实现。在 JS 中常见的循环有：

```
for(var i=0;i<10;i++){//dosomething}
for(var prop in object){//forloopobject}
forEach(function(value,index,array){//基于函数的循环})
```

毋庸质疑，第一种方式是原生的，性能消耗最低，速度也最快。第二种方式 for-in 每次迭代都会产生更多的开销（局部变量），它的速度只有第一种的 1/7。第三种方式明显提供了更便利的循环方式，但是它的速度只有普通循环的 1/8。所以可以根据项目情况选择合适的循环方式。

9.3.15　forEach()

forEach()方法遍历数组的所在成员，并在每个成员上执行一个函数。要运行的函数作为参数传给 forEach()，并在调用时接收当前数组项的值、索引以及数据本身三个参数，代码如下：

```
<p>计算后的值:
    <span id="demo"></span>
</p>
<script>
    var numbers = [65, 44, 12, 4, 12];
    numbers.forEach(function (item, index, arr) {
        arr[index] = item * 10;
        document.getElementById("demo").innerHTML = numbers;
    })
</script>
```

9.4　任务实施

9.4.1　编写 HTML

在前端开发环境中新建项目文件夹"loan-calculator"，在该文件夹中新建"loan-calculator.html"文件，新建存放样式表的文件夹"css"和存放脚本的文件夹"js"，打开"loan-calculator.html"文件，依据 HTML5 规范编写贷款计算器输入表单和输出区域的 HTML 结构，页面字符集设置为 UTF-8，页面标题为"贷款计算器"，输入表单采用 form 标记，每个表单组采用 div 组织，

HTML 代码如下：

```
<!DOCTYPE HTML>
<HTML>

<head>
    <meta charset="utf-8" />
    <title>贷款计算器</title>
    <link rel="stylesheet" type="text/css" href="css/loan-calculator.css" />
</head>

<body>
    <form action="" method="post">
        <h3>房贷计算器</h3>

        <div class="form-group">
            <label for="amount">输入贷款金额</label>
            <input type="text" class="form-control" id="amount" onchange=
"calculate()">
        </div>

        <div class="form-group">
            <label for="interest">贷款年利率</label>
            <input type="text" class="form-control" id="interest" onchange=
"calculate()">
        </div>

        <div class="form-group">
            <label for="years">还款期数（年）</label>
            <input type="text" class="form-control" id="years" onchange=
"calculate()">
        </div>

        <button type="submit" class="btn" onchange="calculate()"> 计算</button>
    </form>

    <div class="result-group">
        <label>每月还款额：</label>
        <span id="monthly_payment"></span>
    </div>

    <div class="result-group">
        <label>总还款额：</label>
        <span id="total_payment"></span>
    </div>

    <div class="result-group">
        <label>总利息：</label>
        <span id="total_interest"></span>
    </div>
```

```
        <script src="js/loan-calculator.js"></script>
</body>

</HTML>
```

保存页面，在浏览器中测试页面，如图9-1所示。

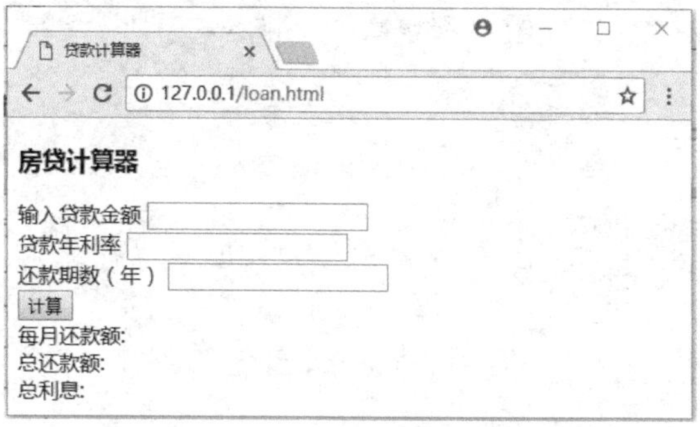

图9-1　贷款计算器初始效果

9.4.2　编写 CSS 样式

在项目"css"文件夹中新建样式文件"loan-calculator.css"，打开该文件编写贷款计算器样式，分别定义表单底边距、表单组样式、表单标签样式和计算按钮样式，具体属性及值的代码如下：

```
form {
  margin-bottom: 15px;
}

.form-group,
.result-group {
  margin-bottom: 15px;
}

label {
  display: inline-block;
  width: 120px;
  margin-bottom: 5px;
  text-align: right;
}

.form-control {
  display: inline-block;
  width: auto;
  padding: 6px 12px;
  font-size: 14px;
  line-height: 1.42857143;
  color: #555;
  background-color: #fff;
```

```
    background-image: none;
    border: 1px solid #ccc;
    border-radius: 4px;
    -webkit-box-shadow: inset 0 1px 1px rgba(0,0,0,.075);
    box-shadow: inset 0 1px 1px rgba(0,0,0,.075);
    -webkit-transition: border-color ease-in-out .15s,-webkit-box-shadow ease-
in-out .15s;
    -o-transition: border-color ease-in-out .15s,box-shadow ease-in-out .15s;
    transition: border-color ease-in-out .15s,box-shadow ease-in-out .15s;
}

.btn {
    color: #fff;
    background-color: #337ab7;
    border-color: #2e6da4;
    display: inline-block;
    padding: 6px 24px;
    margin-bottom: 0;
    font-size: 14px;
    font-weight: 400;
    line-height: 1.42857143;
    text-align: center;
    white-space: nowrap;
    vertical-align: middle;
    -ms-touch-action: manipulation;
    touch-action: manipulation;
    cursor: pointer;
    -webkit-user-select: none;
    -moz-user-select: none;
    -ms-user-select: none;
    user-select: none;
    background-image: none;
    border: 1px solid transparent;
    border-radius: 4px;
}
```

保存页面，在浏览器中测试页面，页面效果如图 9-2 所示。

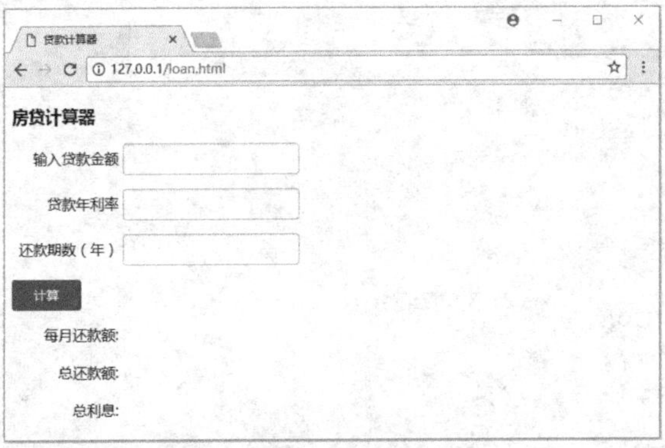

图9-2 套用样式的页面效果

9.4.3　编写 JavaScript

在项目"js"文件夹中新建"loan-calculator.js"文件，通过 calculator()函数实现了贷款计算器功能，该函数获取表单输入元素并获取用户输入值，然后进行计算并输出，代码如下：

```javascript
function calculate () {
  // 获取表单输入值和输出元素
  var amount = document.getElementById('amount')
  var interest = document.getElementById('interest')
  var years = document.getElementById('years')
  var monthly_payment = document.getElementById('monthly_payment')
  var total_payment = document.getElementById('total_payment')
  var total_interest = document.getElementById('total_interest')
  // 转换表单数值
  var amount_val = parseFloat(amount.value)
  var interest_val = parseFloat(interest.value) / 100 / 12
  var years_val = parseFloat(years.value) * 12
  // 计算每月还款额度
  var x = Math.pow(1 + interest_val, years_val)
  var monthly = (amount_val * x * interest_val) / (x - 1)
  // 输出计算结果，保留两位小数点
  if (isFinite(monthly)) {
    monthly_payment.innerHTML = monthly.toFixed(2)
    total_payment.innerHTML = (monthly * years_val).toFixed(2)
    total_interest.innerHTML = ((monthly * years_val) - amount_val).toFixed (2)
  } else {
    monthly_payment.innerHTML = ''
    total_payment.innerHTML = ''
    total_interest.innerHTML = ''
  }
}
```

9.4.4　测试页面

可以直接在本地测试页面，也可以通过 http-server 来测试，在浏览器中测试页面，如图 9-3 所示，用户输入贷款金额、贷款年利率和还款期数，即可计算输出每月还款额、总还款额和总利息。

图9-3　贷款计算器最终效果

9.5 强化训练

访问查询网（www.ip138.com）或者其他在线查询网站，如图 9-4 所示，试用汇率汇率换算工具，熟悉界面和功能后，设计制作一款美元到人民币的转换工具。

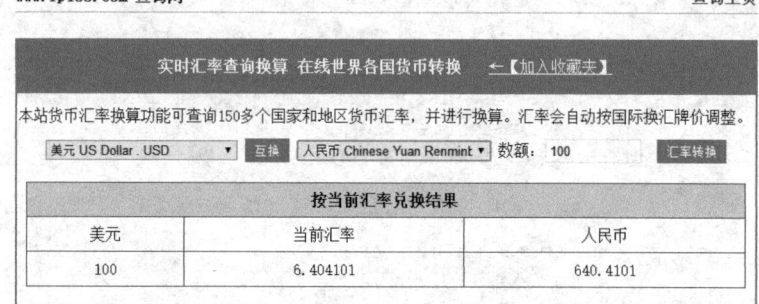

图9-4 汇率计算器

9.6 学习成果评量

等级	评分指标	得分
及格	P1. 能设计制作计算器表单结构	
	P2. 能设计编写表单及输出界面样式	
	P3. 能基于数值关系实现计算功能	
良好	M1. 能够根据项目需求局部修改计算器界面和计算规则	
优秀	D1. 能够根据项目需求定制计算器界面	
	D2. 能够根据项目需求定制计算器功能，实现数据验证和各类复杂计算	
评语		

10 Chapter

JavaScript

任务 10
计算器

10.1 任务导入

计算器根据用户单击按钮面板中按钮输入的数值和运算符号计算表达式结果。设计开发一个计算器涉及计算器界面生成、按钮交互及数值计算、设置 input 元素值等内容。本任务完成后的效果如图 10-1 所示。

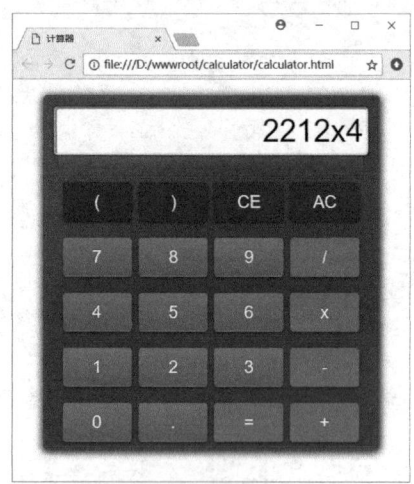

图10-1　计算器效果

10.2 成果目标

本任务旨在掌握事件委托、按钮文本提取、表达式计算、数值信息添加到 input 元素和字符串操作等技术，熟悉 Visual Studio Coder 的使用，积累前端开发的经验，培养前端组件开发的意识和兴趣。

知识目标	技能目标	素质目标
1. 理解函数 2. 理解函数参数 3. 理解函数调用方式 4. 理解 slice()语法	1. 设计计算器 HTML 2. 设计计算器 CSS 样式 3. 善用 addEventListener 4. 善用条件语句 5. 掌握表单值的获取与设置 6. 设计表达式	1. 遵循 Web 开发规范 2. 培养严谨的编程习惯 3. 培养分析和解决前端问题的能力 4. 培养演绎思维能力 5. 培养归纳思维能力

10.3 核心知识

10.3.1 函数介绍

函数是 JavaScript 中最常用的功能之一，通过把一段相对独立的具有特定功能的代码块封装起来，形成一个独立实体，以函数名称作为函数调用的标识符，在脚本其他地方可以反复调用。只需要定义一次，就能够被调用执行任意次的 JavaScript 代码，可以避免相同功能代码的重复编写。

如果函数挂载在一个对象上，作为对象的一个属性，就称为对象的方法。当通过这个对象来调用函数时，该对象就是此次调用的上下文，也就是该函数的 this 值。用于初始化一个新创建的对象的函数称为构造函数。

在 JavaScript 里，函数即对象，程序可以随意操控它们。JavaScript 可以把函数赋值给变量，或者作为参数传递给其他函数。因为函数就是对象，所以可以给它们设置属性，甚至调用它们的方法。

JavaScript 的函数可以嵌套在其他函数中定义，这样它们就可以访问它们被定义时所处的作用域中的任何变量。这意味着 JavaScript 函数构成了一个闭包（closure），它给 JavaScript 带来了非常强劲的编程能力。

10.3.2　定义函数

函数的定义由关键字 function、函数名、参数和函数体 4 部分组成。使用 function 关键字来定义函数，函数定义都从 function 关键字开始。

函数名是函数声明语句的必需部分，新定义的函数对象会赋值给这个变量。可由字母、数字、下划线和ɣ符号组成，但不能以数字开头，且不能是 JavaScript 中的关键字。在同一个页面中，函数名必须是唯一的，并区分大小写。对函数定义表达式来说，这个名字是可选的，如果存在，该名字只存在于函数体中，并指代该函数对象本身，函数名称将成为函数内部的一个局部变量。任何合法的 JavaScript 标识符都可以作为一个函数的名称。命名时尽量选择描述性强而又简洁的函数名，可以极大地改善代码的可读性。函数名称通常是动词或以动词为前缀的词组。通常函数名的第一个字符为小写，这是一种编程约定。当函数名包含多个单词时，一种约定是将单词以下划线分隔（如 like_this() ），还有另一种约定就是除了第一个单词之外的单词首字母使用大写字母（如 likeThis() ），内部函数和私有函数通常以一种下划线为前缀。在一些编程框架中，通常为那些经常调用的函数指定短名称，比如客户端 JavaScript 框架 jQuery 就将最常用的方法重命名为ɣ()。美元符号ɣ和下划线_是除了字母和数字之外的两个合法的 JavaScript 函数标识符。

圆括号。参数是可选的，多个参数之间使用逗号"，"分隔；圆括号中包含由 0 个或者多个用逗号隔开的标识符组成的列表。这些标识符是函数的参数名称，它们就像函数体中的局部变量一样。函数是 JavaScript 函数是参数化的，函数定义会包括一个称为形参的标识符列表，形参定义在函数中，函数最多可以有 255 个参数，这些参数在函数体中像局部变量一样工作。函数调用会为形参提供实参的值，实参是在运行时函数调用时传入的参数。函数使用实参的值来计算返回值，成为该函数调用表达式的值。

花括号。花括号包含 0 条或多条 JavaScript 语句，这些语句构成了函数体，函数体是专门用于实现特定功能的主体，由一条或多条语句组成，结束花括号后面没有分号。函数体并不会执行，只有当函数被调用的时候才会执行，一旦调用函数，就会执行这些语句。return 表达式为任意表达式、变量或常量，当需要函数执行后返回函数值时使用。

函数声明语句"被提前"到外部脚本或外部函数作用域的顶部，所以以这种方式声明的函数，可以被在它定义之前出现的代码调用。以表达式方式定义的函数在定义之前无法调用。return 语句导致函数停止执行，并返回它的表达式的值给调用者。如果 return 语句没有一个与之相关的表达式，则返回 undefined 值。如果一个函数不包含 return 语句，那它就只执行函数体中的每条语句，并返回 undefined 值给调用者。

函数的定义有函数声明式和函数表达式两种语法结构，函数声明式语法如下：

```
function 函数名([参数1,参数2,参数3,……]){
    //函数体
}
```

代码示例如下：

```
function showMsg(username){
    console.log(username+"您好！");
}
```

如果将函数放在表达式所在的位置，它将被当作表达式对待，这称为函数表达式。在函数表达式中，名字经常被省略，没有名字的函数被称为匿名函数。函数表达式语法如下：

```
var fn=function([参数1,参数2,参数3,……]){
    //函数体
}
```

在函数表达式中，解释器到达这条语句时函数是不会执行的，解释器在未执行到这条语句之前，不能调用此函数。

10.3.3　嵌套函数

在 JavaScript 里，函数可以嵌套在其他函数里，函数声明语句并非真正的语句，以语句声明形式定义的函数，ECMAScript 规范只是允许它们作为顶级语句，可以出现在全局代码里，或者内嵌在其他函数中，但它们不能出现在循环、条件判断、try/catch/finally 以及 with 语句中。函数表达式可以出现在 JavaScript 代码的任何地方。例如：

```
function hypotenuse(a, b) {
  function square(x) { return x * x; }
  return Math.sqrt(square(a) + square(b));
}
```

嵌套函数的有趣之处在于它的变量作用域规则，它们可以访问嵌套它们的函数的参数和变量。square()可以读写外部函数 hypotenuse()定义的参数 a 和 b。

10.3.4　调用函数

函数主体的 JavaScript 代码在定义之时并不会执行，只有调用该函数时，它们才会执行。调用需要圆括号 "()"。函数调用的语法格式如下：

```
函数名([参数1,参数2,参数3,……]);
```

函数在定义时根据参数的不同，可分为两种类型，一种是无参函数，另一种是有参函数。在声明一个函数的时候，为了函数的功能更加灵活，适应程序运行环境的变化，可以给函数设置参数。这个参数没有具体的值，仅仅起到一个占位置的作用，我们通常称之为形式参数，也叫形参。如果函数在声明时，设置了形参，那么在函数调用的时候就需要传入对应的参数，我们把传入的参数叫作实际参数,也叫实参。无参函数适用于不需要提供任何数据,即可完成指定功能的情况。

调用 JavaScript 函数有作为函数调用、作为方法调用、作为构造函数和通过 call() 和 apply() 方法间接调用 4 种方式。

(1)作为函数调用。在一个调用中,每个参数表达式(圆括号之间的部分)都会计算出一个值,计算的结果作为参数传递给另外一个函数。这些值作为实参传递给声明函数时定义的形参。在函数体中存在一个形参的引用,指向当前传入的实参列表,通过它可以获得参数的值。对于普通的函数调用,函数的返回值成为调用表达式的值。如果该函数返回是因为解释器到达结尾,返回值就是 undefined。如果函数返回是因为解释器执行到一条 return 语句,返回值就是 return 之后的表达式的值,如果 return 语句没有值,则返回 undefined。

(2)作为方法调用。方法是保存在一个对象的属性里的 JavaScript 函数。如果有一个函数 f 和一个对象 o,则可以用下面的代码给 o 定义一个名为 m() 的方法:o.m=f。给对象 o 定义了方法 m() 后,使用 o.m() 调用。对方法调用的参数和返回值的处理与普通函数调用完全一致。但是方法调用和函数调用有一个重要的区别是调用上下文。方法调用属性访问表达式由对象和属性名称两部分组成,对象成为调用上下文,函数体可以使用关键字 this 引用该对象,this 是一个关键字,不是变量,也不是属性名,JavaScript 的语法不允许给 this 赋值。和变量不同,关键字 this 没有作用域的限制,嵌套的函数不会从调用它的函数中继承 this。如果嵌套函数作为方法调用,其 this 的值指向调用它的对象。如果嵌套函数作为函数调用,其 this 值不是全局对象(非严格模式下)就是 undefined,例如:

```
var o = {
  m: function () {
    var self = this;
    console.log(this === o);
    f();
    function f() {
      console.log(this === o);
      console.log(self === o);
    }
  }
}
```

(3)作为构造函数。如果函数或者方法调用之前带有关键字 new,它就构成构造函数调用。构造函数调用和普通的函数调用以及方法调用在实参处理、调用上下文和返回值方面都不同。如果构造函数调用在圆括号内包含一组实参列表,先计算实参表达式,然后传入函数内,这个函数调用和方法调用是一致的。但如果构造函数没有形参,JavaScript 构建函数调用的语法是允许省略实参列表和圆括号的。凡是没有形参的构造函数调用都可以省略圆括号,例如:

```
var o=newObject();
var o=newObject;
```

构造函数调用创建一个新的空对象,这个对象继承自构造函数的 prototype 属性。构造函数试图初始化这个新创建的对象,并将这个对象用做其调用上下文,因此构造函数可以使用 this 关键字来引用这个新创建的对象。在表达式 newo.m() 中,调用上下文并不是 o,使用这个新对象作为调用上下文。构造函数通常不使用 return 关键字,它们通常初始化新对象,当构造函数的函数体执行完毕时,会显式返回,构造函数调用表达式的计算结果就是这个新对象的值。如果构造函数显式地使用 return 语句返回一个对象，那么调用表达式的值就是这个对象。如果构造函数使用 return 语句但没有指定返回值，或者返回一个原始值，那么这时将忽略返回值，同时使用这个新对象作为调用结果。

（4）通过 call() 和 apply() 方法间接调用。JavaScript 中的函数也是对象。函数对象也可以包含方法，其中 call() 和 apply() 可以间接地调用函数。两个方法都允许显式指定调用所需的 this 值，call() 方法使用它自有的实参列表作为函数的实参，apply() 方法则要求以数组的形式传入参数。

函数定义后并不会自动执行，要执行一个函数需要在特定的位置调用该函数，调用函数需要创建调用语句，函数在函数声明前或声明后调用都可以，解释器执行函数时会扫描所有变量和函数声明代码，查找函数定义的位置。调用函数有三种形式：简单调用、在事件响应中调用和超链接调用。调用语句包含函数名称、参数具体值。声明函数时给定的参数叫形参，调用函数的参数称为实参。在函数内部，形参的行为类似于变量。无参函数的调用示例代码如下：

```
function showMsg(){
    console.log("Hello World!");
}
showMsg();
```

在项目开发中，若函数体内的操作需要用户传入数据，此时函数定义时需要设置形参，用于接收用户调用函数时传递的实参，有参函数示例代码如下：

```
function sayHi (username) {
  alert('你好, ' + username)
}
sayHi('joan')
```

有时候函数参数的个数是不确定的，此时定义函数时可以不设置形参，在函数体中直接通过 arguments 对象获取函数调用时传递的实参，实参的个数可通过 length 属性获取。arguments 对象是一个比较特别的对象，实际上是当前函数的一个内置属性，也就是说所有函数都内置了一个 arguments 对象，arguments 对象中存储了传递过来的所有实参，arguments 是一个伪数组，因此可以通过数组遍历的方法进行操作，具体示例代码如下：

```
function getMax() {
  var max = arguments[0];//假设第一个最大
  for (var i = 0; i < arguments.length; i++) {
    //把当前元素和 max 比较
    if (arguments[i] > max) {
      max = arguments[i];
    }
  }
  console.log("你传入参数的最大值是" + max);
}
getMax(8, 9);//输出 9
getMax(8, 9, 20);//输出 20
getMax(8, 9, 20, 30);//输出 30
getMax(8, 9, 20, 30, 99);//输出 99
```

当函数执行完毕的时候，并不是所有时候都要把结果输出或者返回。有时需要在函数中返回一个数值供在其他函数中作为后续运算参数使用，为了能够返回给变量一个值，可以在函数中添加 return 语句，将需要返回的值赋予变量，最后将此变量返回。当出现 return 关键字时，解释器立即离开函数，回到调用函数的语句。如果声明函数中 return 之后还有语句，将被跳过而不被执行，返回值语法如下：

```
//声明一个带返回值的函数
function 函数名(形参1,形参2,形参...){
    //函数体
    return 返回值;
}
//可以通过变量来接收这个返回值
var 变量=函数名(实参1,实参2,实参3);
```

当需要从函数获取多个值时，可以使用数组，将计算结果存入数组后再返回数组，示例代码如下：

```
function getSize(width, height, depth) {
  var area = width * height;
  var volume = width * height * depth;
  var sizes = [area, volume];
  return sizes;
}
var areaOne = getSize(6, 3, 2)[0];
```

当一个页面中有多段脚本时，为了确保变量名不互相冲突可以定义为立即调用函数表达式。

```
var area = (function ()(width, height){
  var width = 3;
  var height = 2;
  return width * height;
  }());
```

最后一对括号告诉解释器马上调用此函数。分组操作符的右括号确保解释器将其作为一个表达式对待。

有关函数返回值的说明：① 如果函数没有显式地使用 return 语句，那么函数有默认的返回值 undefined；② 如果函数使用 return 语句，那么跟在 return 后面的值就成了函数的返回值；③ 如果函数使用 return 语句，但是 return 后面没有任何值，那么函数的返回值也是 undefined；④ 函数使用 return 语句后，这个函数会在执行完 return 语句之后停止并立即退出，也就是说，return 后面的所有其他代码都不会再执行；⑤ 函数也可以作为返回值从函数的内部返回。

10.3.5　函数的实参和形参

JavaScript 中的函数定义并未指定函数形参的类型，函数调用未对传入的实参做任何类型检查，甚至不检查传入形参的个数。

（1）可选参数。当调用函数时传入的实参比函数声明时指定的形参个数要少时，剩下的形参都将设置为 undefined 值，因此在调用函数时形参是否可选以及是否可以省略，应当保持较好的适应性。为了做到这一点，应当给省略的参数赋予一个合理的默认值。当用可选实参来实现函数时，需要将可选参数放在实参列表的最后，调用函数时无法省略第一个实参并传入第二个实参，必须将 undefined 作为第一个实参显式传入，在函数定义中使用注释/*optional*/来强调形参是可

选的, 例如:

```
function getPropertyName(o,/* option */ a) {
  if (a === undefined) a = []; //如果未定义, 则使用新数组
  for (var property in o) a.push(property);
  return a;
}
// 函数调用可以传入 1 个或 2 个实参
var a = getPropertyNames(o); //将 o 的属性存储到一个新数组中
getPropertyNames(p, a); //将 p 的属性追加到数组 a 中
```

（2）实参对象（可变长的实参列表）。实参对象的一个重要用处是让函数可以操作任意数量的实参。当调用函数时传入的实参个数超过函数定义时的形参个数时, 没有办法直接获得未命名值的引用。参数对象解决了这个问题。在函数体内, 标识符 arguments 是指向实参对象的引用, 实参对象是一个类数组对象, 这样可以通过数字下标来访问传入函数的实参值, 而不是非要通过名字来得到实参。假设定义了函数 f, 它的实参只有一个 x。如果调用这个函数时传入两个实参, 第一个实参可以通过参数名 x 来获得, 也可以通过 arguments[0]来得到。第二个实参只能通过 arguments[1]来得到, arguments 的 length 属性用以标识其所包含元素的个数。实参对象在很多地方都非常有用, 例如:

```
function f(x, y, z) {
  if (arguments.length != 3) {
    throw new Error("函数调用参数长度为"+arguments.length +", 但需要 3 个参数");
  }
  //再执行函数的其他逻辑
}
```

通常不必像这样检查实参的个数, 大多数情况下, JavaScript 的默认行为是可以满足需要的, 省略的实参都将是 undefined, 多出的参数会自动省略。下面的例子可以接收任意实参, 并返回传入的实参的最大值。

```
function max() {
  //遍历实参, 查找并记住最大值
  var max = Number.NEGATIVE_INFINITY;
  for (var i = 0; i < arguments.length; i++) {
    if (arguments[i] > max) max = arguments[i];
  }
  return max; //返回最大值
}
var largest = max(1, 10, 100, 2, 3, 1000, 4, 5, 10000, 6); //返回 10000
```

数组对象包含一个非同寻常的特性。在非严格模式下, 当一个函数包含若干形参时, 实参对象的数组元素是函数形参所对应的实参的别名, 实参对象中以数字索引, 并且形参名称可以认为是相同变量的不同命名。通过实参名字来修改实参值的话, 通过 arguments[]数组也可以获取更改后的值。

```
function f(x) {
  console.log(x); //输出实参的初始值
  //修改实参数组的元素同样会修改 x 的值, arguments[0]和 x 指代同一值
  arguments[0] = null;
```

```
  console.log(x); 输出 null
}
```

　　除数组元素，实参对象还定义了 callee 和 caller 属性。在 ECMAScript5 严格模式中，对这两个属性的读写操作都会产生一个类型错误。而在非严格模式下，ECMAScript 标准规范规定 callee 属性指代当前正在执行的函数，caller 指代调用当前正在执行的函数。通过 caller 属性可以访问调用栈。callee 属性在某些时候会非常有用，比如匿名函数中通过 callee 来递归地调用自身。

```
var factorial = function (x) {
  if (x <= 1) return 1;
  return x * arguments.callee(x - 1);
}
```

10.3.6　将对象属性用作实参

　　当一个函数包含超过三个形参时，记住调用函数中实参的正确顺序实在让人头疼。为了便于函数调用，在定义函数时，传入的实参都写入一个单独的对象之中，在调用的时候传入一个对象，对象中的名/值对是真正需要的实参数据。

10.3.7　实参类型

　　JavaScript 在必要时会进行类型转换。如果函数期望接收一个字符串实参，而调用函数时传入其他类型的值，所传入的值在函数体内将其用作字符串的地方转换为字符串类型。所有原始类型都可以转换为字符串，所有对象都包含 toString() 方法。宁愿在程序传入非法值时报错，也不愿非法值导致程序在执行时报错，相比而言，逻辑执行时的报错消息不甚清晰且更难处理。

```
function sum(a) {
  if (isArrayLike(a)) {
    var total = 0;
    for (var i = 0; i < a.length; i++) { //遍历所有元素
      var element = a[i];
      if (element == null) continue;
      if (isFinite(element)) total += element;
  else throw new Error("元素必需是个有限数字");
    }
    return total;
  }
  else throw new Error("参数必须是一个数组");
}
```

　　sum() 方法进行了非常严格的实参检查，当传入非法的值时会抛出错误提示信息。

10.3.8　作为值的函数

　　我们可以将函数赋值给变量，存储在对象的属性或数组的元素中，作为参数传入另外一个函数。代码如下：

```
function square(x) {
    return x*x;
```

```
}
//现在 s 和 square 指代同一个函数
var s = square;
square(4); //返回 16
s(4); //返回 16
```

也可以将函数赋值给对象的属性。当函数作为对象的属性调用时，函数就称为方法。代码如下：

```
var o = {square: function(x) { return x*x}}; //对象直接量
var y = o.square(16); //y 等于 256
```

函数甚至不需要带名字，当把它们赋值给数组元素时：

```
var a = [function (x) { return x*x}, 20]; //数组直接量
a[0](a[1]); //返回 400
```

10.3.9　自定义函数属性

函数是一种特殊的对象，可以拥有属性。当函数需要一个"静态"变量来在调用时保持某个值不变，最方便的方式就是给函数定义属性，而不是定义全局变量，定义全局变量会让命名空间变得更加杂乱无章。

10.3.10　slice()

slice()方法可从已有的数组中返回选定的元素，也可以提取字符串的某个部分，并以新的字符串返回被提取的部分。slice()方法返回指定数组的一个片段或子数组，不会改变原始数组（调用的数组）。所有主要浏览器都支持 slice()。语法如下：

```
array.slice(start,end)
```

它的两个参数分别指定了片段的开始和结束位置。返回的数组包含第一个参数指定的位置和所有到但不含第二个参数指定的位置之间的所有数组元素。如果只指定一个参数，返回的数组将包含从开始位置到数组结尾的所有元素。如果参数中出现负数，它表示相对于数组中最后一个元素的位置。参数 start 可选，规定从何处开始选取。如果是负数，则表示从数组尾部开始算起的位置。也就是说，–1 指最后一个元素，–2 指倒数第二个元素，以此类推。end 可选。规定从何处结束选取。该参数是数组片断结束处的数组下标。如果没有指定该参数，那么切分的数组包含从 start 到数组结束的所有元素。如果这个参数是负数，那么它规定的是从数组尾部开始算起的元素。例如：参数–1 指定了最后一个元素，而–3 指定了倒数第三个元素。

```
var a = [1, 2, 3, 4, 5];
a.slice(0, 3);//返回[1,2,3], 不包含第二个参数 3 对应的元素 4
a.slice(3); //返回[4,5]
a.slice(1, -1); //返回[2,3,4]
a.slice(-3, -2); //返回[3],-3 指定了倒数第三个元素 3
var fruits = ["Banana", "Orange", "Lemon", "Apple", "Mango"];
var citrus = fruits.slice(1, 3); // Orange,Lemon
```

10.3.11　isNaN()

isNaN()函数用于检查其参数是否为非数字值。如果参数值为 NaN 或字符串、对象、undefined

等非数字值，则返回 true，否则返回 false。所有主要浏览器都支持 isNaN()函数，语法如下：

```
isNaN(value)
```

参数 value 为必选参数，即要检测的值。检查数字是否非法的示列代码如下：

```
document.write(isNaN(123) );  // false
document.write(isNaN(-1.23) );  // false
document.write(isNaN(5 - 2) );  // false
document.write(isNaN(0) );  // false
document.write(isNaN("Hello") );  // true
document.write(isNaN("2005/12/12") );  // true
```

10.4 任务实施

10.4.1 编写 HTML

在前端开发环境中新建项目文件夹"calculator"，在该文件夹中新建"calculator.html"文件，新建存放样式表的文件夹"css"和存放脚本的文件夹"js"，打开"calculator.html"文件，依据 HTML5 规范编写计算器显示表单 input 和计算器面板的 HTML 结构，页面字符集设置为 UTF-8，页面标题为"计算器"，计算结果显示采用表单对象的 input 元素，按钮采用 button 元素，HTML 代码如下：

```html
<!DOCTYPE html>
<html lang="en">

<head>
    <meta charset="UTF-8">
    <title>计算器</title>
    <link rel="stylesheet" href="css/calculator.css">
</head>

<body>
    <div class="calculator">
        <input type="text" id="result" value="0">
        <div id="calc-panel">
            <div class="btn_group">
                <button class="btn_function">(</button>
                <button class="btn_function">)</button>
                <button class="btn_function">CE</button>
                <button class="btn_function">AC</button>
            </div>
            <div class="btn_group">
                <button>7</button>
                <button>8</button>
                <button>9</button>
                <button class="btn_operator">/</button>
            </div>
            <div class="btn_group">
```

```
                              <button>4</button>
                              <button>5</button>
                              <button>6</button>
                              <button class="btn_operator">x</button>
                    </div>
               <div class="btn_group">
                              <button>1</button>
                              <button>2</button>
                              <button>3</button>
                              <button class="btn_operator">-</button>
                    </div>
               <div class="btn_group">
                              <button>0</button>
                              <button>.</button>
                              <button class="btn_operator">=</button>
                              <button class="btn_operator">+</button>
                    </div>
               </div>
          </div>
     </div>
     <script src="js/calculator.js"></script>
</body>

</html>
```

保存页面，在浏览器中测试页面，如图 10-2 所示。

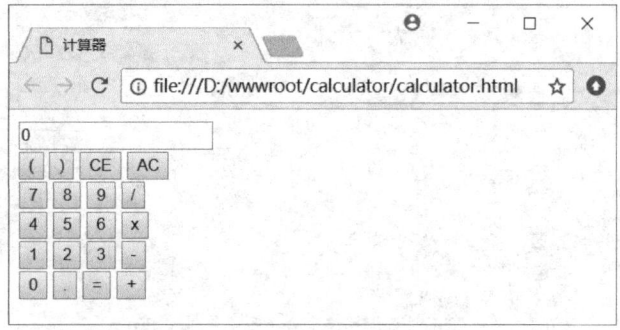

图10-2　计算器初始界面效果

10.4.2　编写 CSS 样式

在项目"css"文件夹中建立样式文件"calculator.css"，打开该文件编写计算器样式表，分别定义计算器容器类样式 calculator、计算器显示屏表单 input 样式、按钮样式 button、功能键类样式 btn_function 和操作符按键类样式 btn_operator，具体属性及值代码如下：

```
.calculator {
  width: 437px;
  height: 448px;
  margin: 20px auto;
  background-image: url('../img/calc-bg.png');
  background-color: #368590;
```

```
    border-radius: 5px;
    box-shadow: 0 2px 15px black;
    overflow: hidden;
    /*防止显示屏的阴影设置和整体计算器的阴影设置叠加*/
  }

  .calculator input {
    position: relative;
    border-radius: 5px;
    margin: 15px;
    width: 395px;
    height: 56px;
    text-align: right;
    font-size: 40px;
    padding: 0 .1em;
  }

  .calculator .btn_group {
    margin: 0 23px;
  }

  button {
    padding: .5em 1.2em;
    width: 90px;
    margin: 20px 2px 0;
    border: 1px solid rgba(0,0,0,.1);
    background: #58a linear-gradient(hsla(0,0%,100%,.2),transparent);
    border-radius: .2em;
    box-shadow: 0 .05em .25em rgba(0,0,0,.5);
    color: #fff;
    text-shadow: 0 -0.05em .05em rgba(0,0,0,.5);
    font-size: 22px;
    cursor: pointer;
    text-align: center;
    outline: none;
  }

  button::selection {
    color: #fff;
  }

  button:active {
    box-shadow: 0 0 5px 5px rgba(255, 255, 255,.3);
  }

  .btn_function {
    background: linear-gradient(to bottom, rgb(204, 0, 0) 0%, rgba(204, 0, 0,
1) 100%);
  }
```

```
.btn_operator {
  background: linear-gradient(to bottom, rgb(102, 187, 0) 0%, rgba(102, 187,
0, 1) 100%);
}
```

保存页面，在浏览器中测试页面，如图 10-3 所示。

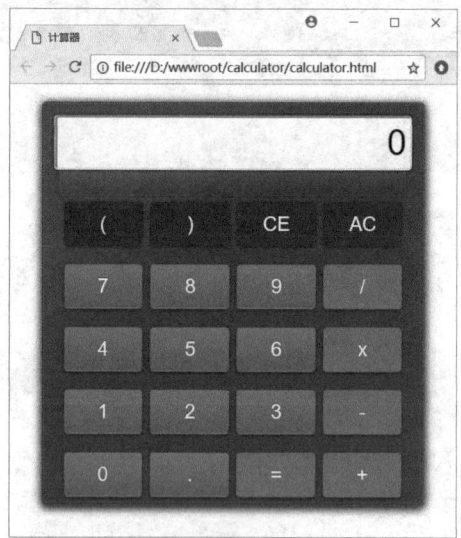

图10-3 套用样式的计算器界面效果

10.4.3 编写 JavaScript

在项目"js"文件夹中新建"calculator.js"文件，通过使用事件委托技术，在按键面板上绑定单击事件，通过事件对象来获取数字、操作符或者功能按键，构建计算表达式，然后使用 eval() 对表达式进行计算，并将计算结果写入表单元素 input，代码如下：

```
// 计算器按钮面板
var calcPanel = document.getElementById('calc-panel')
// 记录计算器显示屏上字符个数
var count = 0
// 判断显示屏中数字是否包含小数点
var hasDec = false
// 事件委托绑定单击事件
calcPanel.addEventListener('click', function (e) {
  var event = e || window.event
  var target = event.target
  // 只能在事件对象节点名称为 button 时才执行，排除了 div 的单击事件
  if (target.nodeName === 'BUTTON') {
    // 获取当前单击的按钮的字符作为操作的依据
    var btnValue = target.innerText
    // 获取计算器显示屏
    var result = document.getElementById('result')
    // 如果上次计算结果抛出了"计算错误"提示，用户未按清除 AC 键就放弃处理，直接返回
    if (result.innerText == '计算错误' && btnValue != 'AC') {
      return
```

```
    }
    // 如果单击清除（AC）键，重置显示屏显示为零
    if (btnValue == 'AC') {
      // 字符中小数点位数重置为无
      hasDec = false
      // 设置显示屏内容为 0
      result.value = '0'
      // 显示屏字符长度重置为 1
      count = 1
    } else if (btnValue == 'CE') {
      // 如果单击退格按钮且显示屏上已经有字符，删除当前显示的最后一位数
      if (result.value != '') {
        // 只有一个字符时直接改写为 0
        if (result.value.length === 1) {
          result.value = '0'
        } else {
          // 删除最后一个字符
          result.value = result.value.slice(0, -1)
        }
        // 字符长度减 1
        count--
      }
    } else if (btnValue == '=') {
      // 如果单击了等号 (=)，先保存屏幕内容
      var text = result.value
      if (!text) {
        // 屏幕无任何字符，直接返回
        return
      } else {
        // 如果屏幕中有 x，那么替换成我们用的*
        text = text.replace(/x/g, '*')
        var calcResult; // 缓存计算结果
        try {
          // 计算当前显示屏上字符串表达式的值
          calcResult = eval(text) + ''
          // 判断结果中是否有小数点
          if (calcResult.search(/\./) > 0) {
            // 如果存在小数点，则设置 hasDec 变量为真
            hasDec = true
            // 如果计算结果中有小数点并且小数点后超过五位则只保留五位小数
            if (calcResult.split('.')[1].length > 5) {
              calcResult = (+calcResult).toFixed(5)
            }
          }
          // 在屏幕上显示计算结果
          result.value = calcResult
          // 修改屏幕字符串长度计数器的值
          count = result.length
        } catch (e) {
          // 如果计算报错了就在屏幕上显示错误信息
          result.value = '计算错误'
        }
```

```
    }
  } else {
    // 如果单击的按钮不是数字键也不是小数点,则小数点为无
    if (isNaN(+btnValue) && btnValue != '.') {
      hasDec = false
    }
    // 如果当前数字中已经有小数点就不能重复添加,计算器不响应
    if (btnValue == '.') {
      if (hasDec) {
        return
      }
      // 表示当前数字已经有小数点了
      hasDec = true
    }
    // 如果屏幕上是 0,按数字键或者括号时把屏幕上的 0 删除
    if (result.value == '0' && (!isNaN(+btnValue) || btnValue == '(' ||
btnValue == ')')) {
      result.value = ''
    }
    // 动态显示用户的输入
    result.value += btnValue
    if (count++ >= 44) {
      // 如果字符太多了,弹出警告
      result.value = '输入的字符过多'
    }
  }
 }
})
```

10.4.4 测试页面

可以直接在本地测试页面,也可以通过 http-server 来测试,在浏览器中测试页面,效果如图 10-4 所示,用户通过单击数字键输入数值、小数点、运算符,然后构建表达式并计算结果。

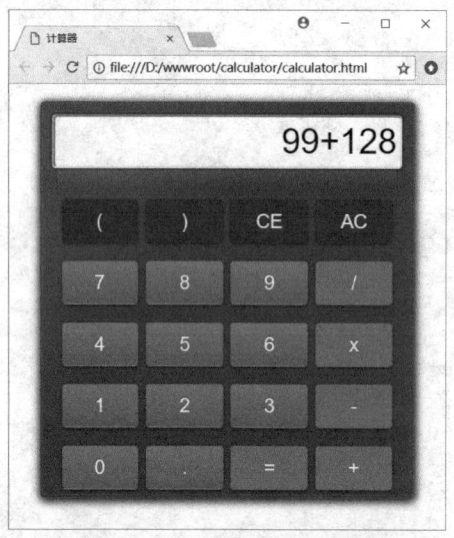

图10-4 计算器最终效果图

10.5 强化训练

参考本任务，查阅华氏温度和摄氏温度的转换公式，设计开发一款华氏温度和摄氏温度转换工具。

10.6 学习成果评量

等级		评分指标	得分
及格	P1.	能设计制作计算器表单结构	
	P2.	能设计编写计算器界面样式	
	P3.	能根据用户输入生成表达式并实现计算功能	
良好	M1.	能够根据项目需求局部修改计算器界面和计算规则	
优秀	D1.	能够根据项目需求定制计算器界面	
	D2.	能够根据项目需求定制计算器功能，实现特定计算类型	
评语			

Chapter
11

任务 11
投票

JavaScript

11.1 任务导入

投票是收集民意的一种方式，网络上有各种各样的投票模块，特别是微信投票、问卷星（https://www.wjx.cn/）、腾讯问卷（https://wj.qq.com/）等投票功能应用广泛，本任务主要运用闭包函数实现 Web 页面投票功能，完成后的效果如图 11-1 所示。

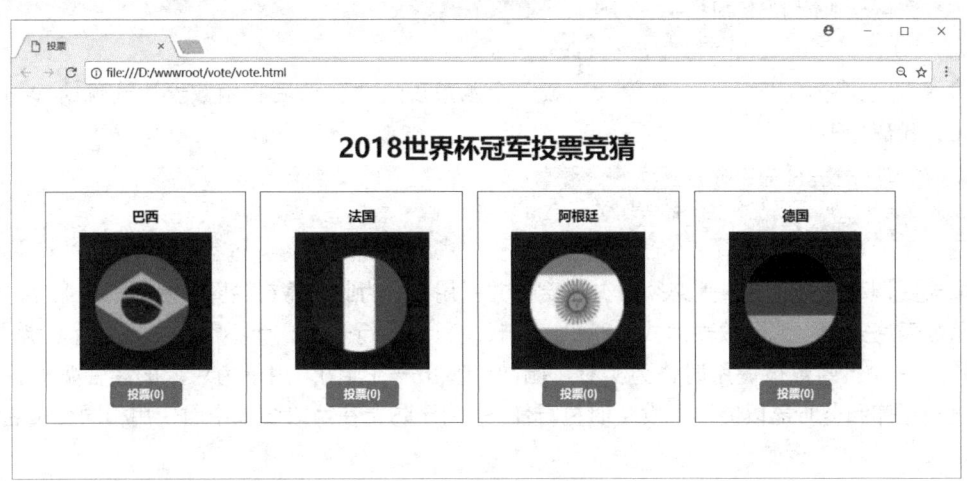

图11-1 投票页面效果

11.2 成果目标

本任务旨在理解闭包原理，掌握闭包函数的编写及应用场景，掌握投票的实现过程，熟悉前端页面开发的过程，熟悉 Visual Studio Coder 的使用，积累前端开发的经验，培养前端组件开发的意识和兴趣。

知识目标	技能目标	素质目标
1. 理解匿名函数 2. 理解函数作用域 3. 理解闭包函数	1. 编写投票 HTML 2. 编写投票 CSS 样式 3. 编写闭包函数	1. 遵循 Web 开发规范 2. 培养严谨的编程习惯 3. 培养分析和解决前端问题的能力 4. 培养演绎思维能力 5. 培养归纳思维能力

11.3 核心知识

11.3.1 匿名函数

函数将一系列执行特定任务的语句组成一个整体，方便管理（类似语句块），也方便控制执行时机（事件处理的调用函数），对象方法的功能与函数一样，只不过方法在对象内部创建。如果在不同的地方有些任务要重复执行，可以重用函数（而非重复一组相同的语句）。当函数只使用一次时，没必要给函数命名，直接使用匿名函数更为方便。匿名函数没有函数名称，因而不能被调用，在解释器经过时会立即运行，通常用于需要函数引用的地方，但引用仅需要一次时。匿名函数有利于减少函数名称冲突的风险，转换为匿名函数的过程如下：

```
window.onload=handler;
function handler(){
    alert("页面已经加载完毕！");
}
```

将函数定义中的 handler 删除，变成一个函数表达式，然后将函数表达式赋给 window. onload，代码如下：

```
window.onload=function(){
    alert("页面已经加载完毕！");
}
```

如果要调动匿名函数，则必须想办法定位并引用它，为此，需要给匿名函数取个名字。使用匿名函数表达式和立即函数表达式的时机：当代码只需运行一次，而不需要在多处反复调用时。这种情境有：当函数被调用时作为实参（函数计算出一个值），用于为对象的属性赋值，用于事件处理程序和监听器以便事件发生时执行任务，用于防止在两段脚本中因使用相同变量名产生冲突。

匿名函数指的是没有函数名称的函数，可以有效地避免全局变量的污染以及函数名的冲突问题。其语法格式如下：

```
function(){
//函数体
}
```

将匿名函数赋值给一个变量,这样就可以通过变量进行调用,这其实是函数定义的一种形式,示例代码如下:

```
var fn=function(a,b){
    return a*b;
}
consloe.log(fn(9,8));//输出 72
```

匿名函数自调用的示例代码如下:

```
(function(){
    alert("您好");
})();
```

匿名函数作为事件处理程序，把匿名函数赋值给某个对象的事件，示例代码如下:

```
window.onload=function(){
    alert("页面加载完毕！");
};
```

11.3.2 数据存取方式

在 JavaScript 中有字面量、本地变量、数组元素和对象成员四种基本的数据存储方式。

字面量只代表自身，不存储在特定位置。JavaScript 中的字面量有字符串、数字、布尔值、对象、数组、函数、正则表达式，以及特殊的 null 和 undefined 值。本地变量是开发人员使用关键字 var 定义的数据存储单元，数组元素存储在 JavaScript 数组对象内部，以数字作为索引，对象成员存储在 JavaScript 对象内部，以字符串作为索引。和其他编程语言一样，JavaScript 数据的存储位置会很大程度上影响读取速度。总体来说，字面量和局部变量的访问速度高于数组和对象成员的访问速度，所以尽量使用字面量和局部变量，减少使用数组和对象成员。

11.3.3　对象成员

在 DOM 和 BOM 对象编程中会非常频繁地访问对象成员。对象成员包括属性和方法，一个被命名的对象成员能包含任何数据类型，当然也包含函数。当一个被命名的成员引用了一个函数，该成员就被称为方法，而引用了非函数类型的成员称为属性。

JavaScript 的对象是基于原型的，原型是其他对象的基础，它定义并实现了一个新创建对象必须包含的成员列表，原型对象为所有对象实例所共享，因此这些实例也共享了原型对象的成员。对象通过一个内部属性 proto 绑定到它的原型，一旦创建了内置对象的实例，它们就会自动拥有一个 Object 实例作为原型。因此，对象可以有两种成员类型：实例成员和原型成员。实例成员直接存在于对象实例中，原型成员则从对象原型继承而来。

```
var book = {
  title: "高性能 JavaScript",
  publisher: "Yahoo!Press"
};
alert(book.toString());
```

book 对象有 title 和 publisher 两个实例成员，并没有定义 toString()方法，但这个方法却能使用，也没有抛出错误，方法 toString()是由对象 book 继承而来的原型成员。解析对象成员的过程与解析变量十分相似，当 book.toString()被调用时，会从对象实例开始搜索名为 toString 的成员，一旦没有找到，那么会继续搜索其原型对象，直到 toString()方法被找到并且执行。book 对象可以访问它原型中的每一个属性和方法。使用 book.hasOwnProperty("title")就可以判断对象是否包含特定的实例成员，传递给方法的参数名称为成员的名称。要确定对象是否包含特定的属性，可以使用 in 操作符搜索实例和原型，如 alert("title"inbook)。

对象的原型决定了实例的类型。默认情况下，所有对象都是对象（Object）的实例，并继承了所有基本方法，比如 toString()。可以使用构造函数来创建另一种类型的原型，代码如下：

```
function Book(title, publisher) {
  this.title = title;
  this.publisher = publisher;
}
Book.prototype.sayTitle = function () {
  alert(this.title);
}
var book1 = newBook("高性能 JavaScript", "Yahoo!Press");
book1.sayTitle();
```

构造函数创建的多个实例共享同一个原型，它们有着各自的 title 和 publisher 属性，而其他部分都继承自原型。原型链中存在的位置越深，找到它越慢。搜索实例成员比从字面量或局部变量中读取数据代价更高，再加上遍历原型链带来的开销，严重影响性能。只有在必要时使用对象成员，例如在同一个函数中没有必要多次读取同一个对象成员。

```
//element.className 要执行 2 次成员查找且值并未改变
function hasClass(element, className1, className2) {
  return element.className == className1 || element.className == className2;
}
//将 element.className 保存为局部变量来减少查找次数
function hasClass(element, className1, className2) {
  var elementClass = element.className;
  return elementClass == className1 || elementClass == className2;
}
```

通常在函数中如果要多次读取同一个对象属性，最佳做法是将属性值保存到局部变量中，以避免多次查找成员属性带来的性能开销，特别是处理嵌套的对象成员属性时，能明显提升执行速度，不推荐用于成员方法，因为许多对象方法使用 this 来判断执行环境，把一个对象方法保存在局部变量会导致 this 绑定到 window，而 this 值的改变会使 JavaScript 引擎无法解析它的对象成员，进而导致程序出错。

11.3.4　函数作用域

每个 JavaScript 函数都表示为 function 对象的一个实例，function 对象同其他对象一样，拥有可以编程访问的属性和不能通过代码访问而仅供 JavaScript 引擎存取的内部属性。内部属性 [[scope]] 包含了一个函数被创建的作用域中对象的集合，这个集合被称为函数的作用域链，它决定哪些数据能被函数访问。函数作用域中的每个对象被称为一个可变对象，每个对象都以"键值对"的形式存在。当一个函数创建后，它的作用域链会被创建此函数的作用域中可访问的数据对象所填充。执行函数会创建一个执行环境内部对象，一个执行环境定义了一个函数执行时的环境，具有独立性，每次调用同一个函数就会创建多个执行环境。每个执行环境都有自己的作用域链，用于解析标识符，作用域链初始化为当前运行函数的 [[scope]] 属性中的对象，这些值按照出现在函数中的顺序，被复制到执行环境的作用域链中。这一过程一旦完成，执行环境的活动对象就创建完毕。活动对象作为函数运行时的变量对象，包含了所有局部变量，命名参数、参数集合以及 this，然后活动对象被推入作用域链的最前端。当函数执行完毕，执行环境就被销毁，活动对象随之销毁。

在函数执行过程中，每遇到一个变量，都会经历一次标识符解析过程，以决定从哪里获取或存储数据。该过程搜索执行环境的作用域链，查找同名的标识符，搜索过程从作用域链头部开始（活动对象），不断搜索作用域的下一个对象，搜索过程会持续进行，直到找到标识符，若无法搜索到匹配的对象，那么标识符被视为未定义。搜索过程影响了性能，标识符所在的位置越深，它的读写速度也就越慢，函数中读写局部变量总是最快的，而读写全局变量通常是最慢的，全局变量总是存在于执行环境作用域的最末端，搜索路径最远。在没有优化 JavaScript 引擎的浏览器中，建议使用局部变量，一个好的经验法则是：如果某个跨作用域的值在函数中被引用一次以上，那么就把它存储到局部变量里，例如将 document 对象存储到一个局部变量中，然后使用这个局部变量代替全局变量。

11.3.5 闭包

闭包是 JavaScript 最强大的特性之一，它允许函数访问作用域之外的数据。通常来说，函数的活动对象会随着执行环境一同销毁，但引入闭包时，由于引用仍然存在于闭包的[[scope]]属性中，因此活动对象无法被销毁，这意味着脚本中的闭包与非闭包函数相比，需要更多的内存开销。

当闭包代码执行时，会创建一个执行环境，它的作用域链与内部属性[[scope]]中所引用的两个相同的作用域对象一起被初始化，然后一个活动对象为闭包自身所创建。闭包访问的所在函数的标识符位于闭包活动对象之后，频繁访问跨作用域的标识符会带来性能损失。在脚本编程中，最好小心地使用闭包，它同时关系到内存和执行速度，通常将常用跨域作用域变量存储在局部变量中，然后直接访问局部变量。

变量的作用域有两种：全局变量和局部变量。JavaScript 语言的特殊之处，就在于函数内部可以直接读取全局变量。函数的执行依赖于变量作用域，这个作用域是在函数定义时决定的，而不是函数调用时决定的。函数通常包含在函数内部定义的局部变量（包括形参），还可能包含不在本地定义的全局变量。对于函数体内的变量，如果既不是局部变量，也不是全局变量，便可肯定它来自包含当前函数的其他函数，可从环境中获取变量值。为了实现这种词法作用域，JavaScript 函数对象的内部状态不仅包含函数的逻辑代码，还必须引用当前的作用域链。函数对象可以通过作用域链相互关联起来，函数体内部的变量都可以保存在函数作用域内，这种特性在计算机科学文献中称为闭包。闭包函数就是嵌套结构的函数，在一个函数内定义一个函数。作为闭包的必要条件，内部函数应该访问外部函数中声明的私有变量、参数或其他内部函数。当上述的两个必要条件实现后，此时如果在外部函数外调用这个内部函数，它就成为闭包函数。

```
var n = 999;
function f1() {
  alert(n);
}
f1(); // 999
```

另一方面，在函数外部自然无法读取函数内的局部变量，代码如下：

```
function f1() {
  var n = 999;
}
alert(n);//error
```

这里有一个地方需要注意，函数内部声明变量的时候，一定要使用 var 命令，如果不用，则实际上声明了一个全局变量。如何从外部读取局部变量？出于种种原因，有时候需要得到函数内的局部变量。但是，前面已经说过了，正常情况下，这是办不到的，只有通过变通方法才能实现。那就是在函数的内部，再定义一个函数，代码如下：

```
function f1() {
  n = 999;
  function f2() {
    alert(n);//999
  }
}
```

在上面的代码中，函数 f2 就被包括在函数 f1 内部，这时 f1 内部的所有局部变量，对 f2 都是可见的，但是反过来就不行，f2 内部的局部变量，对 f1 就是不可见的。这就是 JavaScript 语言特有的"链式作用域"结构（chain scope），子对象会一级一级地向上寻找所有父对象的变量。所以，父对象的所有变量，对子对象都是可见的，反之则不成立。既然 f2 可以读取 f1 中的局部变量，那么只要把 f2 作为返回值，就可以在 f1 外部读取它的内部变量了。代码如下：

```
function f1() {
  n = 999;
  function f2() {
    alert(n);
  }
  return f2;
}
var result = f1();
result();//999
```

代码中的 f2 函数就是闭包，能够读取其他函数内部变量的函数。由于在 JavaScript 语言中，只有函数内部的子函数才能读取局部变量，因此可以把闭包简单理解成"定义在一个函数内部的函数"。所以，在本质上，闭包就是将函数内部和函数外部连接起来的一座桥梁。从技术角度讲，所有的 JavaScript 函数都是闭包，当一个函数嵌套了另外一个函数，外部函数将嵌套的函数对象作为返回值返回的时候往往会发生这种事情。闭包可以用在许多地方，如模拟面向对象的代码风格，表达代码更优雅、更简洁，在某些方面提升代码的执行效率，主要有两个：一个是读取函数内部的变量，另一个是让这些变量的值始终保持在内存中。

```
function f1() {
  var n = 999;
  nAdd = function () {
    n += 1
  }
  function f2() {
    alert(n);
  }
  return f2;
}
var result = f1();
result();//999
nAdd();
result();//1000
```

在这段代码中，result 实际上就是闭包 f2 函数。它一共运行了两次，第一次的值是 999，第二次的值是 1000。这证明了，函数 f1 中的局部变量 n 一直保存在内存中，并没有在 f1 调用后被自动清除。为什么会这样呢？原因就在于 f1 是 f2 的父函数，而 f2 被赋给了一个全局变量，这导致 f2 始终在内存中，而 f2 的存在依赖于 f1，因此 f1 也始终在内存中，不会在调用结束后，被垃圾回收机制（garbage collection）回收。

这段代码中另一个值得注意的地方，就是"nAdd=function(){n+=1}"，首先在 nAdd 前面没有使用 var 关键字，因此 nAdd 是一个全局变量，而不是局部变量。其次，nAdd 的值是一个匿名函数（anonymousfunction），而这个匿名函数本身也是一个闭包，所以 nAdd 相当于一个 setter，可以在函数外部对函数内部的局部变量进行操作。

　　使用闭包时需要注意：由于闭包会使得函数中的变量都被保存在内存中，内存消耗很大，所以不能滥用闭包，否则会造成网页的性能问题，在 IE 中可能导致内存泄露。解决方法是，在退出函数之前，将不使用的局部变量全部删除。闭包会在父函数外部改变父函数内部变量的值。所以，如果你把父函数当作对象（object）使用，把闭包当作它的公用方法（Public Method），把内部变量当作它的私有属性（private value），这时一定要小心，不要随便改变父函数内部变量的值。再看如下代码：

```
function a() {
  var i = 0;
  function b() {
    alert(++i);
  }
  return b;
}
var c = a();
c();
```

　　代码中函数 b 嵌套在函数 a 内部，函数 a 返回函数 b。这样在执行完"var c=a()"后，变量 c 实际上是指向了函数 b，再执行 c()后就会弹出一个窗口显示 i 的值（第一次为 1）。这段代码其实就创建了一个闭包，为什么？因为函数 a 外的变量 c 引用了函数 a 内的函数 b，也就是说，当函数 a 的内部函数 b 被函数 a 外的一个变量引用的时候，就创建了一个闭包。闭包的作用就是在 a 执行完并返回后，闭包使得 JavaScript 的垃圾回收机制 GC 不会收回 a 所占用的资源，因为 a 的内部函数 b 的执行需要依赖 a 中的变量。

11.3.6　闭包函数

　　在 JavaScript 中，内嵌函数可以访问定义在外层函数中的所有变量和函数，但是函数外部则不能访问函数的内部变量和嵌套函数。但可以使用"闭包"来实现。闭包的常见创建方式就是在一个函数内部创建另一个函数，通过另一个函数访问这个函数的局部变量，示例代码如下：

```
function outerFunction() {
  var counter = 0;//局部变量
  function innerFunction() {
    //内部函数可以访问上一层函数的局部变量
    return counter += 1;
  }
  return innerFunction;
}
var add = outerFunction();
console.log(add());//输出 1
console.log(add());//输出 2
console.log(add());//输出 3
```

　　调用 outerFunction()返回的是内部函数 innerFucntion，那么调用几次 outerFunction 就调用几次内部函数 innerFunction，内部函数公用了 counter，所以能够计数，所以说闭包函数就是将内部嵌套函数变成外部可调用的。

11.3.7 递归函数

递归函数是函数在自身的函数体内调用自身，使用递归函数时一定要当心，处理不当将会使程序进入死循环，递归函数只有特定的情况下使用，如处理阶乘问题。

11.4 任务实施

11.4.1 编写 HTML

在前端开发环境中新建项目文件夹"vote"，在该文件夹中新建"vote.html"文件，新建存放样式表的文件夹"css"、存放脚本的文件夹"js"和存放图片的文件夹"img"，打开"vote.html"文件，依据 HTML5 规范编写投票页面的 HTML 结构，页面字符集设置为 UTF-8，设置页面标题 title 为 "2018 世界杯冠军投票竞猜"，HTML 代码如下：

```html
<!DOCTYPE html>
<html>

<head>
    <meta charset="UTF-8">
    <title>投票</title>
    <link rel="stylesheet" href="css/vote.css">
</head>

<body>
    <div id="vote">
        <h1>2018 世界杯冠军投票竞猜</h1>
        <ul class="list">
            <li>
                <h3>巴西</h3>
                <img src="img/brazil.png" alt="" />
                <input type="button" value="投票(0)" />
            </li>
            <li>
                <h3>法国</h3>
                <img src="img/france.png" alt="" />
                <input type="button" value="投票(0)" />
            </li>
            <li>
                <h3>阿根廷</h3>
                <img src="img/Argentina.png" alt="" />
                <input type="button" value="投票(0)" />
            </li>
            <li>
                <h3>德国</h3>
                <img src="img/Germany.png" alt="" />
                <input type="button" value="投票(0)" />
            </li>
```

```
            </ul>
        </div>
        <script src="js/vote.js"></script>
</body>

</html>
```

保存页面，在浏览器中测试页面，效果如图 11-2 所示。

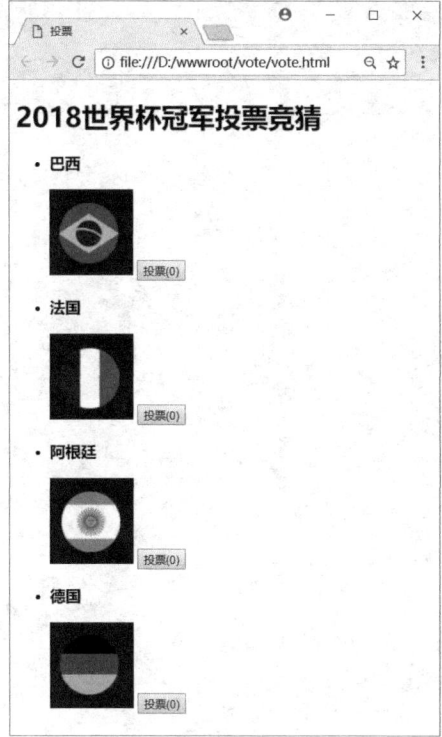

图11-2 投票页面原始效果

11.4.2 编写 CSS 样式

在 "css" 文件夹中新建样式表文件 "vote.css"，在该文件中定义样式，主要包括所有元素初始化样式*、投票组件容器#vote、无序列表 ul 样式、列表项 li 中标题、图片和按钮样式，最后定义浮动清除样式.clearfix，具体属性及值代码如下：

```
* {
  margin: 0;
  padding: 0;
}

#vote {
  width: 96%;
  margin: 0 auto;
  padding: 20px;
```

```
}

#vote h1 {
  font-size: 36px;
  text-align: center;
  margin: 1em auto;
}

#vote li {
  float: left;
  width: 280px;
  padding: 20px 0;
  margin-left: 20px;
  text-align: center;
  border: 1px solid black;
  list-style: none;
}

#vote img {
  width: 66.67%;
  height: auto;
  margin: 10px 0;
}

#vote input {
  background-color: #f60;
  color: #fff;
  padding: 6px 24px;
  font-size: 16px;
  font-weight: bold;
  line-height: 1.42857143;
  cursor: pointer;
  border: 1px solid #e75318;
  border-radius: 6px;
  outline: none;

}

.clearfix:after {
  content: ".";
  display: block;
  height: 0;
  clear: both;
  visibility: hidden;
}
```

11.4.3 编写 JavaScript

在 "js" 文件夹中新建脚本文件 "vote.js"，编写投票处理程序，实现当页面载入完成后，首先获取页面的投票按钮元素，然后遍历给各个按钮注册鼠标单击事件，单击发生时调用闭包函数，代码如下：

```
/* 获取投票按钮元素 */
var vote = document.getElementById('vote')
var btns = vote.getElementsByTagName('input')
/* 遍历投标按钮注册鼠标单击事件 */
for (var i = 0; i < btns.length; i++) {
  // 鼠标单击调用投票计数器函数
  btns[i].onclick = addCount()
}
function addCount () {
  var count = 0
  /* 定义闭包函数 */
  function fn () {
    /* 闭包函数内变量需要增加，所以函数体外的 count 不会被删除 */
    ++count
    /* this 在函数被调用的时候才能确定 */
    this.value = '投票(' + count + ')'
  }
  return fn
}
```

11.4.4　测试页面

可以直接在本地测试页面，也可以通过 http-server 来测试，页面效果如图 11-3 所示，单击相应的按钮给自己心仪的球队进行投票。

图11-3　投票界面

11.5　强化训练

结合本任务实施过程和相关技术，以"红芯浏览器，到底算不算国产？"为主题设计编写一个投票组件，实现投票和结果呈现，保存并测试你的页面。

11.6 学习成果评量

等级	评分指标	得分
及格	P1. 能设计投票 HTML 页面和样式表	
	P2. 能使用闭包函数实现投票的功能	
良好	M1. 能够根据项目需求修改投票界面	
优秀	D1. 能够根据项目需求定制投票功能	
评语		

Chapter
12

任务 12
折叠面板

JavaScript

12.1 任务导入

折叠面板非常适合在有限空间里显示大量信息，可以设置页面加载后，默认第一个列表项处于展开状态，用户可以单击折叠项目标题栏切换当前标题下的内容是否显示，本任务完成后的效果如图 12-1 所示。

图12-1　折叠面板效果图

12.2 成果目标

本任务旨在掌握折叠面板原理，掌握 DOM 元素选择、样式切换、显隐控制和事件处理等技术，熟悉 Visual Studio Coder 的使用，积累前端开发的经验，培养前端组件开发的意识和兴趣。

知识目标	技能目标	素质目标
1. 理解折叠面板 HTML 结构 2. 理解 nextElementSibling 使用场景	1. 设计折叠面板 HTML 2. 设计折叠面板 CSS 样式 3. 善用 for 循环 4. 善用 addEventListener 5. 善用对象 style 属性	1. 遵循 Web 开发规范 2. 培养严谨的编程习惯 3. 培养分析和解决前端问题的能力 4. 培养演绎思维能力 5. 培养归纳思维能力

12.3 核心知识

nextElementSibling

使用 nextSibling 属性返回指定节点之后的下一个兄弟节点，即相同节点树层中的下一个节点。要使 nextSibling 获取真正的下一个元素，可以选择参考元素后面的换行、空格等，确保被选择的元素与参考元素无空隙，或者使用 nextElementSibling 方法直接选择元素。nextSibling 属性与 nextElementSibling 属性的差别：nextSibling 属性返回元素节点之后的兄弟节点，包括文本节点（回车、换行、空格视为文本节点）、文本、注释节点等，nextElementSibling 属性只返回元素节点之后的兄弟元素节点（不包括文本节点、注释节点）。

12.4 任务实施

12.4.1 编写 HTML

在前端开发环境中新建项目文件夹"collapse"，在该文件夹中新建"collapse.html"文件，新建存放样式表的文件夹"css"和存放脚本的文件夹"js"，打开"collapse.html"文件，依据 HTML5 规范编写页面 HTML 结构，页面字符集设置为 UTF-8，页面标题为"问题知识列表-折叠面板"，整个折叠面板包含在 id 为 collapse 的 div 中，每组折叠项目由 h3 定义标题，div 存放具体内容，HTML 代码如下：

```
<!DOCTYPE HTML>
<HTML>

<head>
    <meta name="viewport" content="width=device-width, initial-scale=1">
    <title>问题知识列表-折叠面板</title>
    <link rel="stylesheet" href="css/collapse.css">
</head>

<body>
    <div id="collapse">
        <h2>问题知识列表</h2>
        <h3> 快递告知丢件，怎么处理？</h3>
        <div>
            <p>先货后款订单建议您重新下单购买，先款后货订单建议您提交退款申请；如您还
需要该商品，建议重新下单购买。</p>
        </div>

        <h3>配送过程中，物品损坏，怎么办？</h3>
        <div>
            <p>您好，分以下两种情况：</p>
            <p>1.签收前：您可以拒收商品；</p>
            <p> 2.签收后：如果您已经签收，建议您提交退换货申请，由专业的京东售后人员
为您处理。</p>
        </div>

        <h3> 为何物流显示签收，却没有收到？</h3>
        <div>
            <p>若订单物流信息中显示已签收，实际却没有收到货，可能存在以下几种情况：</p>
            <p>1、您的家人、朋友、公司前台、小区门卫等代收点帮忙代收，建议您优先查找
一下；</p>
            <p> 2、配送人员误操作已签收，建议您耐心等待配送人员为您送货；</p>
            <p>若您长时间未收货，京东自营商品建议您联系京东在线客服帮您查询原因，第三
```

方卖家商品请直接联系商家客服处理。</p>
                                                          </div>

```
        <h3>地址比较偏远，配送不到怎么办？</h3>
        <div>
            <p>非常抱歉，目前京东自营商品仅支持京东自营配送范围的送货服务，我们会不断
扩大我们的配送范围，提升我们的服务。建议您后期持续关注。</p>
        </div>

        <h3>商品一直没收到，怎么办？</h3>
        <div>
            <p>您好，您可以使用"我要催单"催办对应的订单。操作路径如下：</p>
            <p>登录电脑端京东商城首页—点击右上方的"客户服务"—进入帮助中心首页—选
择常用自助服务【我要催单】</p>
        </div>
        </li>

    </div>
    <script src="js/collapse.js"></script>
</body>

</HTML>
```

12.4.2 编写 CSS

在项目"css"文件夹中建立样式文件"collapse.css"，打开该文件编写计算器样式表，分别定义折叠面板容器类样式 collapse、折叠标题 h3 样式和折叠内容区 div 标签样式，具体属性及值代码如下：

```
#collapse {
  width: 80%;
  margin: 10px auto;
  list-style-type: none;
  color: #333;
}

#collapse h2 {
  border: 1px solid #0c5087;
  background: #1069af;
  font-weight: normal;
  color: #ffffff;
  margin: 0;
  padding: 8px;

}

#collapse h3 {
  display: block;
  cursor: pointer;
  position: relative;
```

```
  margin: 2px 0 0;
  padding: .5em .5em .5em .7em;
  font-size: 100%;
  border-top-left-radius: 3px;
  border-top-right-radius: 3px;
  border: 1px solid #c5c5c5;
  background: #f6f6f6;
  font-weight: normal;
  color: #454545;
}

#collapse h3.active {
  border: 1px solid #0c5087;
  background: #1069af;
  font-weight: normal;
  color: #ffffff;
}

#collapse div {
  display: none;
  padding: 4px;
}
```

12.4.3 编写 JavaScript

在项目"js"文件夹中建立新建"collaspe.js"文件，在折叠标题 h3 上绑定单击事件，单击事件发生后，设置当前标题 h3 为激活状态（应用 active 样式），同时切换当前 h3 节点的下一个兄弟元素的显隐状态，代码如下：

```
// 获得页面中所有折叠项目标题
var collapse = document.getElementById('collapse')
var title = collapse.getElementsByTagName('h3')
var content = collapse.getElementsByTagName('div')
// 通过循环绑定标题鼠标单击事件
for (var i = 0; i < title.length; i++) {
  title[i].addEventListener('click', function () {
    // 获取当前折叠项的内容窗口元素
    var current = this.nextElementSibling
    // 通过切换当前折叠项的 display 属性值为 block 来显隐当前折叠项的内容
    if (current.style.display == 'block') {
      current.style.display = 'none'
      this.className = ''
    } else {
      // 重置所有折叠项内容为隐藏
      for (var i = 0; i < content.length; i++) {
        content[i].style.display = 'none'
        content[i].previousElementSibling.className = ''
      }
      current.style.display = 'block'
      this.className = 'active'
```

```
    }
  })
}
```

12.4.4 测试页面

可以直接在本地测试页面，也可以通过 http-server 来测试，在浏览器中测试页面，效果如图 12-2 所示，用户可以单击折叠项目标题栏切换当前标题下的内容是否显示。

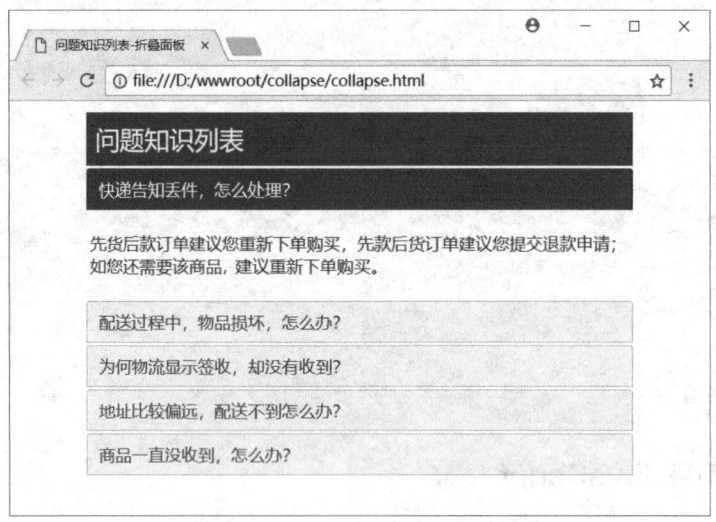

图12-2　折叠面板效果图

12.5 强化训练

参考本任务，访问微软网页 https://www.microsoft.com/zh-cn/download/faq.aspx，如图 12-3 所示，设计制作企业 FAQ 列表页面。

图12-3　微软FAQ页面

12.6 学习成果评量

等级	评分指标	得分
及格	P1. 能设计制作折叠面板结构	
	P2. 能设计编写折叠面板界面样式	
	P3. 能实现折叠面板的折叠和激活状态指示功能	
良好	M1. 能够根据项目需求局部定制折叠面板功能和效果	
优秀	D1. 能够根据项目需求定制折叠面板界面	
	D2. 能够根据项目需求定制折叠面板折叠和激活状态指示功能	
评语		

13
Chapter

任务 13
银行客服电话查询

JavaScript

13.1　任务导入

国内银行主要有中国银行、工商银行、建设银行、农业银行等，在办理银行相关业务时，可以查询各大银行的服务电话，先电话咨询后再选择合适渠道办理。本任务综合使用 Ajax+JSON 技术实现各大银行的服务电话查询功能，任务完成后如图 13-1 所示。

图13-1　银行客服电话查询模块效果图

13.2　成果目标

本任务旨在理解 Ajax 技术原理，掌握 Ajax 实现过程，掌握 JSON 数据格式，熟悉前端页面开发的过程，熟悉 Visual Studio Coder 的使用，积累前端开发的经验，培养前端组件开发的意识和兴趣。

知识目标	技能目标	素质目标
1. 列举 Ajax 应用场景 2. 理解 Ajax 原理 3. 理解 JSON 数据格式	1. 设计查询表单结构 2. 设计 CSS 样式 3. 开发 Ajax 模板 4. 处理 Ajax 响应数据	1. 遵循 Web 开发规范 2. 培养严谨的编程习惯 3. 培养分析和解决前端问题的能力 4. 培养演绎思维能力 5. 培养归纳思维能力

13.3　核心知识

13.3.1　Ajax 简介

Ajax（Asynchronous JavaScript and XML，异步的 JavaScript 和 XML）是一种利用 JavaScript 脚本与 XML 数据实现客户端与服务器端进行异步通信的方法，允许从服务器请求数据，在浏览器等待数据加载期间，用户仍然可以访问网页，服务器以 HTML、XML 或者 JSON 格式返回数据，并加载数据到页面特定部分，而无须刷新整个页面。数据通常会以 JavaScript 对象表示法（JavaScript Object Notation，JSON）的格式来进行发送。如 google 搜索表单的搜索词语提示（自动完成）、将商品加入购物车、注册表单的用户名称实时检查等均使用了 Ajax 技术。将新的内容加载到页面某一部分的功能可以提升用户体验，因为若仅仅更新页面的某一部分，用户就不必等待整个页面重新加载，这就直接导致单页面 Web 应用的崛起。最流行的 JavaScript 库 jQuery 简化了创建 Ajax 请求和处理服务器返回数据的过程。

Ajax 的主要技术构成有：① 基于标准的 HTML 结构和 CSS 样式；② 通过 DOM 实现动态显示和交互；③ 通过 XML 进行数据交换和处理；④ 使用 XMLHTTPRequest 对象进行异步通信，该对象提供了在客户端和服务器之间传输数据的功能，通过 URL 来获取数据，并且不会使整个页面刷新；⑤ 使用 JavaScript 实现以上技术整合。

13.3.2　Ajax 原理

当页面加载时，浏览器遇到<script>标签时会停止处理页面的其余部分，直到这段脚本被加载并处理完毕，这叫同步处理模型。使用场景如外部数据（如外汇牌价、人民币存贷款基准利率、天气预报等）时，浏览器不仅要等待脚本完成加载和处理，而且还要等待服务器返回请求的数据。使用了 Ajax，浏览器可以在向服务器请求发出后继续加载页面，处理用户与页面之间的交互，这便是异步处理模型。浏览器无须等待服务器请求的数据就可以展示页面。如果服务器响应并返回了数据，就会触发一个事件，再通过事件调用函数处理返回的数据即可。在页面已经加载完毕后，如果在不使用 Ajax 的情况下要更改用户所看到的内容，就需要刷新整个页面，刷新期间用户必须等待浏览器下载并渲染整个新页面。如果使用 Ajax 就无须刷新整个页面，可以单独更新对应元素的内容，更新的触发可以是用户单击链接或者提交表单等行为。在加载数据时，用户可以继续和页面的其余部分交互。一旦服务器响应请求，一个特殊的 Ajax 事件就会触发某段脚本，读取来自服务器的新数据并更新页面上的那一部分。因为不必刷新整个页面，数据加载起来就会更快，而且用户在等待期间还能继续访问页面。

Ajax 工作可分为请求和响应两大过程。请求是浏览器向服务器请求数据。该请求包含服务器所需的信息，就好比要向服务器发送数据的表单。浏览器实现了一个名为 XMLHttpRequest 的对象来处理 Ajax 请求。一旦请求发送完毕，浏览器就不再等待服务器的响应了。服务器接收到 Ajax 请求后，通过 PHP、NodeJS 等服务器端技术生成请求数据并以 XML、HTML 或者 JSON 格式返回，再由脚本转换为 HTML。当服务器完成请求的响应过程时，浏览器就会触发一个事件，进而触发 JavaScript 函数，该函数会处理数据并将其并入页面的某一部分，不会影响页面的其余部分。

使用 XMLHttpRequest 对象实现异步通信的步骤：① 定义 XMLHttpRequest 实例对象；② 调用 XMLHttpRequest 对象的 open()方法打开服务器端 URL 地址；③ 注册 onreadystatechange 事件处理函数，准备接收响应数据，并进行处理；④ 调用 XMLHttpRequest 对象的 send()方法发送请求。现代标准浏览器都支持 XMLHttpRequest 对象，在 IE5 和 IE6 浏览器中使用 Active XObject 组件形式定义了 XMLHttpRequest 对象，在 IE7.0+ 版本浏览器中标准化 XMLHttp Request 对象，允许通过 window 对象进行访问。现代标准浏览器都支持 XMLHttp Request 对象，所有的浏览器的 xmlhttprequest 对象都提供了相同的属性和方法。

13.3.3　HTTP 请求

HTTP（HyperText Transfer Protocol，超文本传输协议）是一种应用层协议，负责文本、图像、视频等超文本的传输。HTTP 由请求（Request）和响应（Response）两部分组成。HTTP

请求信息由请求行、消息报头、请求正文 3 部分组成。GET 是最常见的请求类型，最常用于向服务器查询某些信息。必要时可以将查询字符串参数追加到 URL 的末尾，以便将信息发送给服务器。POST 请求通常用于向服务器发送应该被保存的数据。POST 请求应该把数据作为请求的主体提交，而 GET 请求传统上不是这样。POST 请求的主体可以包含非常多的数据，而且格式不限。

13.3.4 HTTP 状态码

当浏览者访问一个网页时，浏览器会向网页所在服务器发出请求。当浏览器接收并显示网页前，此网页所在的服务器会返回一个包含 HTTP 状态码的信息头用来响应浏览器的请求。HTTP 状态码的英文为 HTTP Status Code。HTTP 状态码由三个十进制数字组成，第一个十进制数字定义了状态码的类型，后两个数字没有分类的作用。HTTP 状态码共分为 5 种类型：1** 为信息类，表示服务器已经接收请求，继续执行；2** 为成功，表示请求操作被成功接收并处理；3** 为重定向，需要进一步的操作以完成请求；4** 为客户端错误，请求包含语法错误或无法完成请求；5** 为服务器错误，服务器在处理请求的过程中发生了错误。

常见的 HTTP 状态码中，200 表示客户端请求成功，301 表示资源（网页等）被永久转移到其他 URL，404 表示请求的资源（网页等）不存在，500 表示内部服务器错误，如表 13-1 所示。

表 13-1 HTTP 状态码列表

状态码	中文描述
100	继续。客户端应继续其请求
101	切换协议。服务器根据客户端的请求切换协议。只能切换到更高级的协议，例如，切换到 HTTP 的新版本协议
200	客户端请求成功
201	已创建。成功请求并创建了新的资源
202	已接受。已经接受请求，但未处理完成
203	非授权信息。请求成功。但返回的 meta 信息不在原始的服务器，而是一个副本
204	无内容。服务器成功处理，但未返回内容。在未更新网页的情况下，可确保浏览器继续显示当前文档
205	重置内容。服务器处理成功，用户终端应重置文档视图
206	部分内容。服务器成功处理了部分 GET 请求
300	多种选择。请求的资源可包括多个位置，相应可返回一个资源特征与地址的列表用于用户终端选择
301	永久移动。请求的资源已被永久地移动到新 URI，返回信息会包括新的 URI，浏览器会自动定向到新 URI。今后任何新的请求都应使用新的 URI 代替
302	临时移动。与 301 类似。但资源只是临时被移动。客户端应继续使用原有 URI
303	查看其他地址。与 301 类似。使用 GET 和 POST 请求查看
304	未修改。所请求的资源未修改，服务器返回此状态码时，不会返回任何资源
305	使用代理。所请求的资源必须通过代理访问
306	已经被废弃的 HTTP 状态码
307	临时重定向。与 302 类似。使用 GET 请求重定向
400	客户端请求的语法错误，服务器无法理解
401	请求要求用户的身份认证
402	保留，将来使用

（续表）

状态码	中文描述
403	服务器理解请求客户端的请求，但是拒绝执行此请求
404	服务器无法找到客户端请求的资源
405	客户端请求中的方法被禁止
406	服务器无法根据客户端请求的内容特性完成请求
407	请求要求代理的身份认证，与 401 类似，但请求者应当使用代理进行授权
408	服务器等待客户端发送的请求时间过长，超时
409	服务器完成客户端的 PUT 请求是可能返回此代码，服务器处理请求时发生了冲突
410	客户端请求的资源已经不存在
411	服务器无法处理客户端发送的不带 Content-Length 的请求信息
412	客户端请求信息的先决条件错误
413	由于请求的实体过大，服务器无法处理，因此拒绝请求
414	请求的 URI 过长（URI 通常为网址），服务器无法处理
415	服务器无法处理请求附带的媒体格式
416	客户端请求的范围无效
417	服务器无法满足 Expect 的请求头信息
500	服务器内部错误，无法完成请求
501	服务器不支持请求的功能，无法完成请求
502	充当网关或代理的服务器，从远端服务器接收到了一个无效的请求
503	由于超载或系统维护，服务器暂时无法处理客户端的请求
504	充当网关或代理的服务器，未及时从远端服务器获取请求
505	服务器不支持请求的 HTTP 协议的版本，无法完成处理

13.3.5 定义 XMLHttpRequest 对象

XMLHttpRequest 对象提供了与服务器端进行通信的协议，浏览器可以通过 XMLHttp 达式 Request 对象向服务器发送请求，并使用 JavaScript 处理响应信息，然后在 DOM 中显示数据，如表 13-2 所示。

表 13-2　XMLHttpRequest 对象属性和方法

属性	说明
onreadystatechange	指定当 readyState 属性改变时的事件处理程序
readyState	返回当前请求的状态， 0：未初始化。对象已经建立，但是尚未初始化，尚未调用 open()方法 1：初始化。表示对象已经建立，尚未调用 send()方法 2：发送数据。表示 send()方法已经调用，但是当前的状态及 HTTP 头未知 3：数据传送中。已经接收部分数据，因为响应及 HTTP 头不全，这时通过 responseBody 和 responseText 获取部分数据会出现错误 4：完成。数据接收完毕，此时可以通过 responseBody 和 responseText 获取完整的响应数据

（续表）

属性	说明
Status	返回当前请求的 HTTP 状态码
statusText	返回当前请求的响应行状态
responseBody	返回正文信息
responseStream	以文本流的形式返回响应信息
responseText	以字符串的形式返回响应信息
responseXML	以 XML 数据的形式返回响应信息
open()	创建一个新的 HTTP 请求，并指定此请求的方法、URL 以及验证信息（用户名密码）
send()	发送请求到 HTTP 服务器并接收回应
getAllResponseHeaders()	获取响应的所有 HTTP 头信息
getResponseHeader()	从响应信息中获取指定的 HTTP 头信息
setRequestHeader()	单独指定请求的某个 HTTP 头信息
abort()	取消当前请求

13.3.6　建立 XMLHttpRequest 连接

创建 XMLHttpRequest 对象之后，就可以使用该对象的 open()方法建立一个 HTTP 请求。open()方法的语法如下：

```
XMLHttpRequest.open(method,url,async,user,password)
```

该方法包含 5 个参数，其中前 2 个参数是必须的，method 指定 HTTP 方法字符串，如 POT、GET 等，不区分大小写，url 指定请求的 URL 地址字符串，可以为绝对地址或相对地址，async 为可选参数，布尔值，指定请求是否为异步方式，默认为 true，当状态改变时会调用 onreadystatechange 属性指定的回调函数。user 为可选参数，如果服务器需要验证，该参数指定用户名，如果未指定，当服务器需要验证时，会弹出验证窗口。password 为可选参数，验证信息中的密码部分，如果用户名为空，则此值将被忽略。

发送 GET 请求时，只需将包含查询字符串的 URL 传入 open 方法，设置第一个参数值为"GET"即可，服务器能够在 URL 尾部的查询字符串中接收用户传递过来的信息。使用 GET 请求比较简单，也比较方便，它适合传递一些简单的信息，不易传输大容量或加密数据。查询字符串通过问号（？）前缀附加在 URL 的末尾，发送数据是以连字符（＆）连接的一个或多个名/值对。每个名称和值都必须在编码后才能用在 URL 中，用户使用 JavaScript 的 encodeURIComponent()函数对其进行编码，服务器端在接收这些数据时也必须使用 decodeURIComponent()函数进行解码。URL 最大长度为 2048 字符（2KB）。

POST 请求支持发送任意格式、任意长度的数据，一般多用于表单提交。与 GET 发送的数据格式相似，POST 发送的数据也必须进行编码，并用连字符（＆）进行分隔，在发送 POST 请求时，不会被附加到 URL 的末尾，而是作为 send()方法的参数进行传递。由于使用 GET 方式传递的信息量是非常有限的，而使用 POST 方式所传递的信息是无限的，且不受字符编码的限制，还可以传递二进制信息。传输文件以及大容量信息时多采用 POST 方式。另外，当发送安全信息或 XML 格式数据时，也应该考虑选用这种方法来实现。

建立连接之后，就可以使用 send()方法发送请求到服务器端，并接收服务器的响应。该方法的同步或异步方式取决于 open 方法中的 async 参数，如果为 false，此方法将会等待请求完成或者超时才会返回；如果为 true，此方法将立即返回。如果是异步请求（默认为异步请求），则此方法会在请求发送后立即返回；如果是同步请求，则此方法直到响应到达后才会返回。send()方法的语法如下：

```
XMLHttpRequest.send(data)
```

可选的参数 data 表示将通过该请求发送的数据，如果不传递信息，可以设置参数为 null，如果请求方法是 GET 或者 HEAD，则应将请求主体设置为 null。使用 XMLHttpRequest 对象的responseBody、responseStream、responseText、responseXML 属性接收响应数据。

13.3.7 跟踪状态

XMLHttpRequest 对象通过 readyState 属性实时跟踪异步交互状态。一旦当该属性发生变化时，就触发 readystatechange 事件，调用该事件绑定的回调函数。readyState 属性包括 5 个值，如表 13-3 所示。

表 13-3　readyState 属性值

返回值	说明
0	未初始化。表示对象已经建立，但是尚未初始化，尚未调用 open 方法
1	初始化。表示对象已经建立，尚未调用 send 方法
2	发送数据。表示 send 方法已经调用，但是当前的状态及 HTTP 头未知
3	数据传送中。已经接收部分数据，因为响应及 HTTP 头不全，这时通过 responseBody 和 IresponseText 获取部分数据会出现错误
4	完成。数据接收完毕，此时可以通过 responseBody 和 IresponseText 获取完整的响应数据

如果 readyState 属性值为 4，则说明响应完毕，那么就可以安全读取返回的数据。另外，还需要监测 HTTP 状态码，只有当 HTTP 状态码为 200 时，才表示 HTTP 响应顺利完成。在XMLHttpRequest 对象中可以借助 status 属性获取当前的 HTTP 状态码。如果 readyState 属性值为 4，且 status（状态码）属性值为 200，那么说明 HTTP 请求和响应过程顺利完成。

13.3.8 中止请求

使用 abort()方法可以中止正在进行的异步请求。在使用该方法前，应先清除 onreadystatechange 事件处理函数，因为 IE 和 Mozilla 在请求中止后也会激活这个事件处理函数，如果设置 onreadystatechange 属性为 null，则 IE 会发生异常，所以可以为它设置一个空函数然后再中止请求。

```
XMLHttpRequest.onreadystatechange=function(){};
XMLHttpRequest.abort();
```

13.3.9 Ajax 请求与响应模板

浏览器会使用 XMLHttpRequest 对象来创建 Ajax 请求对象 xhr（XMLHttpRequest 的缩写），xhr 的 open()方法会准备请求，包括 http 方法（get 或 post）、处理请求的页面地址和是否异步的布尔值。xhr 的 send()方法会将准备好的请求发送给服务器，同一个 XMLHttpRequest 对象会继续处理返回的结果，就会触发 readystatechange 事件，进而触发一个函数，当浏览器收到来自服务器的响应并将其载入时，该函数会检查 xhr 的 status 属性值，当服务器响应了任何请求时，它会返回一条状态消息来指示请求是否完成，200 表示服务器响应了请求，一切正常；304 表示没有变化，404 表示页面没有找到，500 表示服务器内部错误。以确保服务器的请求是正常的。

```
var xhr
if (window.XhrRequest) {
  // IE7+、Firefox、Chrome、Opera、Safari 浏览器执行代码
  xhr = new XhrRequest()
}else {
  // IE6、IE5 浏览器执行代码
  xhr = new ActiveXObject('Microsoft.XHR')
}
xhr.onreadystatechange = function () {
  if (xhr.readyState == 4 && xhr.status == 200) {
    codeName = JSON.parse(xhr.responseText)
    for (i in codeName) {
      if (codeName[i].code.length == 2) {
        province.add(new Option(codeName[i].name, codeName[i].code, null,
null))
      }
    }
  }
}
```

13.3.10　获取数据

XMLHttpRequest 对象通过 responseText、responseBody、responseStream、responseXML 属性获取响应信息，均为只读属性，如表 13-4 所示。

表 13-4　XMLHttpRequest 对象响应信息属性

响应信息	说明
responseBody	将响应信息正文以 UnsignedByte 数组形式返回
responseStream	以 ADOStream 对象的形式返回响应信息
responseText	将响应信息作为字符串返回
responseXML	将响应信息格式化为 XML 文档格式返回

在实际应用中，一般将格式设置为 XML、HTML、JSON 或其他纯文本格式。响应格式设置原则：如果向页面中添加大块数据时，选择 HTML 格式会比较方便；如果需要协作开发，且项目庞杂，选择 XML 格式会更通用；如果要检索复杂的数据，且结构复杂，那么选择 JSON 格式更轻便。XML 是使用最广泛的数据格式，因为 XML 文可以被很多编程语言支持，而且开发人员可以使用比较熟悉的 DOM 模型来解析数据。但是 XML 的缺点在于服务器的响应和解析 XML 数据的脚本可能变得相当冗长，查找数据时不得不遍历每个节点。

13.3.11　获取纯文本

对于简短的信息，有必要使用纯文本格式进行响应。但是纯文本信息在响应时很容易丢失，且没有办法检测信息的完整性。因为缺少元数据，元数据都以数据包的形式进行发送，不容易丢失。

13.3.12　使用 Ajax 加载 HTML

无论服务器返回的是 HTML、XML 还是 JSON，创建 Ajax 请求及检查文件是否可用的过程都是一样的。唯一不同的是如何处理返回的数据。要注意，浏览器只允许使用 Ajax 技术来加载和页面其他部分位于相同域名的 HTML。

设计响应信息为 HTML 字符串是一种常用方法，接收到的 HTML 数据会保存在 xhr 对象的 responseText 属性中，通过选择页面的将要包括新 HTML 的元素，使用 innerHTML 设置属性值为 xhr.responseText 来加载 Ajax 返回的 HTML。在某些情况下，HTML 字符串可能为客户端解析响应信息节省了一些 JavaScript 脚本，但是也可能存在响应信息中包含大量无用的字符，使响应数据变得很臃肿。因为 HTML 标记不含有信息，完全可以把它们放置在客户端由 JavaScript 脚本负责生成。响应信息中包含的 HTML 结构无法有效利用，对于 JavaScript 脚本来说，它们仅仅是一堆字符串。同时结构和信息混合在一起，也不符合标准设计原则。

13.3.13　使用 Ajax 加载 JSON

请求 JSON 数据与请求 HTML 数据相同，只是处理返回的 JSON 数据存在不同。当从服务器返回 JSON 数据时，数据以字符串形式来传递，在浏览器端使用 JSON 对象的 parse()方法将 JSON 对象转换为 JavaScript 对象（如 JSON.parse(xmlhttp.responseText)），JSON 对象是一个全局对象，无须创建它的实例就可以使用它。一旦完成 JSON 对象到 JavaScript 对象的转换，可以使用 for 循环生成的 JavaScript 对象的数据（用点来访问对象数据），仍然使用 innerHTML 设置属性来加载 Ajax 返回的数据。

通过 XMLHttpRequest 对象的 responseText 属性获取返回的 JSON 数据字符串，然后使用 eval 方法将其解析为本地 JavaScript 对象，再从该对象中读取任何想要的信息。在转换对象时，应该在 JSON 对象字符外面包含小括号运算符，表示调用对象。eval 方法在解析 JSON 字符串时存在安全隐患。如果 JSON 字符串中包含恶意代码，在调用回调函数时可能会被执行。解决方法是使用一种能够识别有效 JSON 语法的解析程序，当解析程序一旦匹配到 JSON 字符串中包含不规范的对象，会直接中断或者不执行其中的恶意代码。

13.3.14　获取 JavaScript 脚本

可以设计响应信息为 JavaScript 代码，这里的代码与 JSON 数据不同，它是可执行的命令或脚本。在转换时应在字符串前后附加两个小括号，一个是包含函数结构体的，另一个是表示调用函数的。一般很少使用 JavaScript 代码作为响应信息的格式，因为它不能够传递更丰富的信息，同时 JavaScript 脚本极易引发安全隐患。

13.3.15　使用 Ajax 加载其他服务器的数据

当一个资源从与该资源本身所在的服务器不同的域或端口请求一个资源时，资源会发起一个跨域 HTTP 请求。比如，站点 A 的某 HTML 页面通过<img>的 src 请求站点 B 上的图片资源。
网络上的许多页面都会加载来自不同域的 CSS 样式表、图像和脚本等资源，比如通过 CDN 加载
jQuery、前端框架 CSS 和 JS 文件。基于安全考虑，浏览器不允许加载来自其他域名的 Ajax 响
应（跨域请求），限制从脚本内发起的跨源 HTTP 请求（例如 XMLHttpRequest）意味着使用这
些 API 的 Web 应用程序只能从加载应用程序的同一个域请求 HTTP 资源。现在所有支持
JavaScript 的浏览器都会使用同源策略，这是由 Netscape 提出的一个著名的安全策略。常用的
变通方法有三种：Web 服务器上的代理文件、JSONP（JSON with Padding）和跨来源资源共
享（Cross-Origin Resource Sharing，CORS）。CORS 需要在 HTTP 头中添加额外信息，借此
让浏览器和服务器知道它们可以直接通信。CORS 是 W3C 规范，但只有最新的浏览器（Chrome4、
Firefox3.5、IE10、Safari4、Android2.1 和 iOS3.2）才提供支持。IE8 和 IE9 使用非标准的
XDomainRequest 对象来处理跨域来源请求。

13.3.16 获取头部信息

每个 HTTP 请求和响应的头部都包含一组消息，对于开发人员来说，获取这些信息具有重要
的参考价值。XMLHTTPRequest 对象提供了两个方法用于设置或获取头部信息，getAllResponse
Header()获取响应的所有 HTTP 头信息，getResponseHeade()从响应信息中获取指定的 HTTP
头信息。

13.3.17 JSONP 工作原理

首先，页面必须包含一个用来处理 JSON 数据的函数，然后使用<script>元素来向服务器请求处
理。服务器返回一个文件，调用该函数来处理数据。JSON 数据会作为参数传递给该函数，代码如下：

```html
<!DOCTYPE HTML>
<HTML>

<head>
    <meta charset="utf-8">
    <title>JSONP 模板</title>
</head>

<body>
    <div id="divCustomers"></div>
    <script>
        function callbackFunction(result, methodName) {
            var HTML = '<ul>';
            for (var i = 0; i < result.length; i++) {
                HTML += '<li>' + result[i] + '</li>';
            }
            HTML += '</ul>';
            document.getElementById('divCustomers').innerHTML = HTML;
        }
    </script>
    <script src="http://www.runoob.com/try/Ajax/jsonp.php?jsoncallback=
callbackFunction"></script>
    </body>

</HTML>
```

13.4 任务实施

13.4.1　编写 HTML

在前端开发环境中新建项目文件夹"query"，在该文件夹中新建"query.html"文件，新建存放样式表的文件夹"css"、存放脚本的文件夹"js"和存放 JSON 数据的文件夹"data"，打开"query.html"文件，依据 HTML5 规范编写银行客服电话查询页面的 HTML 结构，页面字符集设置为 UTF-8，页面标题 title 设置为"银行客服电话查询模块"，页面主要包含一个文本输入框 input 和显示查询结果的表格（table），HTML 代码如下：

```html
<!DOCTYPE html>
<html lang="en">

<head>
    <meta charset="UTF-8">
    <title>银行客服电话查询模块</title>
    <link rel="stylesheet" href="css/query.css">
</head>

<body>
    <div class="wrap">
        <h3>银行客服电话查询模块</h3>
        <div class="form-group">
            <label for="bankName">输入要查询的银行名称:</label>
            <input type="text" id="bankName" name="bankName" placeholder="
输入银行名称">
        </div>
        <table id="message"></table>
    </div>
    <script src="js/query.js"></script>
</body>

</html>
```

13.4.2　编写 CSS 样式

在项目"css"文件夹中建立样式文件"query.css"，打开该文件编写查询界面样式表，分别定义页面容器类样式 wrap、标题 h3 样式、表单输入框样式和查询结果表格输出样式，具体属性及值代码如下：

```css
* {
  margin: 0;
  padding: 0;
}

.wrap {
```

```
  width: 510px;
  margin: 15px auto;
  border: 1px solid #333;
}

.wrap h3 {
  background-color: #8ac007;
  text-align: center;
  padding: 6px 0;
  color: #fff;
}

.wrap .form-group {
  margin: 15px 60px;
}

.wrap input {
  display: inline-block;
  vertical-align: middle;
  width: auto;
  padding: .2em .4em;
  font-size: 1rem;
  line-height: 1.5;
  color: #495057;
  background-color: #fff;
  border: 1px solid #ced4da;
  border-radius: .25rem;
}

table {
  width: 90%;
  margin: 15px auto;
  border-collapse: collapse;
}

#message td,
#message th {
  border: 1px solid #333;
  text-align: center;
  padding: 6px;
  color: #333;
}
```

13.4.3　编写 JSON

在项目 "data" 文件夹中新建 "tel.json" 文件，使用大括号 "{}" 保存每家银行信息，各银行对象用逗号（,）分隔，使用中括号 "[]" 保存 15 家银行数据。JSON 数据中包括 2 个键/值对，bankName 保存银行名称，bankTel 保存银行电话，bankName 和 bankTel 间用逗号（,）分隔，在最后一个对象和对象中最后一个键值对后面不需要逗号。代码如下：

```
[
    {
        "bankName": "中国银行",
        "bankTel": "95566"
    },
    {
        "bankName": "工商银行",
        "bankTel": "95588"
    },
    {
        "bankName": "建设银行",
        "bankTel": "95533"
    },
    {
        "bankName": "农业银行",
        "bankTel": "95599"
    },
    {
        "bankName": "交通银行",
        "bankTel": "95559"
    },
    {
        "bankName": "光大银行",
        "bankTel": "95595"
    },
    {
        "bankName": "上海浦东发展银行",
        "bankTel": "95528"
    },
    {
        "bankName": "邮政储蓄",
        "bankTel": "95580"
    },
    {
        "bankName": "民生银行",
        "bankTel": "95568"
    },
    {
        "bankName": "中国银联",
        "bankTel": "95516"
    },
    {
        "bankName": "广东发展银行",
        "bankTel": "95508"
    },
    {
        "bankName": "深圳发展银行",
        "bankTel": "95501"
    },
    {
        "bankName": "招商银行",
```

```
        "bankTel": "95555"
    },
    {
        "bankName": "华夏银行客户",
        "bankTel": "95577"
    },
    {
        "bankName": "兴业银行",
        "bankTel": "95561"
    },
    {
        "bankName": "中信银行",
        "bankTel": "95558"
    }
]
```

13.4.4　编写 JavaScript

在项目"js"文件夹中新建"query.js"文件，通过使用 Ajax 技术，在输入表单 input 上绑定 change 事件，change 事件发生时触发 Ajax 事件，在处理过程中先获取表单值，如果为空则停止处理，不为空就继续执行 Ajax，通过比较 JSON 对象中的 bankName 属性和用户表单输入的值来查询结果，然后使用 eval()对 Ajax 返回的数据转换为 JavaScript 对象，使用 indexOf()实现模糊查询，并将计算结果写入表格，代码如下：

```
var input = document.getElementById('bankName')
var message = document.getElementById('message')
input.addEventListener('change', function () {
  var xhr
  var q = input.value
  if (q == '') {
    return
  }
  if (window.XMLHttpRequest) {
    // IE7+, Firefox, Chrome, Opera, Safari 浏览器执行代码
    xhr = new XMLHttpRequest()
  } else {
    // IE6, IE5 浏览器执行代码
    xhr = new ActiveXObject('Microsoft.XMLHTTP')
  }
  xhr.onreadystatechange = function () {
    if (this.readyState == 4 && this.status == 200) {
      var jsonDoc = eval(xhr.responseText)
      var table = '<tr><th>银行名称</th><th>客户电话</th></tr>'
      for (var i in jsonDoc) {
        if (jsonDoc[i].bankName.indexOf(q) >= 0) {
          table += '<tr><td>' + jsonDoc[i].bankName + '</td><td>' + jsonDoc[i].
bankTel + '</td></tr>'
        }
      }
      message.innerHTML = table
    }
```

```
    }
    xhr.open('GET', 'data/tel.json', true)
    xhr.send()
})
```

13.4.5 测试页面

通过 http-server 来测试,在资源管理器中定位到 jquery.html 文件所在目录,按住 Shift 键在空白处单击鼠标右键,打开命令窗口,通过"http-server –p80 –o"命令行启动 HTTP 服务器,此时浏览器地址为"http://127.0.0.1/query.html",如图 13-2 所示,用户在表单输入框中输入或者修改查询关键字,当表单失去焦点后,触发 change 事件,进行 Ajax 操作,操作结果写入预置的表格中,从而实现查询结果的刷新。

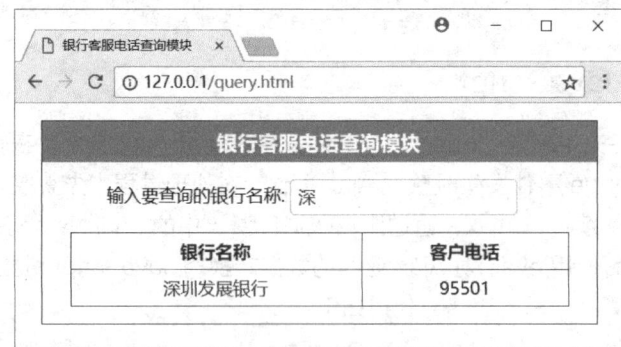

图13-2　银行客服电话查询模块效果图

13.5 强化训练

参考本任务,搜索中国银行各城市支行地址和电话,设计开发中国银行网点信息查询模块。

13.6 学习成果评量

等级	评分指标	得分
及格	P1. 能设计制作查询页面结构	
	P2. 能设计编写查询界面样式	
	P3. 能使用 Ajax 技术根据用户输入关键字进行 JSON 数据集查询	
良好	M1. 能够根据项目需求局部修改查询界面、触发条件和模糊匹配规则	
优秀	D1. 能够根据项目需求定制信息查询界面	
	D2. 能够根据项目需求定制 JSON 存储键值和匹配方式	
评语		

Chapter
14

任务 14
省、市、区联动菜单

JavaScript

14.1 任务导入

在 Web 界面中，涉及特别多选项时（如送货地址、图书分类号），要么提供用户关键词搜索查询功能，要么按信息的层级关系进行分层组织，而联动的下拉列表设计可以解决大量存在层级关联的信息的快捷选择问题，比如京东收货地选择组件。本任务综合使用 Ajax+JSON 技术实现在全国行政区域 JSON 中 47495 条的下拉列表组织，方便用户查询，任务完成后如图 14-1 所示。

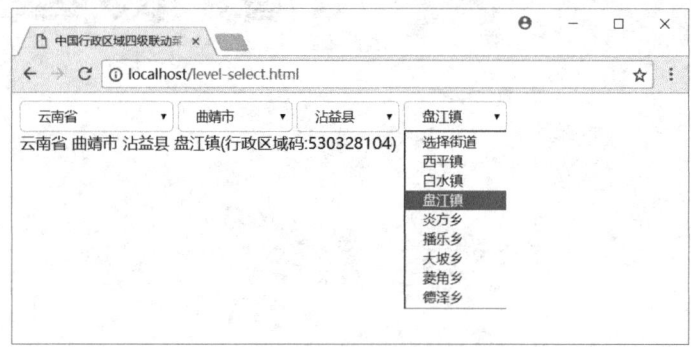

图14-1 中国行政区联动下拉列表效果图

14.2 成果目标

本任务旨在理解 Ajax 技术原理，掌握 Ajax 实现过程，掌握 JSON 数据操作，掌握下拉表单动态生成操作，熟悉前端页面开发的过程，熟悉 Visual Studio Coder 的使用，积累前端开发的经验，培养前端组件开发的意识和兴趣。

知识目标	技能目标	素质目标
1. 理解下拉列表结构 2. 理解列表项增删的方法 3. 理解 JSON 数据格式	1. 编写级联菜单 HTML 2. 编写级联菜单 CSS 样式 3. 编写 JSON 数据文档 4. 善用 Ajax 读取 JSON 数据 5. 善用 JavaScript 处理 JSON 数据 6. 根据表单值的变化生成和删除列表项	1. 遵循 Web 开发规范 2. 培养严谨的编程习惯 3. 培养分析和解决前端问题的能力 4. 培养演绎思维能力 5. 培养归纳思维能力

14.3 核心知识

14.3.1 下拉列表 select

select 元素用来创建下拉列表框，它包含两个或者两个以上的 option 元素。下拉列表框让用户在一个下拉列表中选择其中一个选项，其功能类似于单选按钮，如果希望用户一眼看到所有选项时，应该使用单选按钮。如果选项列表非常长时，可使用下拉列表。

name 特性指定这个表单控件的名称，此名称与用户选择的选项值一并发送到服务器。option 元素用于指定用户可以选择的选项。在起始标签<option>和结束标签</option>之间的文字将显示在下拉列表中。option 元素使用 value 属性来指定选项的值，如果该选项被选中，那么这个值将与控件的名称一并发送到服务器。selected 属性用来指定当页面加载时被选中的选项。selected 属性的值应该是 selected。如果未设置 selected 属性，页面加载时，下拉列表框中显示第一个选项。如果用户没有选择任何选项，那么列表中的第一个项目将作为这个控件的值被传送到服务器。

14.3.2 HTML DOM Option 对象

Option 对象代表 HTML 表单中下拉列表中的一个选项。创建下拉列表项目的语法如下：

```
newOption("表单项文本","表单项值",true,true)
```

第 3 和第 4 个参数分别表示默认被选中和有效。在 HTML 表单中，<option>标签每出现一次，一个 Option 对象就会被创建。可通过表单对象（select）的 options[]数组访问一个 Option 对象，或者通过使用 DOM 选择器，如表 14-1 所示。

表 14-1 Option 对象属性

属性	描述
defaultSelected	返回 selected 属性的默认值
disabled	设置或返回选项是否应被禁用
form	返回对包含该元素的<form>元素的引用
id	设置或返回选项的 id
index	返回下拉列表中某个选项的索引位置
label	设置或返回选项的标记（仅用于选项组）
selected	设置或返回 selected 属性的值
text	设置或返回某个选项的纯文本值
value	设置或返回被送往服务器的值

14.3.3 select add()方法

add()方法用于向下拉列表中添加一个 option 元素。语法如下：

```
selectObject.add(option,before)
```

option 为要添加的选项元素，必须是 option 或 optgroup 元素。before 为必需，在选项数组的该元素之前增加新的元素。如果该参数是 null，元素添加到选项数组的末尾。

14.3.4 JSON 简介

JSON（JavaScript Object Notation，JavaScript 对象表示法）是 JavaScript 的一个子集，与 JavaScript 数据语法相同，符合 ECMAScript 语法规范，JSON 数据实际上就是一段原生的 JavaScript 代码。JSON 随着 Ajax 出现而诞生的一种轻量级的文本数据交换格式，用于存储和交换文本信息，JSON 具有可读性好、层级清晰（值中存在值）、可通过机器生成和解析、可使用 AJAX 进行传输等优点，与 XML 不同之处，JSON 没有额外标签，更短，读写的速度更快，对于 Ajax 应用程序来说，JSON 比 XML 更快、更易使用。JSON 使用 JavaScript 语法来描述数据对象，但是 JSON 仍然独立于语言和平台。JSON 解析器和 JSON 库支持许多不同的编程语言，目前非常多的动态（PHP，JSP，.NET）编程语言都支持 JSON。JSON 比 XML 更小、更快、更易解析。JSON 是纯文本，JSON 文件的类型是".json"，JSON 文本的 MIME 类型是"application/json"。通常和 JavaScript 搭配使用，广泛用于各种 Web 应用程序。JSON 的缺点是语法要求严格，遗漏引号、逗号或者冒号会破坏整个文件，不支持变量、函数或类型实例。

14.3.5 JSON 语法

JSON 语法是 JavaScript 语法的子集。使用大括号"{}"保存对象，使用中括号"[]"保存数组。JSON 数据的书写格式是"名称/值对"，数据在名称/值对中，名称/值对包括字段名称（在双引号中），后面写一个冒号，然后是值，数据由逗号分隔，最后一个键值对后面不需要逗号。

JSON 值可以是数字（整数或浮点数）、字符串（在双引号中）、逻辑值（true 或 false）、数组（在中括号"[]"中）、对象（在大括号"{}"中）、null，也可以分为值、对象和数组 3 种类型的数据，不支持 JavaScript 的 undefined。JSON 可以是整型或者浮点型，数值可以直接引用，不需要添加引号，如{"age":30}。JSON 字符串必须使用双引号，不能够使用单引号，单引号易导致语法错误。对于特殊字符可以使用转义序列来表示。JSON 布尔值可以是 true 或者 false，直接使用，也不需要添加引号，如{"flag":true}。JSON 可以设置 null 值，如{"money":null}。在 JSON 数据中，分隔符（如空格、制表符和换行符）是不被解析的，因此可以在数据结构内任意位置增加空白，以实现对数据的格式化排版。

对象是无序的键值对集合，以大括号"{"开始，以"}"结束，每个键与值之间使用冒号":"进行分隔，键名必须添加双引号"""，键值对之间使用逗号","分隔。例如定义联系人 JSON 对象：

```
{
    "name": "赵建保",
    "phone": "1353876****",
    "wechat": "beyond"
}
```

如果使用 JavaScript 定义对象直接量，需要申明变量，但 JSON 中没有变量，也没有末尾的分号，因为这不是 JavaScript 语句，所以不需要分号。代码为：

```
var contact = {
  name: "赵建保",
  phone: "1353876****",
  wechat: "beyond"
};
```

属性的值可以是简单值，也可以是复杂类型值，在对象中嵌入对象，代码如下：

```
{
    "name": "赵建保",
    "book": {
```

```
        "name": "HTML5+CSS3 网页设计与布局模式项目教程",
        "author": "赵建保",
        "date": "2017 年 8 月",
        "publisher": "东软电子出版社"
    }
}
```

同一对象中绝对不应该出现两个同名属性。但在上面的 JSON 对象代码中，由于两个 name 属性分别属于不同的对象，定义正确。

数组是一组有序的值列表，以左中括号"["开始，以右中括号"]"结束，值之间使用逗号","分隔。JSON 采用 JavaScript 直接量的形式。数组的值也可以是任意类型，可以通过数字索引访问其中的值。JSON 数组也没有变量和分号。JSON 可以由无数个对象、数组嵌套组合而成，构成一个复杂的数据结构。

使用数组定义 JSON 数据的示例代码如下：

```
["赵建保","1353876****","beyond"]
```

使用 JavaScript 定义联系人对象数组的示例代码如下：

```
var contact=["赵建保","1353876****","beyond"];
```

14.3.6 JSON 与 XML 比较

下面 XML 文档保存了 2 本图书信息，代码如下：

```
<?xml versions="1.0" encoding= "utf-8" ?>
 <bookstore>
    <book>
       <title lang="cn">HTML5+CSS3 网页设计与布局模式项目教程</title>
       <author>赵建保</author>
       <date>2017.08</date>
       <publisher>东软电子出版社</publisher>
    </book>

    <book>
       <title 1ang="cn">网站建设教程（项目式）</title>
       <author>赵建保</author>
       <date>2010.12</date>
       <publisher>人民邮电出版社</publisher>
    </book>
</bookstore>
```

如果使用将前面 XML 转换为 JSON 数据表示 2 本图书信息，图书列表为 1 个数组，每本图书为一个对象，与 JavaScript 中其他数组或对象的写法相同，如果对象被包装在一个回调函数中，JSON 数据可以成为能够运行的 JavaScript 代码，JSON 代码如下：

```
[
  {
      "title": [
        {
            "lang": "cn"
```

```
        },
        "HTML5+CSS3 网页设计与布局模式项目教程"
    ],
    "author": "赵建保",
    "date": "2017.08",
    "publisher": "东软电子出版社"
},
{
    "title": [
        {
            "lang": "cn"
        },
        "网站建设教程(项目式)"
    ],
    "author": "赵建保",
    "date": "2010.12",
    "publisher": "人民邮电出版社"
}
]
```

JSON 与 XML 比较：①可读性，XML 数据严格遵循 XMLDOM 模型规范，而 JSON 严格遵循 JavaScript 语法，两者可读性均较好；②可扩展性，XML 数据通过自定义标签，可以设计更复杂的数据嵌套结构，而 JSON 通过数组和对象的嵌套组合也能够模拟任意 XML 数据结构，两者都具有超强的扩展性；③编码难度，XML 有丰富的编码工具（如 Dom4j、JDom 等），JSON 也有 json.org 提供的工具，但是 JSON 编码明显比 XML 容易，即可以不使用工具而手写 JSON 代码，但是要手写 XMIL 文档就非常低效；④解码难度，XML 数据解析需要考虑结构层次以及节点关系，解析难度大，而 JSON 数据不存在解析难度。JSON 是一个轻量级并易于解析的数据格式，它按照 JavaScript 对象和数组字面语法来编写代码。

14.3.7 访问 JSON 对象值

将 JSON 对象传递给 JavaScript 变量，构成 JavaScript 的数组或者对象，然后使用点号（.）来访问对象的值，如：

```
var contact= {"name":"赵建保","phone":"1353876****", "wechat":"beyond"};
alert(contact.name);
```

也可以使用中括号（[]）来访问对象的值，如：

```
var contact ={"name":"赵建保","phone":"1353876****", "wechat":"beyond"};
alert(contact["name"]);
```

14.3.8 遍历 JSON 对象

可以使用 for-in 来循环对象的属性，代码如下：

```
var contact = {"name":"赵建保","phone":"1353876****", "wechat":"beyond"};
for (x in contact) {
    document.getElementById("demo").innerHTML += contact[x] + "<br>";
}
```

14.3.9　修改 JSON 值

可以使用点号(.)或者中括号([])来修改 JSON 对象的值，代码如下：

```
contact.name= "张成";
contact ["name"] = "张成";
```

14.3.10　删除对象属性

可以使用 delete 关键字来删除 JSON 对象的属性，如 delete contact.name，也可以使用中括号([])来删除 JSON 对象的属性，如 delete contact ["name"]。

14.3.11　解析 JSON 对象

JSON 通常用于与服务端交换数据。客户端接收到的服务器数据一般是字符串。从服务端接收 JSON 数据。可以使用 Ajax 从服务器请求 JSON 数据，并解析为 JavaScript 对象。JSON 解析方法共有 eval()和 JSON.parse()两种，eval()在解析字符串时，会执行该字符串中的代码，由于解析一个 JSON 字符串会造成原 value 的值改变，也可能包含恶意代码，应尽可能使用 JSON.parse()方法解析字符串本身。该方法可捕捉 JSON 中的语法错误，并允许传入一个函数，用来过滤或转换解析结果。ECMAScript 5 提供一个全局的 JSON 对象，用于序列化和反序列化。可以使用 JSON.parse()方法将 JSON 数据转换为 JavaScript 对象，把 JSON 格式的文本转换成一个 ECMAScript 值（如对象或者数组）。语法为：JSON.parse(text[,reviver])。参数 text 表示一个有效的 JSON 字符串，最后返回一个对象或数组。reviver 可选，如果指定了 reviver 函数，将为对象的每个成员调用此函数，则解析出的 JavaScript 值（解析值）会经过一次转换后才将被最终返回。解析值本身以及它所包含的所有属性，会按照一定的顺序（从最里层的属性开始，一级一级往外，最终到达顶层，也就是解析值本身）分别去调用 reviver 函数，在调用过程中，当前属性所属的对象会作为 this 值，当前属性名和属性值会分别作为第一个和第二个参数传入 reviver 中。如果 reviver 返回 undefined，则当前属性会从所属对象中删除，如果返回了其他值，则返回的值会成为当前属性的新属性值。JSON.parse()不允许用逗号作为结尾。实例如下：

```
JSON.parse('{"1": 1, "2": 2,"3": {"4": 4, "5": {"6": 6}}}', function (k, v) {
    console.log(k);     //从内向外的顺序遍历输出属性名
    return v;           //返回原始属性值，相当于没有传递 reviver 参数。
});
```

当遍历到最顶层的值（解析值）时，传入 reviver 函数的参数会是空字符串""，函数的遍历顺序依照从最内层开始，按照层级顺序，依次向外遍历。

14.3.12　JSON.stringify()

JSON 通常用于与服务端交换数据。客户端在向服务器发送数据时一般是字符串。可以使用 JSON.stringify()方法将 JavaScript 对象转换为 json 格式的字符串，从而可以从浏览器中将 Javascript 对象发送给其他应用程序。语法：JSON.stringify(value[, replacer[, space]])。参数 value 为必需，指定一个要转换的 JavaScript 值，通常为对象和数组。replacer 可选，用于转换结果的函数或数组。如果 replacer 为函数，在序列化过程中被序列化值的每个属性都会经过该函数的转换和处理。如果此函数返回 undefined，则排除成员。根对象的键是一个空字符串：""。如果 replacer 是一个数组，则仅转换该数组中具有键值的成员。成员的转换顺序与键在数组中的顺序一样。当 value 参数也为数组时，将忽略 replacer 数组。space 可选，文本添加缩进、空格和换行符，如果 space 是一个数字，则返回值文本在每个级别缩进指定数目的空格，如果 space 大于 10，则文本缩进 10 个空格。space 可以使用非数字，如 "\t" 则返回值文本在每个级别中缩进字符串中的字符。

14.3.13 JSON 转换为 JavaScript 对象

JavaScript 函数 eval()函数会将传入的字符串当作 JavaScript 代码执行，必须把文本包含在括号中，这样才能避免语法错误，在网页中使用 JavaScript 对象。语法为 eval(string)，参数 string 表示 JavaScript 表达式、语句或一系列语句的字符串。表达式可以包含变量以及已存在对象的属性。eval()返回值为计算字符串，并执行其中的 JavaScript 代码的结果。

eval() 是全局对象的一个函数属性，参数是一个字符串。如果字符串表示的是表达式，eval()会对表达式进行求值。如果参数表示一个或多个 JavaScript 语句，那么 eval()就会执行这些语句。注意不要用 eval()来执行一个算术表达式，因为 JavaScript 可以自动为算术表达式求值。如果以字符串的形式构造算术表达式，则可以用 eval()随后对其求值。如果 eval()的参数不是字符串，eval()会将参数原封不动地返回。

14.4 任务实施

14.4.1 编写 HTML

在前端开发环境中新建项目文件夹"level-select"，在该文件夹中新建"level-select.html"文件，新建存放样式表的文件夹"css"、存放脚本的文件夹"js"和存放 JSON 数据的文件夹"data"，打开"level-select.html"文件，依据 HTML5 规范编写中国行政区域四级联动表单页面的 HTML 结构，页面字符集设置为 UTF-8，页面标题 title 设置为"中国行政区域四级联动菜单"，页面主要包含一个 id 为 level-select 的 div，在该 div 中定义了与省、市、区县和街道相对应的 4 个下拉列表框 select，页面还包含了一个 id 为 address 的 div，在该 div 中将显示用户各级选择的结果和该街道的行政区域码，HTML 代码如下：

```html
<!DOCTYPE html>
<html>

<head>
    <meta charset="UTF-8">
    <meta name="viewport" content="width=device-width, initial-scale=1.0">
    <meta http-equiv="X-UA-Compatible" content="ie=edge">
    <title>中国行政区域四级联动菜单</title>
    <link rel="stylesheet" href="css/level-select.css">
</head>

<body>
```

```
<form action="">
    <div class="level-menu">
        <select name="province" id="province">
            <option value="">选择省、市和特区</option>
        </select>
        <select name="city" id="city">
            <option value="">选择城市</option>
        </select>
        <select name="area" id="area">
            <option value="">选择区县</option>
        </select>
        <select name="community" id="community">
            <option value="">选择街道</option>
        </select>
    </div>
</form>
<div id="address">
    <span></span>
    <span></span>
    <span></span>
    <span></span>
</div>
<script src="js/level-select.js"></script>
</body>
</html>
```

在浏览器中测试，效果如图 14-2 所示。

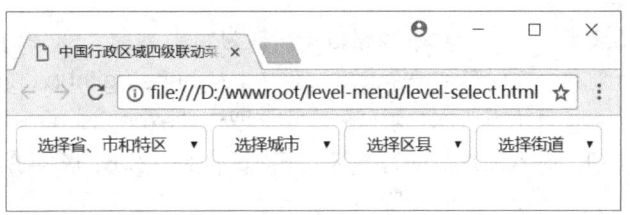

图14-2　联动列表效果图

14.4.2　编写 CSS

在项目“css”文件夹中建立样式文件“level-select.css”，打开该文件编写表单样式表，主要定义了下拉列表 select 的样式，具体属性及值代码如下：

```
select{
    /*清除 select 聚焦时候的边框颜色 */
    outline: none;
    /*将 select 的宽高等于 div 的宽高 */
    width: auto;
    height: 30px;
    line-height: 30px;
    padding: 0 1em;
    background-color: #FFFFFF;
```

```
    border-radius: 5px;
    border: solid 1px #CFCFCF;
    cursor: pointer;
}
```

14.4.3　JSON 数据准备

从中华人民共和国民政部官网（http://www.mca.gov.cn/article/sj/xzqh/2018/）下载中国行政区域数据，通过处理得到全国街道乡镇级以上行政区划代码表，最好以 Excel 格式整理，如图 14-3 所示。

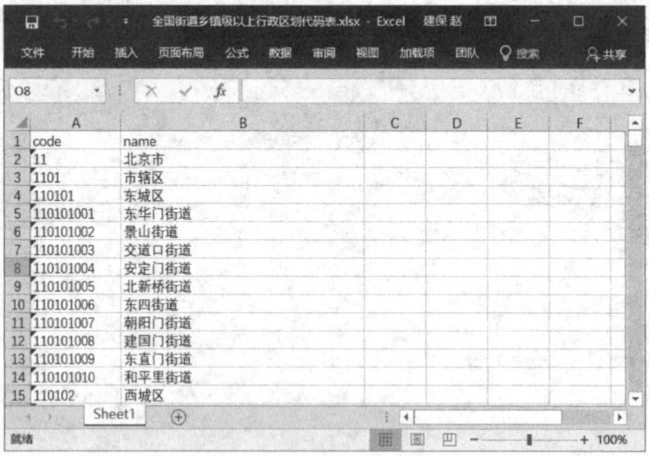

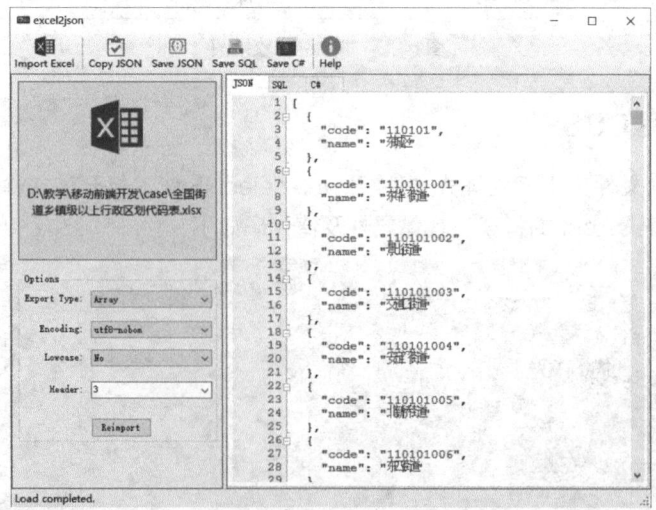

图14-3　全国街道乡镇级以上行政区划代码Excel表

为方便 Web 数据处理，需将 Excel 表格数据转换为 json 对象。excel2json 可以把 Excel 的表格数据转换成 json 对象，并保存到一个文本文件中。从 https://github.com/neil3d/excel2json/releases 下载 excel2json 可执行版本，解压到本地，双击"excel2json.exe"启动转换工具，单击"ImportExcel"按钮，导入处理好的行政区划 Excel 文件，如图 14-4 所示。

图14-4　excel2json界面

单击"Sava JSON"保存转换好的 JSON 文件为"china-code.json"，数据准备完毕。

14.4.4　编写 JavaScript

在项目"js"文件夹中新建"level-select.js"文件，通过使用 Ajax 技术，在下拉列表初始化时，先获取该层级的所有选项，并添加为当前列表项目 option，再在 4 级下拉列表 select 上绑定 change 事件，change 事件发生时触发 Ajax 事件，获取下拉列表，选择并添加为列表项，并实时将用户选择的选项值提取并显示在 id 为 address 的容器中，代码如下：

```javascript
var province = document.getElementById('province')
var city = document.getElementById('city')
var area = document.getElementById('area')
var community = document.getElementById('community')
var address = document.getElementById('address').getElementsByTagName('span')
var codeName = null
var xmlhttp
if (window.XMLHttpRequest) {
  // IE7+、Firefox、Chrome、Opera、Safari 浏览器执行代码
  xmlhttp = new XMLHttpRequest()
} else {
  // IE6、IE5 浏览器执行代码
  xmlhttp = new ActiveXObject('Microsoft.XMLHTTP')
}
xmlhttp.onreadystatechange = function () {
  if (xmlhttp.readyState == 4 && xmlhttp.status == 200) {
    codeName = JSON.parse(xmlhttp.responseText)
    for (i in codeName) {
      if (codeName[i].code.length == 2) {
        province.add(new Option(codeName[i].name, codeName[i].code, null,
null))
      }
    }


    // 创建默认的省级下拉列表
    province.addEventListener('change', function () {
      for (i in codeName) {
        if (codeName[i].code.length == 4 & codeName[i].code.substring(0, 2)
== province.value.substring(0, 2)) {
          city.add(new Option(codeName[i].name, codeName[i].code, null, null))
        }
      }
      address[0].innerText = province.options[province.selectedIndex].text
      address[1].innerText = ''
      address[2].innerText = ''
      address[3].innerText = ''
    })


    // 创建市级下拉列表
```

```
    city.addEventListener('change', function () {
      var thisValue = this.value
      console.log(thisValue)
      for (i in codeName) {
        if (codeName[i].code.length == 6 & codeName[i].code.substring(0, 4)
== thisValue.substring(0, 4)) {
          area.add(new Option(codeName[i].name, codeName[i].code, null, null))
        }
      }
      address[1].innerText = city.options[city.selectedIndex].text
      address[2].innerText = ''
      address[3].innerText = ''
    })

    // 创建区级下拉列表
    area.addEventListener('change', function () {
      var thisValue = this.value
      console.log(thisValue)
      for (i in codeName) {
        if (codeName[i].code.length == 9 & codeName[i].code.substring(0, 6)
== thisValue.substring(0, 6)) {
          community.add(new Option(codeName[i].name, codeName[i].code, null,
null))
        }
      }
      address[2].innerText = area.options[area.selectedIndex].text
      address[3].innerText = ''
    })
    // 创建区级下拉列表
    community.addEventListener('change', function () {
      address[3].innerText = community.options[community.selectedIndex].text
+ '(行政区域码:' + this.value + ')'
    })
  }
}

xmlhttp.open('GET', 'data/china-code.json', true)
xmlhttp.send()
```

14.4.5 测试页面

通过 http-server 来测试，在资源管理器中定位到 "level-select.html" 文件所在目录，按住 Shift 键在空白处单击鼠标右键，打开命令窗口，通过 "http-server-p80-o" 命令行启动 HTTP 服务器，此时浏览器地址为 "http://127.0.0.1/level-select.html"，效果如图 14-5 所示，在下拉列表初始化时，界面显示了省和直辖市的选择项，当选择其中某项时，会触发 Ajax 执行从 JSON 文件中查询显示所有下级行政区划，并将用户选择的结果写入界面，从而实现了查询结果的刷新。

图14-5　全国联动下拉列表效果图

14.5　强化训练

　　参考本任务，搜索中国银行各城市支行的地址和电话，设计开发中国银行网点信息联动查询下拉表单。

14.6　学习成果评量

等级	评分指标	得分
及格	P1. 能设计制作下拉列表页面结构	
	P2. 能设计编写下拉列表界面样式	
	P3. 能使用 Ajax 技术根据用户下拉列表选择项进行 JSON 数据集查询	
良好	M1. 能够根据项目需求局部修改查询界面和触发条件	
优秀	D1. 能够根据项目需求定制下拉列表联动界面	
	D2. 能够根据项目需求定制 JSON 存储键值和匹配方式	
评语		

Chapter

15

任务 15
滚动监听

JavaScript

15.1　任务导入

在手机版淘宝网中进入具体商品页面，当向下拉动时，会根据滚动条位置自动滑动到宝贝、评价、详情和推荐；类似的，百度百科进入百科词条后，会出现该词条的滚动导航效果。运用 JavaScript 可制作这一滚动监听效果。本任务将模仿百度百科，实现类似的效果。

15.2　成果目标

本任务旨在理解滚动监听原理，掌握元素位置动态获取，掌握元素状态操控技术，熟悉 Visual Studio Coder 的使用，积累前端开发的经验，培养前端组件开发的意识和兴趣。

知识目标	技能目标	素质目标
1. 理解滚动监听原理 2. CSS 脚本化 3. 访问 CSS 行内样式 4. 使用 styleSheets 对象 5. 计算样式 6. 元素尺寸 7. window.scrollY	1. 编写页面结构 2. 编写 CSS 样式 3. 编写 JSON 4. 编写 JavaScript	1. 遵循 Web 开发规范 2. 培养严谨的编程习惯 3. 培养分析和解决前端问题的能力 4. 培养演绎思维能力 5. 培养归纳思维能力

15.3　核心知识

15.3.1　滚动监听

滚动监听是一种非常流行的前端交互技巧。当我们在浏览某些较长的页面时，滚动监听能够获知用户阅读的进度，并在侧边的导航栏中实时显示当前所处位置，同时提供了导航到各个部分的链接。这一技巧能够有效地提升页面的用户体验，使用户不会迷失在冗长的页面内容中，并有助于快速地实现阅读位置的跳转。如今，在许多网站中都使用了滚动监听，在百度百科（http://baike.baidu.com）频道，当阅读某个词条的详细信息时，在页面右侧将出现一个导航栏，它将根据用户的阅读进度动态刷新位置指示，如图 15-1 所示。

15.3.2　CSS 脚本化

CSS 脚本化是网页特效的基础，可以实现网页对象的显隐、变形、运动、特效、交互等动态样式。如果配合 HTML5、CSS3、Ajax 和 jQuery 等新技术，网页设计的交互性会更加细腻、逼真，大幅提升 Web 应用的用户体验。CSS 样式包括外部样式、内部样式和行内样式 3 种形式。在 DOM2 级规范中，针对这些样式的机制提供了一套 API，与 CSS 相关的规范都包含在 StyleSheets、CSS 和 CSS2 这 3 个模块中。

图15-1　百度百科滚动监听

15.3.3　访问 CSS 行内样式

任何支持 style 属性的 HTML 标签，在 JavaScript 中都有一个对应的 style 属性。HTML 对象的 style 属性是一个可读可写的 CSS2 属性对象，表示一组 CSS 样式属性及其值，它为 CSS 规范定义的每一个 CSS 属性都定义了一个 JavaScript 属性。这个 style 对象包含了通过 HTML 的 style 属性设置的所有 CSS 样式信息，但不包含样式表中的样式。因此，使用元素的 style 属性只能访问行内样式，包括通过 JavaScriptstyle 属性设置的样式，不能访问样式表中的样式信息。

style 对象可以通过 cssText 属性返回行内样式的字符串表示。字符串中去掉了包围属性和值的花括号，以及元素选择器名称。除了 cssText 属性外，style 对象还包含每一个与 CSS 属性一一映射的脚本属性（需要浏览器支持）。这些脚本属性的名称与 CSS 属性的名称对应，但是为了避免 JavaScript 语法错误而进行了一些改变。含有连字符的多词属性在 JavaScript 中会删除这些连字符，以驼峰式命名法重新命名 CSS 的脚本属性名称，如 font-family 改写为 fontFamily，再如 border-right-color 改写为 borderRightColor。

使用 CSS 脚本属性时，应该注意：①由于 float 是 JavaScript 保留字，禁止使用，因此使用 cssFloat 表示 float 属性的脚本名称；②在 JavaScript 中，所有 CSS 属性值都是字串，必须加上引号，以表示字符串数据类型；③CSS 样式声明结尾的分号不能够作为属性值的一部分被引用，JavaScript 脚本中的分号只是 JavaScript 语法规则的一部分，不是 CSS 声明中分号的引用，声明中的属性值和单位都必须作为值的一部分，完整地传递给 CSS 脚本属性，省略单位则所设置的脚本样式无效；④在脚本中可以动态设置属性值，但最终赋给属性的值应是一个字符串，例如 elementNode.style.top=top+"px"；⑤如果没有为 HTML 标签设置 style 属性，那么 style 对象中可能会包含一些属性的默认值，但这些值并不能准确地反映该元素的样式信息。DOM2 级样式规范为 style 对象定义了一些属性和方法，说明如下。

- cssText：访问 HTML 标签中 style 属性的 CSS 代码。
- length：元素定义的 CSS 属性的数量。
- parentRule：表示 CSS 的 CSSRule 对象。
- getPropertyCSSValue()：返回包含给定属性值的 CSSValue 对象。
- getPropertyPriority：返回指定 CSS 属性中是否附加了 !immortant 优先级命令。
- item()：返回给定位置的 CSS 属性的名称。
- getPropertyValue()：返回元素给定样式属性（CSS 属性，非 CSS 脚本属性名）的字符串值。
- removeProperty()：从样式中删除给定属性的样式声明。
- setProperty()：将给定样式属性设置为相应的值，并加上优先权标志。

可以使用 cssText 读取全部行内样式字符串，然后使用 String 的 split 方法把字符串拆为数组，使用 for-in 语句遍历数组，逐一读取每个样式，再使用 split 方法拆分属性和属性名称，代码如下：

```
<body>
    <div id="box" style="color:#f00;background-color: coral;float: right;">
style 属性</div>
    <script>
        var box = document.getElementById("box");
        var str = "";
        attrs = box.style.cssText.split(";");
        for (var i = 0 in attrs) {
            str += i + ":" + attrs[i] + "<br>";
        }
        box.innerHTML = str;
    </script>
</body>
```

15.3.4 使用 styleSheets 对象

使用 document 对象的 styleSheets 属性可以访问样式表，包括<style>标签定义的内部样式表（非 style 属性），以及使用<link>标签或@import 命令导入的外部样式表。styleSheets 包含了文档中所有样式表，每个数组元素代表一个样式表，数组的索引位置是根据样式表在文档中的位置决定的。每个 style 标签包含的所有样式表示一个内部样式表，每个独立的 CSS 文件表示一个外部样式表。styleSheets 对象为每一个样式表定义了一个 cssRules 对象，用来包含指定样式表中所有的规则（样式）。但是 IE 不支持 cssRules 对象，而支持 rules 对象表示样式表中的规则。

为了兼容主流浏览器，在使用前应该检测用户所使用浏览器的类型，以便调用不同的对象，代码如下：

```
var cssRules=document.stylesheets[0].cssRulesIIdocument.stylesheets[0].rules
```

以上代码先判断测览器是否支持 cssRules 对象，如果支持则使用 cssRules（非 IE 浏览器），否则使用 rules（IE 浏览器）。

15.3.5 计算样式

在 Web 页面中使用 CSS 有行内样式（内联样式）、内嵌式、链接式、导入式 4 种方式。代码如下：

```
/* 行内样式写在 html 标签中的 style 属性中 */
<div style="width:100px;height:100px;"></div>
<style type="text/css">
/* 内嵌式写在 style 标签中 */
div{
    width:100px;
    height:100px
}
</style>
/* 链接式即为用 link 标签引入 css 文件 */
<link href="test.css" type="text/css" rel="stylesheet" />
/* 导入式即为用 import 引入 css 文件 */
@import url("test.css")
```

CSS 样式能够重叠和继承，这会导致当一个对象被定义了多个样式后，显示的效果未必都是某个样式所设计的效果。也就是说，某个位置定义样式与显示样式并非完全重合。DOM 定义了一个方法帮助用户快速检测当前对象的显示样式，不过 IE 和标准 DOM 之间实现的方法不同。如果想用 javascript 获取一个元素的样式信息，首先想到的应该是元素的 style 属性。但是元素的 style 属性仅仅代表了元素的内联样式，如果一个元素的部分样式信息写在内联样式中，一部分写在外部的 css 文件中，通过 style 属性是不能获取到元素的完整样式信息的。因此，需要使用元素的计算样式才能获取元素的样式信息。用 window 对象的 getComputedStyle 方法来获取一个元素的计算样式，此方法有 2 个参数，第一个参数为要获取计算样式的元素，第二个参数可以是 null、空字符串、伪类（如 before 和 after 等），这两个参数都是必需的，获取到的颜色属性都是以 rgb(R,G,B) 格式返回的。getComputedStyle 方法在 IE8 以及更早的版本中没有实现，IE 浏览器定义了一个 currentStyle 对象，该对象是一个只读对象，包含了文档内所有元素的 style 对象定义的属性，以及任何未被覆盖的 CSS 规则的 style 属性。可以自定义扩展函数，实现兼容 IE 和标准浏览器，实现方法：函数参数设计为当前元素（e）和元素属性名（n），函数返回值为该元素的样式的属性值。例如：

```
<!DOCTYPE html>
<html>

<head>
    <meta charset="UTF-8">
    <meta name="viewport" content="width=device-width, initial-scale=1.0">
    <meta http-equiv="X-UA-Compatible" content="ie=edge">
    <title>Document</title>
```

```html
    <style type="text/css">
        #box {
            width: 300px;
            height: 300px;
            background-color: red;
            font-size: 28px;
            color: #fff;
        }
    </style>
</head>

<body>

    <div id="box" style="background-color: #f0f;"></div>
    <script>
        var box = document.getElementById("box");
        box.innerHTML = getStyle(box, "backgroundColor");
        //参数 e 为元素, n 为脚本样式的属性名, 如 width、borderColor
        //返回值: 返回该元素 e 的样式属性 n 的值
        function getStyle(e, n) {
            if (e.style[n]) {
                //如果在 style 对象中存在, 说明已显式定义, 则返回这个值
                return e.style[n];
            }
            else if (e.currentStyle) {
                //否则, 如果是 IE 浏览器, 则利用它的私有方法读取当前值
                return e.currentStyle[n];
            }
            // 如果是支持 DOM 标准的浏览器, 则利用 DOM 定义的方法读取样式属性值
            else if (window.getComputedStyle) {
                n = n.replace(/([A-Z])/g, "-$1");
                //转换参数的属性名
                n = n.toLowerCase();
                var s = window.getComputedStyle(e, null);
                //获取当前元素的样式属性对象, 对象存在
                if (s)
                    return s.getPropertyValue(n);
                //则获取属性值
            }
            //如果都不支持, 则返回 null
            else {
                return null;
            }
        }
    </script>
</body>

</html>>
```

如果用 box.style 来获取样式信息，则 box.style.width 肯定是为空的，因为 width 属性并不是通过 div 元素的 style 属性来定义的。同时，style 属性中并不包含元素的样式属性的默认值。元素的计算样式是只读的，如果想设置元素样式，还得用元素的 style 属性，这也是元素 style 属性的真正用途。

15.3.6 元素尺寸

使用 offsetWidth 和 offsetHeight 属性可以获取元素的尺寸，其中 offsetWidth 表示元素在页面中所占据的总宽度，offsetHeight 表示元素在页面中所占据的总高度。不同浏览器对于 offsetWidth 和 offsetHeight 属性的解析标准是不同的，同时复杂的显示环境会导致在不同场合下所呈现的效果迥异。在某些情况下，用户需要精确计算元素的尺寸，这时候可以选用一些 HTML 元素特有的属性，这些属性虽然不是 DOM 标准的一部分，但是由于它们获得了所有浏览器的支持，所以在 JavaScript 开发中还是被普遍应用。元素尺寸属性说明如表 15-1 所示。

表 15-1　元素尺寸属性

元素尺寸属性	说明
clientWidth	获取元素可视部分的宽度，即 CSS 的 width 和 padding 属性值之和，元素边框和滚动条不包括在内，也不包含任何可能的滚动区域
clientHeight	获取元素可视部分的高度，即 CSS 的 height 和 padding 属性值之和，元素边框和滚动条不包括在内，也不包含任何可能的滚动区域
offsetWidth	元素在页面中占据的宽度总和，包括 width、padding、border 以及滚动条的宽度
oftsetHeigh	元素在页面中占据的高度总和，包括 height、padding、border 以及滚动条的高度
scrollWidth	当元素设置了 overflow:visible 样式属性时，元素的总宽度。也有人把它解释为元素的滚动宽度。在默认状态下，如果该属性值大于 clientWidth 属性值，则元素会显示滚动条，以便能够翻阅被隐藏的区域
scrollHeight	当元素设置了 overflow:visible 样式属性时，元素的总高度。也有人把它解释为元素的滚动高度。在默认状态下，如果该属性值大于 clientHeight 属性值，则元素会显示滚动条，以便能够翻阅被隐藏的区域

15.3.7 window.scrollY

window.scrollY 返回文档在垂直方向已滚动的像素值。语法如下：

```
var y=window.scrollY;
```

y 是文档从顶部开始滚动过的像素值。为了跨浏览器兼容，请使用 window.pageYOffset 代替 window.scrollY。另外，旧版本 IE（<9）两个属性都不支持，必须使用其他非标准属性。完整的兼容性代码如下：

```
var supportPageOffset = window.pageXOffset !== undefined;
var isCSS1Compat = ((document.compatMode || "") === "CSS1Compat");
var x = supportPageOffset ? window.pageXOffset : isCSS1Compat ? document.
documentElement.scrollLeft : document.body.scrollLeft;
var y = supportPageOffset ? window.pageYOffset : isCSS1Compat ? document.
documentElement.scrollTop : document.body.scrollTop;
```

15.4　任务实施

15.4.1　编写 HTML

在前端开发环境中新建项目文件夹"scroll-spy"，在该文件夹中新建"scroll-spy.html"文件，新建存放样式表的文件夹"css"和存放脚本的文件夹"js"，打开"scroll-spy.html"文件，依据 HTML5 规范编写百度百科页面的 HTML 结构，页面字符集设置为 UTF-8，页面标题 title 设置为"百度百科–滚动监听"，页面主要包含一个 id 为 scroll-nav 的 div，在该 div 中生成滚动监听导航菜单，页面还包含了一个 class 为 wrap 的 div，在该 div 中存放了页面图文内容，HTML 代码如下，因篇幅原因，部分段落省略：

```
<!DOCTYPE html>
<html lang="en">

<head>
    <meta charset="UTF-8">
    <title>百度百科-滚动监听</title>
    <link rel="stylesheet" href="css/scroll-spy.css">
</head>

<body>
    <div id="scroll-nav">
        <ul></ul>
    </div>
    <div class="wrap">
        <h1>人工智能</h1>
        <h2>定义详解</h2>
        <p>
            人工智能的定义可以分为两部分，即"人工"和"智能"。"人工"比较好理解，
争议性也不大。有时我们要考虑什么是人力所能及制造的，或者人自身的智能程度有没有高到可以创造人
工智能的地步，等等。但总的来说，"人工系统"就是通常意义下的人工系统。 </p>
        本节以下段落省略
        <h2>研究价值</h2>
        <p>具有人工智能的机器人，例如繁重的科学和工程计算本来是要人脑来承担的，如今计
算机不但能完成这种计算，而且能够比人脑做得更快、更准确，因此当代人已不再把这种计算看作"需要
人类智能才能完成的复杂任务"，可见复杂工作的定义是随着时代的发展和技术的进步而变化的，人工智
能这门科学的具体目标也自然随着时代的变化而发展。它一方面不断获得新的进展，另一方面又转向更有
意义、更加困难的目标。</p>
        本节以下段落省略
        <h2>发展阶段</h2>
        <p>1956 年夏季，以麦卡赛、明斯基、罗切斯特和申农等为首的一批有远见卓识的年轻
科学家在一起聚会，共同研究和探讨用机器模拟智能的一系列有关问题，并首次提出了"人工智能"这一
术语，它标志着"人工智能"这门新兴学科的正式诞生。IBM 公司"深蓝"电脑击败了人类的世界国际象
棋冠军更是人工智能技术的一个完美表现。</p>
        本节以下段落省略
        <h2>实现方法</h2>
```

```
        <p>人工智能在计算机上实现时有 2 种不同的方式。一种是采用传统的编程技术，使系统
呈现智能的效果，而不考虑所用方法是否与人或动物机体所用的方法相同。这种方法叫工程学方法。
    </p>
    </div>
    <script src="js/scroll-spy.js"></script>
</body>

</html>
```

15.4.2 编写 CSS 样式

在项目"css"文件夹中建立样式文件"scroll-spy.css"，打开该文件编写表单样式表，主
要定义了页面背景图片、页面容器类样式 wrap、页面标题和导航菜单样式，具体属性及值代码
如下：

```css
body {
  background: url('../img/bg.jpg') no-repeat fixed 100% 100%;
  margin: 0;
}

.wrap {
  width: 66.67%;
  margin: 0 auto;
  padding: 1em;
  background-color: #fff;
}

.wrap h1 {
  margin: 0;
  padding: 1em 0;
}

.wrap p {
  line-height: 1.8;
  text-indent: 2em;
  text-align: justify;
  text-justify: inter-ideograph;
}

#scroll-nav {
  position: fixed;
  right: 30px;
  top: 50%;
}

#scroll-nav ul {
  margin: 0;
  padding: 0;
  list-style: none;
}
```

```
#scroll-nav li a {
  display: block;
  color: #fff;
  text-decoration: none;
  font-size: 18px;
  line-height: 1.5;
  padding-left: 15px;
  border-bottom: 1px solid rgba(255, 255, 255,0.2);
}

#scroll-nav li a.active:before {
  content: '';
  position: absolute;
  left: -4px;
  width: 0;
  height: 0;
  border-width: 9px;
  border-style: solid;
  border-color: transparent transparent transparent rgb(0, 134,241);
}

#scroll-nav li a.active {
  color: rgb(0, 134,241);
  border-bottom: 1px solid rgb(0, 134,241);
}
```

15.4.3　编写 JavaScript

在项目"js"文件夹中新建"scroll-spy.js"文件，通过使用 getElementsByTagName 自动找出所有导航菜单标题项，自动生成导航菜单项目，然后监听 scroll 事件，当 window.scrollY 达到特定标题区域时，更新导航菜单中的当前标题样式，代码如下：

```
//获取所有正文中标签为 h2 的导航项目
var h2s = document.getElementsByTagName("h2");
//获取监听导航菜单容器
var scrollNav = document.getElementById("scroll-nav");
//创建存储导航标题项目的存储数组
var h2position = [];
//根据正文 h2 标签自动生成左侧导航列表
for (var i = 0, len = h2s.length; i < len; i++) {
    h2s[i].setAttribute("id", "chap" + i);
    var newList = document.createElement("li");
    var link = document.createElement("a");
    var linkText = document.createTextNode(h2s[i].innerText);
    link.setAttribute("href", "#chap" + i);
    link.setAttribute("id", "link" + i);
    link.appendChild(linkText);
    newList.appendChild(link)
    scrollNav.appendChild(newList);
```

```
        h2position[i] = h2s[i].offsetTop;
        console.log(h2position[i]);
}
//获取所有导航项目
var navLink = scrollNav.getElementsByTagName("a");
//监听滚动位置，并根据滚动位置设置对应的导航菜单样式
window.addEventListener("scroll", function () {
    var curPosition = window.scrollY + 150;
    for (var i = navLink.length - 1; i > -1; i--) {
        navLink[i].className = "";
    }
    var h2positionTemp = [];
    h2position.map(function (x) {
        h2positionTemp.push(Math.abs(x - curPosition));
    })
    var index = h2positionTemp.indexOf(Math.min.apply(null, h2positionTemp));
    navLink[index].className = "active";
})
```

15.4.4　测试页面

可以直接在本地测试页面，也可以通过 http-server 来测试，在浏览器中测试页面，效果如图 15-2 所示，用户可以单击右侧导航菜单跳转到正文相应标题区，也可以通过滚动条直接滚动阅读，到达特定标题区域后，对应导航菜单标题外观会变化。

图15-2　滚动监听效果图

15.5　强化训练

参考本任务，搜索淘宝某一商品的信息，实现"宝贝""评价"和"详情"3 个选项卡的自

动鉴别切换，设计开发商品页面的滚动监听效果，如图 15-3 所示。

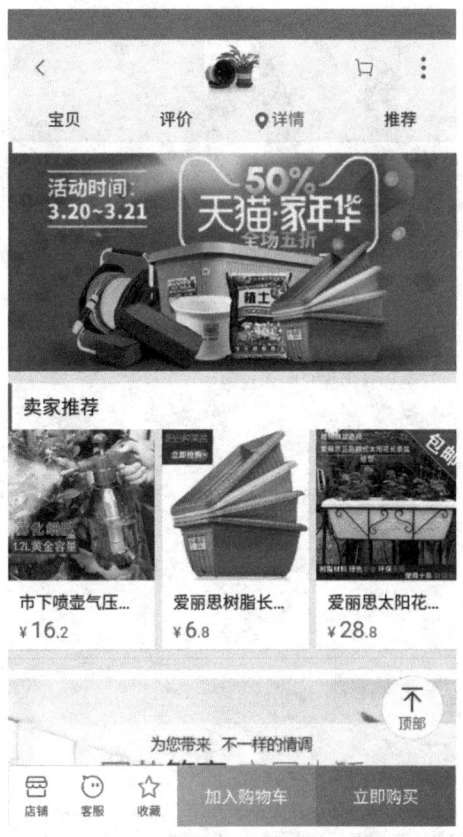

图15-3　电商页面滚动监听效果图

15.6 学习成果评量

等级	评分指标	得分
及格	P1. 能设计制作滚动监听页面结构	
	P2. 能设计编写滚动监听界面样式	
	P3. 能使用 JavaScript 实现滚动监听导航提示	
良好	M1. 能够根据项目需求局部修改滚动监听导航界面和关联的元素	
优秀	D1. 能够根据项目需求定制滚动监听导航界面	
	D2. 能够根据项目需求定制滚动监听导航交互功能	
评语		

Chapter

16

JavaScript

任务 16
视频播放器

16.1　任务导入

视频是多媒体的重要媒体类型之一，随着网络速度和用户端性能的提升，越来越多的视频被插入到 Web 页面中，在很多购物网站中逐渐用视频来代替静态图片，表达更多丰富的商品信息。以网络视频为主的网站，如土豆网（www.tudou.com）、优酷（https://www.youku.com/）、腾讯视频（https://v.qq.com/）等发展迅速，本任务主要运用 HTML5 Video 实现 Web 视频播放功能，完成后的效果如图 16-1 所示。

图16-1　视频播放界面效果图

16.2　成果目标

本任务旨在理解 HTML5 video 元素的语法，掌握视频文件插入、播放控制及播放界面定制操作，熟悉前端页面开发的过程，熟悉 Visual Studio Coder 的使用，积累前端开发的经验，培养前端组件开发的意识和兴趣。

知识目标	技能目标	素质目标
1. 理解 HTML video 标签 2. 理解视频格式 3. 理解播放器界面与功能	1. 设计播放器 HTML 2. 设计 CSS 样式 3. 在页面中插入视频 4. 开发播放控制功能 5. 开发进度提示功能	1. 遵循 Web 开发规范 2. 培养严谨的编程习惯 3. 培养分析和解决前端问题的能力 4. 培养演绎思维能力 5. 培养归纳思维能力

16.3　核心知识

16.3.1　HTML video 标签

以往大多数视频播放是通过浏览器插件（比如 Flash、ActiveX）来实现的，然而并非所有浏览器都拥有同样的插件。直到现在，仍然未建立网页上播放视频的权威标准。HTML5 规定了一种通过 video 元素来包含视频的标准方法，这个标签的功能与现在 HTML 语言中的 img 标签一样。video 提供了播放、暂停和音量控件来控制视频，也提供了 width 和 height 属性控制视频的尺寸。如果设置了高度和宽度，所需的视频空间会在页面加载时保留。如果没有设置这些属性，浏览器不知道大小的视频，浏览器就不能在加载时保留特定的空间，页面就会根据原始视频的大小而改变。<video>与</video>标签之间插入的内容是提供给不支持 video 元素的浏览器显示的。<video>元素支持多个<source>元素，可以链接不同的视频文件。浏览器将使用第一个可识别的视频文件，示例代码如下：

```
<video width="320" height="240" controls>
    <source src="movie.mp4" type="video/mp4">
    <source src="movie.ogg" type="video/ogg">
    您的浏览器不支持 Video 标签。
</video>
```

注意 IE9+、Firefox、Opera、Chrome 和 Safari 支持<video>元素，但 IE8 或者更早的 IE 版本不支持<video>元素。

16.3.2 HTML 音频/视频方法

HTML5<video>和<audio>元素同样拥有方法、属性和事件，可以使用 JavaScript 进行控制，常用的方法有播放、暂停以及加载等，常用的属性有时长、音量等，常用的 DOM 事件有开始播放、已暂停、已停止等。HTML 音频/视频方法提供了对音频和视频的播放控制功能，如表 16-1 所示。

表 16-1　HTML 音频/视频方法

方法	描述
addTextTrack()	向音频/视频添加新的文本轨道
canPlayType()	检测浏览器是否能播放指定的音频/视频类型
load()	重新加载音频/视频元素
play()	开始播放音频/视频
pause()	暂停当前播放的音频/视频

16.3.3 HTML 音频/视频属性

HTML 音频/视频属性提供了音频和视频播放状态的参数，如表 16-2 所示。

表 16-2　HTML 音频/视频属性

属性	描述
audioTracks	返回表示可用音频轨道的 AudioTrackList 对象
autoplay	常用属性，设置或返回是否在加载完成后自动播放音频/视频
buffered	返回表示音频/视频已缓冲部分的 TimeRanges 对象
controller	返回表示音频/视频当前媒体控制器的 MediaController 对象
controls	常用属性，可选，值为布尔值，设置后会为视频显示区增加内置控件，不同浏览器提供的控件存在差别

（续表）

属性	描述
crossOrigin	设置或返回音频/视频的 CORS 设置
currentSrc	返回当前音频/视频的 URL
currentTime	设置或返回音频/视频中的当前播放位置（以秒计）
defaultMuted	设置或返回音频/视频默认是否静音
defaultPlaybackRate	设置或返回音频/视频的默认播放速度
duration	返回当前音频/视频的长度（以秒计）
ended	返回音频/视频的播放是否已结束
error	返回表示音频/视频错误状态的 MediaError 对象
height	设置视频播放区域的高度
loop	常用属性，设置或返回音频/视频是否应在结束时重新开始播放
mediaGroup	设置或返回音频/视频所属的组合（用于连接多个音频/视频元素）
muted	设置或返回音频/视频是否静音
networkState	返回音频/视频的当前网络状态
paused	设置或返回音频/视频是否暂停
playbackRate	设置或返回音频/视频播放的速度
played	返回表示音频/视频已播放部分的 TimeRanges 对象
poster	规定视频下载时显示的图像，或者在用户单击播放按钮前显示的图像如果设置了 autoplay，可能看不到该图片
preload	设置或返回音频/视频是否应该在页面加载后进行加载。当设置为 none 时，在用户选择播放之前不下载视频，auto 属性值让浏览器自动决定
readyState	返回音频/视频当前的就绪状态
seekable	返回表示音频/视频可寻址部分的 TimeRanges 对象
seeking	返回用户是否正在音频/视频中进行查找
src	设置或返回音频/视频元素的播放的源文件
startDate	返回表示当前时间偏移的 Date 对象
textTracks	返回表示可用文本轨道的 TextTrackList 对象
videoTracks	返回表示可用视频轨道的 VideoTrackList 对象
volume	设置或返回音频/视频的音量
width	设置视频播放区域的宽度

16.3.4 HTML 音频/视频事件

HTML 音频/视频事件提供了音频和视频播放的触发事件，如表 16-3 所示。

表 16-3 HTML 音频/视频事件

事件	描述
abort	当音频/视频的加载已放弃时触发
canplay	当浏览器可以开始播放音频/视频时触发

（续表）

事件	描述
canplaythrough	当浏览器可在不因缓冲而停顿的情况下进行播放时触发
durationchange	当音频/视频的时长已更改时触发
emptied	当目前的播放列表为空时触发
ended	当目前的播放列表已结束时触发，借此实现播放列表（文件名数组）功能
error	当在音频/视频加载期间发生错误时触发
loadeddata	当浏览器已加载音频/视频的当前帧时触发
loadedmetadata	当浏览器已加载音频/视频的元数据时触发
loadstart	当浏览器开始查找音频/视频时触发
pause	当音频/视频已暂停时触发
play	当音频/视频已开始或不再暂停时触发
playing	当音频/视频在因缓冲而暂停或停止后已就绪时触发
progress	当浏览器正在下载音频/视频时触发
ratechange	当音频/视频的播放速度已更改时触发
seeked	当用户已移动/跳跃到音频/视频中的新位置时触发
seeking	当用户开始移动/跳跃到音频/视频中的新位置时触发
stalled	当浏览器尝试获取媒体数据，但数据不可用时触发
suspend	当浏览器刻意不获取媒体数据时触发
timeupdate	当目前的播放位置已更改时触发
volumechange	当音量已更改时触发
waiting	当视频由于需要缓冲下一帧而停止时触发

16.3.5　浏览器支持的视频格式

一个视频文件包括视频和音频两部分，每个部分都使用特定的编码器来编码，编码是为了压缩视频文件大小，力求在视频品质和文件大小间寻求平衡。视频文件可以选用不同的视频编码标准、音频编码标准和封装格式。当前<video>元素支持三种视频格式：MP4、WebM 和 Ogg。MP4 文件采用 H.264 视频编码和 AAC 音频编码，MIME-type 为 video/mp4，WebM 文件采用 VP8 视频编码和 Vorbis 音频编码，MIME-type 为 video/webm。Ogg 文件采用 Theora 视频编码和 Vorbis 音频编码，MIME-type 为 video/ogg，Safari 浏览器更易支持 H.264 格式，Chrome 浏览器更易支持 WebM 格式，如表 16-4 所示。

表 16-4　浏览器支持视频格式列表

浏览器	MP4	WebM	Ogg
Internet Explorer	YES	NO	NO
Chrome	YES	YES	YES
Firefox	YES	YES	YES
Safari	YES	NO	NO
Opera	YES（从 Opera25 起）	YES	YES

16.3.6　浏览器视频能力检测

可以使用视频对象的 canPlayType 方法确定播放视频格式的可能性，它会返回一个字符串，表示浏览器对于播放这类视频的支持程度，可以分为 probably（很可能）、maybe（可能）和空，检测代码如下：

```
function checkVideo()
{
    if(!!document.createElement('video').canPlayType){
        var vidTest=document.createElement("video");
        oggTest=vidTest.canPlayType('video/ogg; codecs="theora, vorbis"');
        if (!oggTest){
            h264Test=vidTest.canPlayType('video/mp4; codecs="avc1.42E01E,
mp4a.40.2"');
            if (!h264Test){
                document.getElementById("checkVideoResult").innerHTML=
"Sorry. No video support."
            }else{
                if (h264Test=="probably"){
                    document.getElementById("checkVideoResult"). innerHTML=
"Yes! Full support!";
                }
                else{
                    document.getElementById("checkVideoResult"). innerHTML=
"Well. Some support.";
                }
            }
        }
        else{
            if (oggTest=="probably"){
                document.getElementById("checkVideoResult"). innerHTML="Yes!
Full support!";
            }
            else{
                document.getElementById("checkVideoResult"). innerHTML="Well.
Some support.";
            }
        }
    }
    else{
        document.getElementById("checkVideoResult").innerHTML="Sorry. No video
support."
    }
}
```

16.3.7　实现播放列表功能

因为 video 标签只允许指定一个视频，如果要实现播放列表功能，可以使用建立播放列表并结合 ended 事件来实现。以数组形式建立播放列表存储要播放的系列文件 url 地址，每当视频播放完毕后，就会触发 ended 事件，在 ended 事件处理程序 nextVideo 中将播放文件指向播放列表的下一个元素并开始播放，代码如下：

```
var video = document.getElementById("video");
var videoFlieNum = 0;
var playlist = ["media/Changjiang.mp4","media/video.mp4"];
video.addEventListener("ended", nextVideo, false);
function nextVideo() {
    videoFlieNum++;
    if (videoFlieNum > playlist.length) {
        videoFlieNum = 0;
    }
    video.src = playlist[videoFlieNum];
    video.load();
    video.play();
}
```

16.4 任务实施

16.4.1 编写 HTML

在前端开发环境中新建项目文件夹"player"，在该文件夹中新建"player.html"文件，将播放器控制按钮字体文件夹 font 复制到项目文件夹中，新建存放样式表的文件夹"css"、存放脚本的文件夹"js"和存放视频的文件夹"media"，将待播放的视频文件"Changjiang.mp4"拷贝到 media 文件夹中，打开"player.html"文件，依据 HTML5 规范编写播放器页面的 HTML结构，页面字符集设置为 UTF-8，设置页面标题 title 为"HTML5 播放器"，HTML 代码如下：

```
<!doctype html>
<html lang="en">

<head>
    <meta charset="UTF-8">
    <meta name="viewport" content="width=device-width, user-scalable=no,
initial-scale=1.0, maximum-scale=1.0, minimum-scale=1.0">
    <meta http-equiv="X-UA-Compatible" content="ie=edge">
    <link rel="stylesheet" href="css/player.css">
    <title>HTML5 播放器</title>
</head>

<body>
    <video src="media/Changjiang.mp4" id="video">
        您的浏览器不支持 video 标签。
    </video>
    <div id="player">
        <button id="play">Play</button>
        <button id="pause">Pause</button>
        <div id="progress-bar" class="progress"></div>
        <div id="progress-bg" class="progress"></div>
```

```
    </div>
    <script src="js/player.js"></script>
</body>

</html>
```

16.4.2 编写 CSS 样式

在"css"文件夹中新建样式表文件"player.css",在该文件中定义样式,主要包括视频宽高样式#video、播放控制面板样式#player、播放按钮样式及播放进度条样式,具体属性及值代码如下:

```
body {
  background: #333;
  margin: 50px;
  font-family: sans-serif;
}
@font-face {
  font-family: 'icon-font';
  src: url('../font/flat-ui-icons-regular.ttf'), url('../font/flat-ui- icons-
regular.eot'), url('../font/flat-ui-icons-regular.woff'), url('../font/ flat-ui-
icons-regular.svg');
}

#video {
  position: fixed;
  min-width: 100%;
  min-height: 100%;
  width: auto;
  height: auto;
  top: 50%;
  left: 50%;
  transform: translateX(-50%) translateY(-50%);
  -webkit-transform: translateX(-50%) translateY(-50%);
  z-index: -100;
  opacity: .5;
}

#player {
  position: fixed;
  left: 50%;
  bottom: 0;
  box-sizing: border-box;
  width: 640px;
  height: 50px;
  transform: translateX(-50%);
  -webkit-transform: translateX(-50%);
  background: rgba(255,255,255,.1);
  border: 1px solid rgba(255,255,255,.3);

}
```

```css
#player button {
  font-size: 0;
  background: none;
  border: 0;
  position: absolute;
}

#play {
  left: 0;
}

#pause {
  left: 50px;
}

#play::after {
  content: '\e616';
  font-size: 21px;
  font-family: 'icon-font';
  color: #FFF;
  line-height: 50px;
  cursor: pointer;
}

#play:hover::after {
  color: rgba(255,255,255,.8);
}

#pause::after {
  content: '\e615';
  font-size: 21px;
  font-family: 'icon-font';
  color: #FFF;
  line-height: 50px;
  cursor: pointer;
}

#pause:hover::after {
  color: rgba(255,255,255,.8);
}

#progress-bar {
  width: 0;
  background: #FFF;
  z-index: 100;
}

#progress-bg {
  width: 450px;
  background: rgba(255,255,255,.3);
  z-index: 200;
```

```
}
.progress {
  position: absolute;
  height: 10px;
  top: 20px;
  left: 150px;
  border-radius: 10px;
}
```

16.4.3 编写 JavaScript

在"js"文件夹中新建脚本文件"player.js",编写视频播放控制程序,实现视频的播放、暂停和播放进度控制,代码如下:

```
var video = document.getElementById("video");
var player = document.getElementById("player");
var play = document.getElementById("play");
var pause = document.getElementById("pause");
var bar = document.getElementById("progress-bar");
var barbg = document.getElementById("progress-bg");
var totalWidth = barbg.offsetWidth;
var videoFlieNum = 0;
var playlist = ["media/Changjiang.mp4", "media/video.mp4"];
console.log(totalWidth);
play.onclick = function () {
    video.play();
}
pause.onclick = function () {
    video.pause();
}
barbg.onmousedown = function (e) {
    var pos = e.clientX - barbg.offsetLeft - player.offsetLeft;
    video.currentTime = video.duration * pos / totalWidth;
}
video.addEventListener("timeupdate", showProgress);
function showProgress() {
    var progress = video.currentTime / video.duration;
    bar.style.width = progress * totalWidth + "px";
    console.log(bar.style.width);
    if (progress >= 1) {
        video.src = '../media/Changjiang.mp4';
        video.play();
    }
}
video.addEventListener("ended", nextVideo, false);
function nextVideo() {
    videoFlieNum++;
    if (videoFlieNum > playlist.length) {
        videoFlieNum = 0;
```

```
    }
    video.src = playlist[videoFlieNum];
    video.load();
    video.play();
}
```

16.4.4 测试页面

可以直接在本地测试页面，也可以通过 http-server 来测试，页面效果如图 16-2 所示，单击相应的按钮可以控制视频的播放。

图16-2 视频播放界面

16.5 强化训练

结合本任务实施过程和相关技术，设计编写一个音乐播放器，实现音乐文件指定、播放控制和界面定制功能，保存并测试你的页面。

16.6 学习成果评量

等级	评分指标	得分
及格	P1. 能设计播放器 HTML 页面和样式表	
	P2. 能使用 video 方法、属性和事件实现播放控制	
良好	M1. 能够根据项目需求定制播放控制按钮功能	
优秀	D1. 能够根据项目需求实现跨浏览器多格式播放功能	
评语		

17 Chapter

任务 17
刮刮乐

JavaScript

17.1 任务导入

刮奖是网站经常使用的一种提升用户参与兴趣和意愿的方式,网页设计者设计刮奖的背景图片和刮奖方式,模拟现实生活的刮奖情境。本任务主要运用画布 HTML5 canvas 技术实现 Web 页面刮奖功能,完成后的效果如图 17-1 所示。

图17-1 刮奖页面效果

17.2 成果目标

本任务旨在理解 HTML5 canvas 元素,理解事件处理机制,掌握画布放置、绘图参数定义和鼠标事件综合使用,熟悉前端页面开发的过程,熟悉 Visual Studio Coder 的使用,积累前端开发的经验,培养前端组件开发的意识和兴趣。

知识目标	技能目标	素质目标
1. 理解事件概念 2. 理解事件流 3. 理解事件对象 4. 理解事件模拟过程	1. 设计画布的 HTML 2. 设计画布的 CSS 样式 3. 设计绘画参数 4. 设计绘制事件	1. 遵循 Web 开发规范 2. 培养严谨的编程习惯 3. 培养分析和解决前端问题的能力 4. 培养演绎思维能力 5. 培养归纳思维能力

17.3 核心知识

17.3.1 事件基础

事件早在 IE3 和 Netscape Navigator 2 中就出现了,当时互联网网速非常慢,为了避免用户漫长的等待和分担服务器运算负载，开发人员把服务器端处理的任务部分前移到客户端，让客户端 JavaScript 脚本代替处理，早期事件多集中在表单应用上。现在 IE9、Firefox、Opera、Safari 和 Chrome 全都已经实现了 DOM2 级事件模块的核心部分，而 IE8 及以下版本仍然使用其专有事件模型。

　　JavaScript 以事件驱动来实现页面交互，与 HTML 之间的交互是通过事件实现的，事件是将 JavaScript 与网页联系在一起的主要方式。事件驱动的核心是以消息为基础，以事件来驱动。事件是文档或浏览器窗口中发生的一些特定的交互行为，如页面加载、单击、输入、选择等。可以使用侦听器（或处理程序）来预订事件，以便事件发生时执行相应的代码。当事件发生时，浏览器会自动生成事件对象（event），并沿着 DOM 节点有序进行传播，直到被脚本捕获。这种观察员模式确保了 JavaScript 与 HTML 保持松散的耦合。

　　事件是 JavaScript 中最重要的主题之一，深入理解事件的工作机制以及它们对性能的影响至关重要。在使用事件时，需要考虑如下一些内存与性能方面的问题：①有必要限制一个页面中事件处理程序的数量，数量太多会占用大量内存，而且会让用户感觉页面反应不够灵敏；②建立在事件冒泡机制之上的事件委托技术，可以有效地减少事件处理程序的数量；③建议在浏览器卸载页面之前移除页面中的所有事件处理程序。

17.3.2　事件流

　　事件流描述的是从页面中接收事件的顺序。事件流可以想象为画在一张纸上的一组同心圆。如果把手指放在圆心上，那么手指指向的不是一个圆，而是纸上的所有圆。浏览器在识别浏览器事件时也类似，如果单击了某个按钮，浏览器认为单击事件不仅仅发生在按钮上。换句话说，在单击按钮的同时，也单击了按钮的容器元素，甚至也单击了整个页面。

　　但有意思的是，IE 和 Netscape 开发团队居然提出了差不多是完全相反的事件流的概念。IE 的事件流是事件冒泡流，而 Netscape 的事件流是事件捕获流。

17.3.3　事件冒泡

　　IE 的事件流叫作事件冒泡（event bubbling），即事件开始时由最具体的元素（文档中嵌套层次最深的那个节点）接收，然后逐级向上传播到较为不具体的节点（文档）。

```
<!DOCTYPE HTML>
<html>
<head>
    <title>事件冒泡</title>
</head>
<body>
    <div id="myDiv">单击</div>
</body>
</html>
```

　　如果单击了页面中的<div>元素，那么这个 click 事件会按照如下顺序传播：div→body →HTML→document。也就是说，click 事件首先在单击的元素<div>上发生，然后，click 事件沿 DOM 树向上传播，在每一级节点上都会发生，直至传播到 document 对象，如图 17-2 所示。

所有现代浏览器都支持事件冒泡，但在具体实现上还是有一些差别。IE5.5 及更早版本中的事件冒泡会跳过<HTML>元素（从<body>直接跳到 document）。IE9、Firefox、Chrome 和 Safari 则将事件一直冒泡到 window 对象。

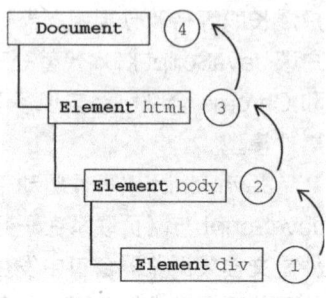

图17-2　事件冒泡模型

17.3.4　事件捕获

Netscape 团队提出的另一种事件流叫作事件捕获（event capturing）。事件捕获的思想是不太具体的节点应该更早接收到事件，而最具体的节点应该最后接收到事件。如上例代码中，click 事件会按照 document→HTML→body→div 的顺序传播。在事件捕获过程中，document 对象首先接收到 click 事件，然后事件沿 DOM 树依次向下，一直传播到事件的实际目标，即<div>元素，如图 17-3 所示。

虽然事件捕获是 Netscape 唯一支持的事件流模型，但 IE9、Safari、Chrome、Opera 和 Firefox 目前也都支持这种事件流模型。尽管"DOM2 级事件"规范要求事件应该从 document 对象开始传播，但这些浏览器都是从 window 对象开始捕获事件的。由于老版本的浏览器不支持，因此很少有人使用事件捕获，也建议使用事件冒泡，在有特殊需要时再使用事件冒泡。

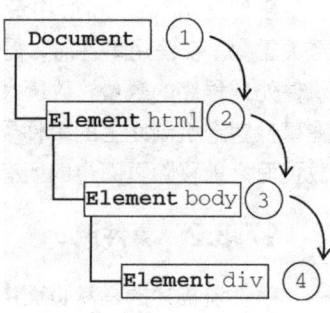

图17-3　事件捕获模型

17.3.5　事件对象

在 DOM 上触发某个事件时，会产生一个事件对象 event，这个对象中包含着所有与事件有关的信息，包括导致事件的元素、事件的类型以及其他与特定事件相关的信息。例如鼠标操作导致的事件对象中，会包含鼠标位置的信息，而键盘操作导致的事件对象中会包含与按下的键有关的信息。所有浏览器都支持 event 对象，但支持方式不同。兼容 DOM 的浏览器会将一个 event 对象传入到事件处理程序中。无论指定事件处理程序时使用什么方法（DOM0 级或 DOM2 级），都会传入 event 对象。

```
var btn = document.getElementById("myBtn");
btn.onclick = function (event) {
  alert(event.type);//"click"
};
btn.addEventListener("click", function (event) {
  alert(event.type);//"click"
}, false);
```

这个例子中的两个事件处理程序都会弹出一个警告框,显示由 event.type 属性表示的事件类型。这个属性始终都会包含被触发的事件类型，与传入 addEventListener()和 removeEventListener()中的事件类型一致。

在通过 HTML 特性指定事件处理程序时，变量 event 中保存着 event 对象，以这种方式提供 event 对象，可以让 HTML 特性事件处理程序与 JavaScript 函数执行相同的操作。

```
<input type="button" value="ClickMe" onclick="alert(event.type)"/>
```

event 对象包含与创建它的特定事件有关的属性和方法，如表 17-1 所示。触发的事件类型不一样，可用的属性和方法也不一样。不过，所有事件都会有表 17-1 列出的属性和方法。

表 17-1 事件属性和方法

属性/方法	类型	说明
bubbles	Boolean	用来表示该事件是否在 DOM 中冒泡
cancelBubble	Boolean	用来表示这个事件是否可以取消
currentTarget	Element	当前注册事件的对象的引用，这个值会在事件传递的过程中改变
defaultPrevented	Boolean	是否已经阻止默认行为
detail	Interger	与事件相关的细节信息
eventPhase	Interger	指示事件流正在处理的阶段：1 表示捕获阶段，2 表示"处于目标"，3 表示冒泡阶段
preventDefault()	Function	取消事件（如果该事件可取消）
stopPropagation()	Function	通过在一个事件处理程序返回前设置这个属性的值为真，来阻止事件冒泡
stopImmediatePropagation()	Function	取消事件的进一步捕获或冒泡，同时阻止任何事件处理程序被调用（DOM3 级事件中新增）
target	Element	对事件起源目标的引用
type	String	Event 事件的类型（不区分大小写）
deepPath	Array	一个由事件流经过了的 DOMNode 组成的 Array
returnValue	Boolean	旧 版 本 InternetExplorer 相 当 于 Event.preventDefault() 和 Event.defaultPrevented
srcElement	Element	旧版本 InternetExplorer 相当于 Event.target

在事件处理程序内部，对象 this 始终等于 currentTarget 的值，而 target 则只包含事件的实际目标。如果直接将事件处理程序指定给目标元素，则 this、currentTarget 和 target 包含相同的值。

```
var btn = document.getElementById("myBtn");
btn.onclick = function (event) {
  alert(event.currentTarget === this);//true
  alert(event.target === this);//true
};
```

代码检测了 currentTarget 和 target 与 this 的值。由于 click 事件的目标是按钮，因此这三个值是相等的。如果事件处理程序存在于按钮的父节点中（例如 document.body），那么这些值是不相同的。

```
document.body.onclick = function (event) {
  alert(event.currentTarget === document.body);//true
  alert(this === document.body);//true
  alert(event.target === document.getElementById("myBtn"));//true
};
```

当单击这个例子中的按钮时，this 和 currentTarget 都等于 document.body，因为事件处理程序是注册到这个元素上的。然而 target 元素却等于按钮元素，因为它是 click 事件真正的目标。由于按钮上并没有注册事件处理程序，结果 click 事件就冒泡到了 document.body，在那里，事件才得到了处理。在需要通过一个函数处理多个事件时，可以使用 type 属性，示例代码如下：

```
var btn = document.getElementById("myBtn");
var handler = function (event) {
  switch (event.type) {
    case "click":
      alert("Clicked");
      break;
    case "mouseover":
      event.target.style.backgroundColor = "red";
      break;
    case "mouseout":
      event.target.style.backgroundColor = "";
      break;
  }
};
btn.onclick = handler;
btn.onmouseover = handler;
btn.onmouseout = handler;
```

这个例子定义了一个名为 handler 的函数，用于处理 click、mouseover 和 mouseout 事件。当单击按钮时会出现警告框。当按钮移动到按钮上面时，背景颜色应该会变成红色，而当鼠标移动出按钮的范围时，背景颜色应该会恢复为默认值。通过检测 event.type 属性，让函数能够确定发生了什么事件，并执行相应的操作。

要阻止特定事件的默认行为，可以使用 preventDefault()方法。例如链接的默认行为就是在被单击时会导航到其 href 特性指定的 URL。如果想阻止链接导航这一默认行为，那么通过链接的 onclick 事件处理程序可以取消它，示例代码如下：

```
var link = document.getElementById("myLink");
link.onclick = function (event) {
  event.preventDefault();
};
```

只有 cancelable 属性设置为 true 的事件，才可以使用 preventDefault()来取消其默认行为。另外，stopPropagation()方法用于立即停止事件在 DOM 层次中的传播，即取消进一步的事件捕获或冒泡。例如直接添加到一个按钮的事件处理程序可以调用 stopPropagation()，从而避免触发注册在 document.body 上面的事件处理程序，示例代码如下：

```
var btn = document.getElementById("myBtn");
btn.onclick = function (event) {
  alert("Clicked");
  event.stopPropagation();
};
document.body.onclick = function (event) {
  alert("Body clicked");
};
```

对于这个例子而言，如果不调用 stopPropagation()，就会在单击按钮时出现两个警告框。可是，由于 click 事件根本不会传播到 document.body，因此就不会触发注册在这个元素上的 onclick 事件处理程序。

事件对象的 eventPhase 属性，可以用来确定事件当前正位于事件流的哪个阶段。如果是在捕获阶段调用的事件处理程序，eventPhase 等于 1，如果事件处理程序处于目标对象，eventPhase 等于 2，如果是在冒泡阶段调用的事件处理程序，eventPhase 等于 3。这里要注意的是尽管"处于目标"发生在冒泡阶段，但 eventPhase 仍然一直等于 2，示例代码如下：

```
var btn = document.getElementByid('myBtn');
btn.onclick = function (event) {
  alert(event.eventPhase); //2
  document.body.addEventLietener("click", function (event) {
    alert(event.eventPhase);  //1
  }, true);
  document.body.onclick = function (event){
    alert(event.eventPhase);  //3
};
```

当单击这个例子中的按钮时，首先执行的事件处理程序是在捕获阶段触发的添加到 document.body 中的那一个，结果会弹出一个警告框，显示 eventPhase 等于 1。接着，会触发在按钮上注册的事件处理程序，此时的 eventPhase 值为 2。最后一个被触发的事件处理程序，是在冒泡阶段执行的添加到 document.body 上的那一个，显示 eventPhase 的值为 3。而当 eventPhase 等于 2 时，this、target 和 currentTarget 始终都是相等的。只有在事件处理程序执行期间，event 对象才会存在；一旦事件处理程序执行完成，event 对象就会被销毁。

17.3.6　IE 中的事件对象

与访问 DOM 中的 event 对象不同，要访问 IE 中的 event 对象，有几种不同的方式，取决于指定事件处理程序的方法。在使用 DOM0 级方法添加事件处理程序时，event 对象作为 window 对象的一个属性存在，示例代码如下：

```
var btn = document.getElementById("myBtn");
btn.onclick = function () {
  var event = window.event;
  alert(event.type);//"click"
};
```

以上代码通过 window.event 取得了 event 对象，并检测了被触发事件的类型（IE 中的 type 属性与 DOM 中的 type 属性是相同的）。可是，如果事件处理程序是使用 attachEvent() 添加的，那么就会有一个 event 对象作为参数被传入事件处理程序函数中，示例代码如下：

```
var btn = document.getElementById("myBtn");
btn.attachEvent("onclick", function (event) {
  alert(event.type);
}
```

在像这样使用 attachEvent() 的情况下，也可以通过 window 对象来访问 event 对象。不过为方便起见，同一个对象也会作为参数传递。如果是通过 HTML 特性指定的事件处理程序，那么还可以通过一个名叫 event 的变量来访问 event 对象（与 DOM 中的事件模型相同），示例代码如下：

```
<input type='button' value='ClickMe' onclick='alert(event.type)'>
```

IE 的 event 对象同样也包含与创建它的事件相关的属性和方法。其中很多属性和方法都有对应的或者相关的 DOM 属性和方法。与 DOM 的 event 对象一样，这些属性和方法也会因为事件类型的不同而不同，但所有事件对象都会包含表 17-2 所列的属性和方法。

表 17-2　IE event 对象属性与方法

属性/方法	类型	读/写	说明
cancelBubble	Boolean	读/写	默认值为 false，但将其设置为 true 就可以取消事件冒泡（与 DOM 中的 stopPropagation()方法的作用相同）
returnValue	Boolean	读/写	默认值为 true，但将其设置为 false 就可以取消事件的默认行为（与 DOM 中的 preventDefaultl)方法的作用相同）
srcElement	Element	只读	事件的目标（与 DOM 中的 target 属性相同）
type	String	只读	被触发的事件的类型

因为事件处理程序的作用域是根据指定它的方式来确定的，所以不能认为 this 会始终等于事件目标，还是使用 event.srcElement 比较保险，示例代码如下：

```
var btn = document.getElementByld('myBtn');
btn.onclick = function () {
  alert(window.event.srcElement === this)//true
};
btn.attachEvent("onclick", function (event) {
  alert(event.srcElement === this)//false
});
```

在第一个事件处理程序中（使用 DOM0 级方法指定的），srcElement 属性等于 this，但在第二个事件处理程序中，这两者的值不相同。

如前所述 returnValue 属性相当于 DOM 中的 preventDefault()方法，它们的作用都是取消给定事件的默认行为。只要将 returnValue 设置为 false，就可以阻止默认行为，示例代码如下：

```
var link = document.getElementByld("myLink");
link.onclick = function () {
  window.event.returnValue = false;
}
```

这个例子在 onclick 事件处理程序中使用 returnValue 达到了阻止链接默认行为的目的。与 DOM 不同的是，在此没有办法确定事件是否能被取消。相应地，cancelBubble 属性与 DOM 中的 stopPropagation()方法作用相同，都是用来停止事件冒泡的。由于 IE 不支持事件捕获，因此只能取消事件冒泡，但 stopPropagatioin()可以同时取消事件捕获和冒泡，示例代码如下：

```
var btn = document.getElementByld('myBtn');
btn.onclick = function () {
  alert('Clicked');
  window.event.cancelBubble = true;
};
document.body.onclick = function () {
  alert('Body clicked');
};
```

通过在 onclick 事件处理程序中将 cancelBubble 设置为 true，就可阻止事件通过冒泡而触发 document.body 中注册的事件处理程序。结果，在单击按钮之后，只会显示一个警告框。

17.3.7　跨浏览器的事件对象

虽然 DOM 和 IE 中的 event 对象不同，但基于它们之间的相似性，依旧可以拿出跨浏览器的方案。IE 中 event 对象的全部信息和方法，DOM 对象中都有，只不过实现方式不一样。不过，这种对应关系让实现两种事件模型之间的映射非常容易。可以对前面介绍的 EventUtil 对象进行增强，添加如下方法实现跨浏览器兼容。

```javascript
var EventUtil = {
  addHandler: function (element, type, handler) {
    if (element.addEventListener) {
      element.addEventListener(type, handler, false);
    } else if (element.attachEvent) {
      element.attachEvent("on" + type, handler);
    } else {
      element["on" + type] = handler;
    }
    removeHandler: function(element, type, handler) {
      if (element.removeEventListener) {
        element.removeEventListener(type, handler, false);
      } else if (element.detachEvent) {
        element.detachEvent("on" + type, handler);
      } else {
        element["on" + type] = null;
      }
    },
    getevent: function(event)(
  return event ? event : window.event
  ),
getTarget: function(event)(
  return event.target II event.srcElement;
  ),
preventDefault: function(event)(
  if (event.DreventDefault) (
  event.DreventDefault();
  } else (
  event.returnValue = false;
  }
removeHandler: function(element, type, handler) {
},
stopPropagation: function(event)(
  if (event.stopPropagation) (
  event.stopPropagation();
  } else (
  event.cancelBubble = true
  }
  }
  };

var eventUtil = {
  // 事件绑定通用程序
  addHandler: function (element, type, handler) {
```

```
      // 针对标准浏览器，如 Chrome、Firefox、Opera、Safari
      if (element.addEventListener) {
        element.addEventListener(type, handler, false)
      } else if (element.attachEvent) {
        // IE5～IE8 的事件注册办法
        element.attachEvent('on' + type, handler)
      } else {
        element['on' + type] = handler
      }
    },

    // 获取事件对象
    getEvent: function (event) {
      return event ? event : window.event
    },

    // 获取触发事件目标元素
    getTarget: function (event) {
      return event.target || window.event
    },

    // 阻止事件的默认行为
    preventDefault: function (event) {
      if (event.preventDefault) {
        event.preventDefault()
      } else {
        event.returnValue = false
      }
    },

    // 阻止事件流
    stopPropagation: function () {
      if (event.stopPropagation) {
        event.stopPropagation()
      } else {
        event.cancelBubble = true
      }
    },

    // 事件移除通用程序
    removeHandler: function (element, type, handler) {
      if (element.removeEventListener) {
        element.removeEventListener(type, handler, false)
      } else if (element.detachEvent) {
        element.detachEvent('on' + type, handler)
      } else {
        element['on' + type] = null
      }
    }
  }
```

以上代码为 EventUtil 添加了 4 个新方法。第一个是 getEvent()，它返回对 event 对象的引用。考虑到 IE 中事件对象的位置不同，可以使用这个方法来取得 event 对象，而不必担心指定事件处理程序的方式。在使用这个方法时，必须假设有一个事件对象传入到事件处理程序中，而且要把该变量传给这个方法。在兼容 DOM 的浏览器中，event 变量只是简单地传入和返回。而在 IE 中，event 参数是未定义的（undefined），因此就会返回 window.event。将这一行代码添加到事件处理程序的开头，就可以确保随时都能使用 event 对象，而不必担心用户使用的是什么浏览器。

　　第二个方法是 getTarget()，用于返回事件的目标。在这个方法内部会检测 event 对象的 target 属性，如果存在，则返回该属性的值；否则，返回 srcElement 属性的值。

　　第三个方法是 preventDefault()，用于取消事件的默认行为。在传入 event 对象后，这个方法会检查是否存在 preventDefault() 方法，如果存在则调用该方法；如果 preventDefault() 方法不存在，则将 returnValue 设置为 false。

　　在此，首先使用 EventUtil.getEvent() 取得了 event 对象，然后又将其传入到 EventUtil.stopPropagation()。别忘了由于 IE 不支持事件捕获，因此这个方法在跨浏览器的情况下，也只能用来阻止事件冒泡。

　　为了以跨浏览器的方式处理事件，不少开发人员会使用能够隔离浏览器差异的 JavaScript 库，还有一些开发人员会自己开发最合适的事件处理的方法。自己编写代码其实也不难，只要恰当地使用能力检测即可。要保证处理事件的代码能在大多数浏览器下一致地运行，只需关注冒泡阶段。

17.3.8　共享 onload 事件

　　在 HTML 文档未完成加载前，DOM 是不完整的，此时执行脚本操作 DOM 无法正常工作。应该确认在网页加载完毕后立刻执行脚本，网页加载完毕会触发一个 onload 事件，这个事件与 window 对象相关联。在页面加载完成后有多个函数要执行，使代码将函数 function1 和 function2 逐一绑定到 onload 事件上，则会导致最后的那个函数才会被实际执行，代码如下：

```
window.onload=function1
window.onload=function2
```

　　为此，一种弹性最佳的解决方案是通过编写 addLoadEvent 函数，把多个函数绑定到 window.onload 事件，代码如下：

```
function addLoadEvent(func) {
  var oldonload = window.onload;
  if (typeof window.onload != 'function') {
   window.onload = func;
  } else {
   window.onload = function () {
     oldonload();
     func();
   }
  }
}
```

　　函数实现步骤：把现有的 window.onload 事件处理函数的值存入变量 oldonload，如果这个处理函数上还没有绑定任何函数，则把新函数添加给它，如果这个处理函数已经绑定了一些函数，则把新函数追加到现有指令的末尾。使用该函数，无论页面加载完毕要执行多少个函数，只要多写一条语句即可。

17.3.9　事件委托

当页面中存在大量绑定事件处理器的元素时，Web 应用前端的性能会很差，页面代码变得冗长，运行执行时间变长。一个简单优雅的处理 DOM 事件的技术是事件委托，它基于事件处理模型，事件逐层冒泡并能被父级元素捕获。使用事件代理，只需给外层元素绑定一个处理器，就可以处理其子元素上触发的所有事件，示例代码如下：

```
<div id="content">
   <ul id="menu">
       <li><a href="menu1.html">menu 1</a></li>
       <li><a href="menu2.html">menu 2</a></li>
       <li><a href="menu3.html">menu 3</a></li>
   </ul>
</div>
```

事件委托 JavaScript 示例代码如下：

```
document.getElementById("menu").onclick = function (e) {
   e = e || window.event;
   var target = e.target || e.srcElement;
   var pageid,hrefURL;
   if(target.nodeName!=="A"){
       return;
   }
   hrefURL = target.href.split("/");
   pageid = hrefURL[hrefURL.length-1];
   pageid = pageid.replace(".html","");
   //AjaxRequest("xhr.php?page="+id,updatePageContents);

   if(typeof e.preventDefault === "function"){
      e.preventDefault();
      e.stopPropagation();
   }else{
      e.returnValue = false;
      e.cancelBubble = true;
   }
};
```

试想一下页面上每一个 A 标签添加一个事件，我们会不会给每一个标签都添加一个 onClick 呢？当页面中存在大量元素都需要绑定同一个事件处理的时候，这种情况可能会影响性能。每绑定一个事件都加重了页面的负担或者是运行期间的负担。对于一个富前端的应用，页面上需要建立大量的交互行为，过多的绑定会占用过多内存。一个简单优雅的方式就是事件委托。它是基于事件的工作流：逐层捕获，到达目标，逐层冒泡。既然事件存在冒泡机制，那么我们可以通过给外层绑定事件，来处理所有的子元素触发的事件，示例代码如下：

```
var table = document.getElementsByTagName("table")[0];
table.addEventListener("mouseover", function (e) {
 var target = e.target.parentNode;
 console.log(target);
 if (target.nodeName !== "TR") {
  return;
```

```
  }
  target.style.cssText = "background-color:#234ab7;color:#fff;font-weight:
bold;";
}, false);

table.addEventListener("mouseout", function (e) {
  var target = e.target.parentNode;
  if (target.nodeName !== "TR") {
    return;
  }
  target.style.cssText = "";
}, false);
```

17.3.10　事件类型

Web 浏览器中可能发生的事件有很多类型。如前所述，不同的事件类型具有不同的信息，而 "DOM3 级事件" 规定了以下事件。

- UI（User Interface，用户界面）事件，当用户与页面上的元素交互时触发。
- 焦点事件，当元素获得或失去焦点时触发。
- 鼠标事件，当用户通过鼠标在页面上执行操作时触发。
- 滚轮事件，当使用鼠标滚轮（或类似设备）时触发。
- 文本事件，当在文档中输入文本时触发。
- 键盘事件，当用户通过键盘在页面上执行操作时触发。
- 合成事件，当为 IME（Input Method Editor，输入法编辑器）输入字符时触发。
- 变动（mutation）事件，当底层 DOM 结构发生变化时触发。

DOM3 级事件模块在 DOM2 级事件模块基础上重新定义了这些事件，也添加了一些新事件，包括 IE9 在内的所有主流浏览器都支持 DOM2 级事件。IE9 也支持 DOM3 级事件。

17.3.11　UI 事件

UI 事件指的是那些不一定与用户操作有关的事件。这些事件在 DOM 规范出现之前，都是以这种或那种形式存在的，而在 DOM 规范中保留是为了向后兼容。现有的 UI 事件如表 17-3 所示。

表 17-3　UI 事件

事件名称	说明
load	当页面完全（包括图像、JavaScript、CSS 文件等外部资源）加载后在 window 上面触发，当所有框架都加载完毕时在框架集上面触发，当图像加载完毕时在<img>元素上面触发，或者当嵌入的内容加载完毕时在<object>元素上面触发
unload	页面完全卸载后在 window 上面触发。当所有框架都卸载后在框架集上面触发，或者当嵌入的内容卸载完毕后在<object>元素上面触发
abort	在用户停止下载过程时，如果嵌入的内容没有加载完，则在<object>元素上面触发
error	当发生 JavaScript 错误时在 window 上面触发。当无法加载图像时在<img>元素上面触发，当无法加载嵌入内容时在<object>元素上面触发，或者当有一或多个框架无法加载时在框架集上面触发
select	当用户选择文本框（<input>或<texterea>）中的一或多个字符时触发
resize	当窗口或框架的大小变化时在 window 或框架上面触发
scroll	当用户滚动带滚动条的元素中的内容时，在该元素上面触发。<body>元素中包含所加载页面的滚动条

17.3.12 焦点事件

焦点事件会在页面获得或失去焦点时触发。利用这些事件并与 document.hasFocus()方法及 document.activeElement 属性配合，可以知晓用户在页面上的行踪，如表 17-4 所示。

表 17-4 焦点事件

事件名称	说明
blur	在元素失去焦点时触发。这个事件不会冒泡，所有浏览器都支持它
focus	在元素获得焦点时触发。这个事件不会冒泡，所有浏览器都支持它
focusin	在元素获得焦点时触发。这个事件与 HTML 事件 focus 等价，但它冒泡。支持这个事件的浏览器有 IE5.5+、Safari5.1+、Opera11.5+和 Chrome
focusout	在元素失去焦点时触发。这个事件是 HTML 事件 blur 的通用版本。支持这个事件的浏览器有 IE5.5+、Safari5.1+、Opera11.5+和 Chrome

当焦点从页面中的一个元素移动到另一个元素，会依次触发下列事件：①focusout 在失去焦点的元素上触发；②focusin 在获得焦点的元素上触发；③blur 在失去焦点的元素上触发；④DOMFOCUSOut 在失去焦点的元素上触发；⑤focus 在获得焦点的元素上触发；⑥DOMFocusIn 在获得焦点的元素上触发。其中 blur、DOMFocusOut 和 focusout 的事件目标是失去焦点的元素，而 focus、DOMFocusIn、focusin 的事件目标是获得焦点的元素。要确定浏览器是否支持这些事件，可以使用如下代码：

```
var isSupported=document.implementation.hasFeature('FocusEvent','3.0');
```

即使 focus 和 blur 不冒泡，也可以在捕获阶段侦听到它们。

17.3.13 鼠标事件

鼠标是最主要的定位设备，鼠标事件是 Web 开发中最常用的一类事件，如表 17-5 所示，在 DOM3 级事件中定义了 9 个鼠标事件。

表 17-5 DOM3 鼠标事件类型

属性	描述	DOM
click	在用户单击鼠标左键或者按下回车键时触发。这一点对确保易访问性很重要，意味着 onclick 事件处理程序既可以通过键盘也可以通过鼠标执行	2
dblclick	在用户双击鼠标按键时触发	2
mousedown	在用户按下了任意鼠标按键时触发。不能通过键盘触发这个事件	2
mouseenter	在鼠标光标从元素外部首次移动到元素范围之内时触发。这个事件不冒泡，在光标移动到后代元素上不会触发	2
mouseleave	在位于元素上方的鼠标光标移动到元素范围之外时触发。这个事件不冒泡，而且在光标移动到后代元素上不会触发	2
mousemove	当鼠标指针在元素内部移动时重复地触发。不能通过键盘触发这个事件	2
mouseover	在鼠标指针位于一个元素外部，然后用户将其首次移入另一个元素边界之内时触发。不能通过键盘触发这个事件	2
mouseout	在鼠标指针位于一个元素上方，然后用户将其移入另一个元素时触发。又移入的另一个元素可能位于前一个元素的外部，也可能是这个元素的子元素。不能通过键盘触发这个事件	2
mouseup	在用户释放鼠标按钮时触发。不能通过键盘触发这个事件	2

　　页面上的所有元素都支持鼠标事件，除了 mouseenter 和 mouseleave。所有鼠标事件都会冒泡，也可以被取消，而取消鼠标事件将会影响浏览器的默认行为。取消鼠标事件的默认行为还会影响其他事件，因为鼠标事件与其他事件是密不可分的关系。只有在同一个元素上相继触发 mousedown 和 mouseup 事件才会触发 click 事件。如果 mousedown 或 mouseup 中的一个被取消，就不会触发 click 事件。类似地，只有触发两次 click 事件才会触发一次 dblclick 事件。如果有代码阻止了连续两次触发 click 事件，可能是直接取消 click 事件，也可能通过取消 mousedown 或 mouseup 间接实现，那么就不会触发 dblclick 事件了。这 4 个事件触发的顺序始终如下：mousedown→mouseup→click→mousedown→mouseup→click→dblclick。显然 click 和 dblclick 事件都会依赖于其他先行事件的触发，而 mousedown 和 mouseup 则不受其他事件的影响。要检测浏览器是否支持上面的所有事件，可以使用以下代码：

```
var isSupported=document.implementation.hasFeature('MouseEvents','2.0');
var isSupported=document.implementation.hasFeature('MouseEvent",'3.0');
```

17.3.14　键盘事件

　　用户在使用键盘时会触发 3 种键盘事件，简述如下。

　　键盘事件如表 17-6 所示。

表 17-6　键盘事件

属性	描述	DOM
onkeydown	按下键盘上的任意键时触发，而且如果按住不放的话，会重复触发此事件	2
onkeypress	当用户按下键盘上的字符键时触发，而且如果按住不放的话，会重复触发此事件。按下 Esc 键也会触发这个事件。Safari 3.1 之前的版本也会在用户按下非字符键时触发 keypress 事件	2
onkeyup	当用户释放键盘上的键时触发。虽然所有元素都支持以上 3 个事件，但只有在用户通过文本框输入文本时才最常用到	2

　　在用户按一下键盘上的字符键时，首先会触发 keydown 事件，然后紧跟着是 keypress 事件，最后会触发 keyup 事件。其中，keydown 和 keypress 都是在文本框发生变化之前被触发的，而 keyup 事件则是在文本框已经发生变化之后被触发的。如果用户按下了一个字符键不放，就会重复触发 keydown 和 keypress 事件，直到用户松开该键为止。

　　如果用户按下的是一个非字符键，那么首先会触发 keydown 事件，然后就是 keyup 事件。如果按住这个非字符键不放，就会一直重复触发 keydown 事件，直到用户松开这个键，此时会触发 keyup 事件。

17.3.15　鼠标/键盘事件对象属性

　　鼠标/键盘事件如表 17-7 所示。

表 17-7　鼠标/键盘事件

属性	描述	DOM
altKey	返回当事件被触发时，Alt 键是否被按下	2
button	返回当事件被触发时，哪个鼠标按键被单击	2

（续表）

属性	描述	DOM
clientX	返回当事件被触发时，鼠标指针的水平坐标	2
clientY	返回当事件被触发时，鼠标指针的垂直坐标	2
ctrlKey	返回当事件被触发时，Ctrl 键是否被按下	2
Location	返回按键在设备上的位置	3
charCode	返回 onkeypress 事件触发键值的字母代码	2
key	在按下按键时返回按键的标识符	3
keyCode	返回 onkeypress 事件触发的键的值的字符代码，或者 onkeydown 或 onkeyup 事件的键的代码	2
which	返回 onkeypress 事件触发的键的值的字符代码，或者 onkeydown 或 onkeyup 事件的键的代码	2
metaKey	返回当事件被触发时，Meta 键是否被按下（在 Mac 系统键盘上，meta 对应命令键⌘，在 windows 系统键盘上 meta 对应 windows 徽标键）	2
relatedTarget	返回与事件的目标节点相关的节点	2
screenX	返回当某个事件被触发时，鼠标指针的水平坐标	2
screenY	返回当某个事件被触发时，鼠标指针的垂直坐标	2
shiftKey	返回当事件被触发时，Shift 键是否被按下	2

17.3.16 鼠标/键盘事件方法

鼠标/键盘事件如表 17–8 所示。

表 17-8　鼠标/键盘事件

方法	描述	DOM
initMouseEvent()	初始化鼠标事件对象的值	2
initKeyboardEvent()	初始化键盘事件对象的值	3

17.3.17 框架/对象（Frame/Object）事件

框架/对象（Frame/Object）事件如表 17–9 所示。

表 17-9　框架/对象（Frame/Object）事件

属性	描述	DOM
onabort	图像的加载被中断（<object>）	2
onbeforeunload	该事件在即将离开页面（刷新或关闭）时触发	2
onerror	在加载文档或图像时发生错误（<object>、<body>和<frameset>）	
onhashchange	该事件在当前 URL 的锚部分发生修改时触发	
onload	一张页面或一幅图像完成加载	2
onpageshow	该事件在用户访问页面时触发	
onpagehide	该事件在用户离开当前网页跳转到另外一个页面时触发	
onresize	窗口或框架被重新调整大小	2
onscroll	当文档被滚动时发生的事件	2
onunload	用户退出页面（<body>和<frameset>）	2

17.3.18　表单事件

表单事件如表 17-10 所示。

表 17-10　表单事件

属性	描述	DOM
onblur	元素失去焦点时触发	2
onchange	该事件在表单元素的内容改变时触发（<input>、<keygen>、<select>和<textarea>）	2
onfocus	元素获取焦点时触发	2
onfocusin	元素即将获取焦点时触发	2
onfocusout	元素即将失去焦点时触发	2
oninput	元素获取用户输入时触发	3
onreset	表单重置时触发	2
onsearch	用户向搜索域输入文本时触发（<input="search">）	
onselect	用户选取文本时触发（<input>和<textarea>）	2
onsubmit	表单提交时触发	2

17.3.19　剪贴板事件

剪贴板事件如表 17-11 所示。

表 17-11　剪贴板事件

属性	描述	DOM
oncopy	该事件在用户拷贝元素内容时触发	
oncut	该事件在用户剪切元素内容时触发	
onpaste	该事件在用户粘贴元素内容时触发	

17.3.20　打印事件

打印事件如表 17-12 所示。

表 17-12　打印事件

属性	描述	DOM
onafterprint	该事件在页面已经开始打印，或者打印窗口已经关闭时触发	
onbeforeprint	该事件在页面即将开始打印时触发	

17.3.21　拖动事件

拖动事件如表 17-13 所示。

表 17-13　拖动事件

事件	描述	DOM
ondrag	该事件在元素正在拖动时触发	
ondragend	该事件在用户完成元素的拖动时触发	
ondragenter	该事件在拖动的元素进入放置目标时触发	
ondragleave	该事件在拖动元素离开放置目标时触发	

（续表）

事件	描述	DOM
ondragover	该事件在拖动元素在放置目标上时触发	
ondragstart	该事件在用户开始拖动元素时触发	
ondrop	该事件在拖动元素放置在目标区域时触发	

17.3.22 多媒体（Media）事件

多媒体（Media）事件如表 17-14 所示。

表 17-14 多媒体（Media）事件

事件	描述	DOM
onabort	事件在视频/音频（audio/video）终止加载时触发	
oncanplay	事件在用户可以开始播放视频/音频（audio/video）时触发	
oncanplaythrough	事件在视频/音频（audio/video）可以正常播放且无须停顿和缓冲时触发	
ondurationchange	事件在视频/音频（audio/video）的时长发生变化时触发	
onemptied	当期播放列表为空时触发	
onended	事件在视频/音频（audio/video）播放结束时触发	
onerror	事件在视频/音频（audio/video）数据加载期间发生错误时触发	
onloadeddata	事件在浏览器加载视频/音频（audio/video）当前帧时触发触发	
onloadedmetadata	事件在指定视频/音频（audio/video）的元数据加载后触发	
onloadstart	事件在浏览器开始寻找指定视频/音频（audio/video）触发	
onpause	事件在视频/音频（audio/video）暂停时触发	
onplay	事件在视频/音频（audio/video）开始播放时触发	
onplaying	事件在视频/音频（audio/video）暂停或者在缓冲后准备重新开始播放时触发	
onprogress	事件在浏览器下载指定的视频/音频（audio/video）时触发	
onratechange	事件在视频/音频（audio/video）的播放速度发送改变时触发	
onseeked	事件在用户重新定位视频/音频（audio/video）的播放位置后触发	
onseeking	事件在用户开始重新定位视频/音频（audio/video）时触发	
onstalled	事件在浏览器获取媒体数据，但媒体数据不可用时触发	
onsuspend	事件在浏览器读取媒体数据中止时触发	
ontimeupdate	事件在当前的播放位置发生改变时触发	
onvolumechange	事件在音量发生改变时触发	
onwaiting	事件在视频由于要播放下一帧而需要缓冲时触发	

17.3.23 动画事件

动画事件如表 17-15 所示。

表 17-15 动画事件

事件	描述	DOM
animationend	该事件在 CSS 动画结束播放时触发	
animationiteration	该事件在 CSS 动画重复播放时触发	
animationstart	该事件在 CSS 动画开始播放时触发	

17.3.24　过渡事件

过渡事件如表 17-16 所示。

表 17-16　过渡事件

事件	描述	DOM
transitionend	该事件在 CSS 完成过渡后触发	

17.3.25　其他事件

其他事件如表 17-17 所示。

表 17-17　其他事件

事件	描述	DOM
onmessage	该事件通过或者从对象（WebSocket、WebWorker、EventSource、子 frame 或父窗口）接收到消息时触发	
onmousewheel	已废弃。使用 onwheel 事件替代	
ononline	该事件在浏览器开始在线工作时触发	
onoffline	该事件在浏览器开始离线工作时触发	
onpopstate	该事件在窗口的浏览历史（history 对象）发生改变时触发	
onshow	该事件当<menu>元素在上下文菜单显示时触发	
onstorage	该事件在 WebStorage（HTML5Web 存储）更新时触发	
ontoggle	该事件在用户打开或关闭<details>元素时触发	
onwheel	该事件在鼠标滚轮在元素上下滚动时触发	

17.3.26　模拟事件过程

事件就是网页中某个特别值得关注的瞬间。事件经常由用户操作或通过其他浏览器功能来触发。但很少有人知道也可以使用 JavaScript 在任意时刻来触发特定的事件，并且事件就如同浏览器创建的事件一样。也就是说，这些事件该冒泡还会冒泡，而且照样能够触发浏览器执行已经指定的事件处理程序。在测试 Web 应用程序时，模拟触发事件是一种极其有用的技术。DOM2 级规范为此规定了模拟特定事件的方式，IE9、Opera、Firefox、Chrome 和 Safari 都支持这种方式。

DOM 中的事件模拟可以在 document 对象上使用 createEvent()方法创建 event 对象。这个方法接收一个参数，即表示要创建的事件类型的字符串。在 DOM2 级中，所有这些字符串都使用英文复数形式，而在 DOM3 级中都变成了单数。这个字符串可以是下列字符串：UIEvents，一般化的 UI 事件，鼠标事件和键盘事件都继承自 UI 事件，DOM3 级中是 UIEvent；MouseEvents，一般化的鼠标事件，DOM3 级中是 MouseEvent；MutationEvents，一般化的 DOM 变动事件，DOM3 级中是 MutationEvent；HTMLEvents，一般化的 HTML 事件，没有对应的 DOM3 级事件。

要注意的是，"DOM2 级事件"并没有专门规定键盘事件，后来的"DOM3 级事件"中才正式将其作为一种事件给出规定。IE9 是目前唯一支持 DOM3 级键盘事件的浏览器。不过，在其他浏览器中，在现有方法的基础上，可以通过几种方式来模拟键盘事件。

在创建了 event 对象之后，还需要使用与事件有关的信息对其进行初始化。每种类型的 event 对象都有一个特殊的方法，为它传入适当的数据就可以初始化该 event 对象。不同类型的这个方法，名字也不相同，具体要取决于 createEvent() 中使用的参数。

模拟事件的最后一步就是触发事件。这一步需要使用 dispatchEvent() 方法，所有支持事件的 DOM 节点都支持这个方法。调用 dispatchEvent() 方法时，需要传入一个参数，即表示要触发事件的 event 对象。触发事件之后，该事件就跻身"官方事件"之列了，因而能够照样冒泡并触发相应事件处理程序的执行。

17.3.27　模拟鼠标事件

创建新的鼠标事件对象并为其指定必要的信息就可以模拟鼠标事件。创建鼠标事件对象的方法是为 createEvent() 传入字符串"MouseEvents"。返回的对象有一个名为 initMouseEvent() 的方法，用于指定与该鼠标事件有关的信息。这个方法接收 15 个参数，分别与鼠标事件中每个典型的属性一一对应，这些参数的含义如表 17-18 所示。

表 17-18　initMouseEvent 参数

属性	类型	说明
type	字符串	表示要触发的事件类型，例如 onclick
bubbles		表示事件是否应该冒泡。为精确地模拟鼠标事件，应该把这个参数设置为 true
cancelable	布尔值	表示事件是否可以取消。为精确地模拟鼠标事件，应该把这个参数设置为 true
view	Abstractview	与事件关联的视图。这个参数几乎总是要设置为 document.defaultView
detail	（整数）	与事件有关的详细信息。这个值一般只有事件处理程序使用，但通常都设置为 0
screenX	整数	事件相对于屏幕的 X 坐标
screenY	整数	事件相对于屏幕的 Y 坐标
clientX	整数	事件相对于视口的 X 坐标
clientY	整数	事件想对于视口的 Y 坐标
ctrlKey	布尔值	表示是否按下了 Ctrl 键。默认值为 false
altKey	布尔值	表示是否按下 Alt 键。默认值为 false
shiftKey	布尔值	表示是否按下了 Shift 键。默认值为 false
metaKey	布尔值	表示是否按下了 Meta 键。默认值为 false
button	整数	表示按下了哪一个鼠标键。默认值为 0
relatedTarget	对象	表示与事件相关的对象。这个参数只在模拟 mouseover 或 mouseout 时使用

显而易见，initMouseEvent() 方法的这些参数是与鼠标事件的 event 对象所包含的属性一一对应的，其中前 4 个参数对正确地触发事件至关重要，因为浏览器要用到这些参数，而剩下的所有参数只有在事件处理程序中才会用到。当把 event 对象传给 dispatchEvent() 方法时，这个对象的 target 属性会自动设置，模拟按钮单击事件的示例代码如下：

```
var btn = document.getElementById('myBtn');
//创建事件对象
var event = document.createEvent('MouseEvents');
//初始化事件对象
```

```
event.initMouseEvent('click', true, false, false, true, document.defaultView,
0, 0, 0, 0, 0,
   false, false, 0, null);
//触发事件
btn.dispatchEvent(event);
```

在兼容 DOM 的浏览器中，也可以通过相同的方式来模拟其他鼠标事件（如 dblclick）。

17.3.28　模拟键盘事件

DOM3 级规定，调用 createEvent()并传入"KeyboardEvent"就可以创建一个键盘事件。返回的事件对象会包含一个 initKeyEvent()方法。这个方法接收的参数如表 17-19 所示。

表 17-19　initKeyEvent()参数

属性	类型	说明
type	字符串	表示要触发的事件类型，如 keydown
bubbles	布尔值	表示事件是否应该冒泡。为精确模拟鼠标事件，应该设置为 true
cancelable	布尔值	表示事件是否可以取消。为精确模拟鼠标事件，应该设置为 true
view	AbstractView	与事件关联的视图，一般设置为 document.defaultView
key	布尔值	表示按下的键的键码
location	整数	表示按下了哪个位置的键。0 表示默认的主键盘，1 表示左，2 表示右，3 表示数字键盘，4 表示移动设备（即虚拟键盘），5 表示手柄
modifiers	字符串	空格分隔的修改键列表，如 Shift
repeat	整数	在一行中按了这个键多少次

由于 DOM3 级不提倡使用 keypress 事件，因此下面代码模拟 keydown 和 keyup 事件。

```
var textbox = document.getElementById('myTextbox') , event;
//以 DOM3 级方式创建事件对象
if (document.implementation.hasFeature('KeyboardEvents', '3.0')) {
  event = document.createEvent('KeyboardEvent');
  event.initKeyboardEvent('keydown', true, true, document.defaultView, 'a',
0, "Shift", 0);
  //触发事件
  textbox.dispatchEvent(event);
}
```

这个例子模拟的是按住 Shift 键的同时又按下 A 键。在使用 document.createEvent("KeyboardEvent")之前，应该先检测浏览器是否支持 DOM3 级事件，其他浏览器返回一个非标准的 KeyboardEvent 对象。

17.3.29　globalCompositeOperation 属性

当两个或两个以上的图形存在重叠时，默认情况下，下一个图形画在前一个图形之上。通过指定 globalCompositeOperation 属性可以改变图形的绘制顺序或绘制方式，从而实现更多种可能。默认值为 source-over，语法形式为 context.globalCompositeOperation="source-in"，具体如表 17-20 所示。

表 17-20　globalCompositeOperation 属性值

值	描述
source-over	默认设置。在已有图形上层显示新图形
source-atop	在已有图形顶部显示新图形。只绘制新图形和原有图形相交的部分
source-in	在已有图形中显示新图形。只有已有图形内的新图形部分会显示，已有图形是透明的
source-out	在已有图形之外显示新图形。只会显示已有图形之外的新图形部分，已有图形是透明的
destination-over	在新图形上方显示已有图形
destination-atop	在新图形顶部显示已有图形。新图形之外的已有图形部分不会被显示
destination-in	在新图形中显示已有图形。只有新图形内的已有图形部分会被显示，新图形是透明的
destination-out	在新图形外显示已有图形。只有新图形外的已有图形部分会被显示，新图形是透明的
lighter	显示新图形+已有图形
copy	显示新图形，忽略已有图形
xor	使用异或操作对新图形与已有图形进行组合

17.4　任务实施

17.4.1　编写 HTML

在前端开发环境中新建项目文件夹"scratch-card"，在该文件夹中新建"scratch-card.html"文件，新建存放样式表的文件夹"css"、存放脚本的文件夹"js"和存放图片的文件夹"img"，打开"scratch-card.html"文件，依据 HTML5 规范编写刮刮乐页面的 HTML 结构，页面字符集设置为 UTF-8，设置页面标题 title 为"刮刮乐"，HTML 代码如下：

```html
<!DOCTYPE html>
<html lang="en">
<head>
    <meta charset="UTF-8">
    <title>刮刮乐</title>
    <link rel="stylesheet" href="css/scratch-card.css">

</head>
<body>
<img src="images/card.jpg">
<canvas id="canvas" width="600" height="649"></canvas>
<script src="js/scratch-card.js"></script>
</body>
</html>
```

17.4.2　编写 CSS 样式

在"css"文件夹中新建样式表文件"scratch-card.css"，在该文件中定义样式，主要包括所有元素初始化样式*、刮奖图片大小及垂直水平居中对齐标签样式 img、刮奖画布垂直水平居中对齐及层叠级别的 canvas，具体属性及值代码如下：

```
*{
    margin: 0;
    padding: 0;
}
img{
    width: 600px;
    height: 649px;
    position: absolute;/*对图片进行绝对定位*/
    top: 50%;
    left: 50%;
    transform: translate(-50%,-50%);
}
canvas{
    position: absolute;
    z-index: 1;
    top: 50%;
    left: 50%;
    transform: translate(-50%,-50%);
}
```

17.4.3 编写 JavaScript

在"js"文件夹中新建脚本文件"scratch-card.js",编写刮奖处理程序,实现当页面载入完成后,首先获取画布元素,然后定义绘画参数和鼠标按下并移动时开始绘制事件,绘图位置由窗口宽度和画布大小计算生成,代码如下:

```
// 定义变量 canvas 存放 id 为"canvas"对象
var canvas = document.getElementById('canvas')
// 定义画笔的变量
var context = canvas.getContext('2d')
// 为照片加上蒙版
context.beginPath()
context.fillStyle = 'grey'
context.fillRect(0, 0, 600, 649)
// 鼠标按下添加函数
canvas.onmousedown = function () {
  // 鼠标移动添加函数
  canvas.onmousemove = function () {
    // 获取鼠标坐标
    var x = event.clientX - (window.screen.availWidth - canvas.width) / 2;
    var y = event.clientY - (window.screen.availHeight - canvas.height) / 2;
    console.log("Screen coordinates: " + event.clientX + "," + event.clientY);
    context.globalCompositeOperation = 'destination-out'
    context.beginPath()
    context.arc(x, y, 30, 0, Math.PI * 2)
    context.fill()
  }
}
// 鼠标抬起不刮开
canvas.onmouseup = function () {
```

```
    canvas.onmousemove = function () { }
}
```

17.4.4 测试页面

可以直接在本地测试页面，也可以通过 http-server 来测试，页面效果如图 17-4 所示，按住鼠标拖动即可刮奖。

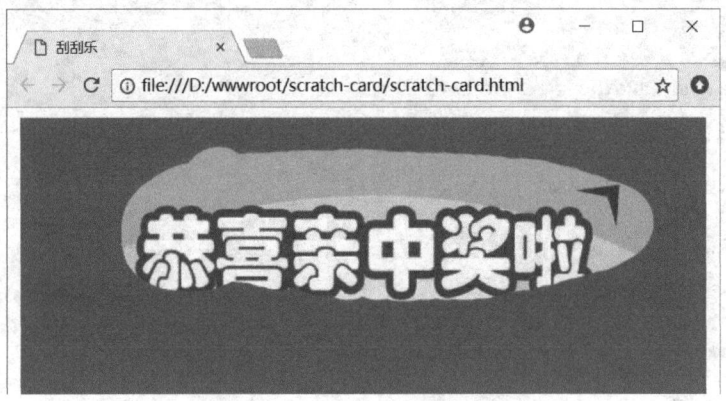

图17-4　刮刮乐页面效果图

17.5　强化训练

结合本任务实施过程和相关技术，设计编写一个刮刮乐组件，设计刮奖图和实现刮奖功能，保存并测试你的页面。

17.6　学习成果评量

等级	评分指标	得分
及格	P1. 能设计刮奖 HTML 页面和样式表	
	P2. 能使用实现刮奖的功能	
良好	M1. 能够根据项目需求修改刮奖界面	
优秀	D1. 能够根据项目需求定制刮奖功能	
评语		

18
Chapter

任务 18
微信运动步数统计图

JavaScript

18.1 任务导入

微信运动是由腾讯公司开发的一个类似计步数据库的公众账号。用户可以通过关注微信运动公众号查看自己每天行走的步数,同时也可以和其他用户进行运动量的 PK 或点赞。在微信运动"我的主页"可以查看个人本周的步数统计,该统计图以折线图形式直观地反映了本周每天的步数变化。本任务使用 HTML5 canvas 开发微信运动步数统计图。

18.2 成果目标

本任务旨在理解使用 HTML5 canvas 实现统计图的原理,掌握画布中背景、线条、文本等绘制技术,熟悉前端页面开发的过程,熟悉 Visual Studio Coder 的使用,积累前端开发的经验,培养前端组件开发的意识和兴趣。

知识目标	技能目标	素质目标
1. 理解 canvas 画布标签 2. 理解 canvas 绘图步骤 3. 理解 canvas 绘图参数	1. 设计统计图 HTML 2. 设计 canvas 样式 3. 绘制渐变背景 4. 绘制坐标 5. 绘制数据文本 6. 绘制折线	1. 遵循 Web 开发规范 2. 培养严谨的编程习惯 3. 培养分析和解决前端问题的能力 4. 培养演绎思维能力 5. 培养归纳思维能力

18.3 核心知识

18.3.1 HTML5 canvas

HTML5 新增的 canvas 元素用于在网页上使用 JavaScript 绘制图形。canvas 元素能够在网页中创建一块矩形无色透明区域,这块矩形区域被称为画布,拥有多种绘制路径、矩形、圆形、字符以及添加图像的方法。目前 IE9+、Firefox、Opera、Chrome 和 Safari 版本浏览器均支持 canvas 元素及其属性和方法。通过向 HTML5 页面添加 canvas 元素来创建 canvas 元素,在默认情况下,canvas 元素创建的画布区域宽 300 像素,高 150 像素。重新设置 canvas 元素的 id、宽度和高度的代码如下:

```
<canvas id="myCanvas" width="200" height="100" style="border: 1px solid #000000" >您的浏览器不支持canvas元素,请更新或更换其他浏览器!</canvas>
```

有些浏览器可能不支持 canvas 元素,因此需要为这些浏览器提供替代显示的内容。只需要直接在 canvas 元素内插入替代内容即可。不支持 canvas 的浏览器会忽略 canvas 元素而直接显示替代内容,支持 canvas 的浏览器则会正常地渲染 canvas。可以通过判断 canvas.getContext 方法是否存在来检测浏览器是否支持 canvas。

canvas 元素本身没有绘图能力,所有绘制工作必须在 JavaScript 来实现,用户可以借助编程接口（canvas API）在页面上绘制线条、图片、文字等任何想要的图形，代码如下：

```
var c=document.getElementById("myCanvas");
var cxt=c.getContext("2d");
cxt.fillStyle="#FF0000";
cxt.fillRect(0,0,150,75);
```

JavaScript 使用 id 来寻找 canvas 元素 var c=document.getElementById("myCanvas")，然后，创建 context 对象 var cxt=c.getContext("2d")，getContext("2d")对象是内建的 HTML5 对象，拥有多种绘制路径、矩形、圆形、字符以及添加图像的方法。cxt.fillStyle="#FF0000"和 cxt.fillRect (0,0,150,75)两行代码绘制一个红色的矩形，fillStyle 方法将其设置填充颜色为红色，fillRect 绘制矩形，通过参数规定了位置和尺寸。

18.3.2　canvas 坐标

在 HTML5 canvas 中绘制图形时，需要为图形指定绘制位置。在 canvas 中，坐标原点(0,0)位于左上角，x 轴正向水平向右延伸，y 轴正向垂直向下延伸。fillRect(0,0,150,75)在画布上绘制 150×75 的矩形，从左上角开始绘制。

18.3.3　canvas 绘图步骤

在 HTML5 canvas 中绘图可依照以下 4 个步骤进行。①在 HTML5 页面中添加 canvas 元素，必须定义 canvas 元素的 id 属性以便 JavaScript 调用。②在 JavaScript 脚本中使用 document. getElementById()方法获取 canvas 元素。③通过 canvas 元素的 getContext()方法获取画布上下文（context），以获取允许进行绘制的 2D 环境。getContext("2d")方法返回一个内建的 HTML5 对象，参数 2d 表示二维绘图，该方法返回能够实现绘图的大多数方法，例如路径、矩形、圆形、字符和图像等。④使用 JavaScript 进行绘制。

18.3.4　canvas 绘制渐变色

在 canvas 中可以绘制线性或径向渐变。如果要绘制线性渐变，首先需要使用 context.create LinearGradient()方法创建 canvasGradient 对象，然后使用 addColorStop()方法进行上色。在 context.createLinearGradient(x0,y0,x1,y1)中，参数 x0 指定渐变开始点的 x 坐标，y0 指定渐变开始点的 y 坐标，x1 指定渐变结束点的 x 坐标，y1 指定渐变结束点的 y 坐标，如 varlineargradient= context.createLinearGradient(20,20,150,150)。然后使用 addColorStop()方法定义色标的位置并进行上色。在 lineargradient.addcolorstop(stop,color)中，参数 stop 取 0.0～1.0 之间的值，表示渐变条中开始与结束之间的相对位置。渐变起点的偏移值为 0，终点的偏移值为 1。如果 position 值为 0.5，则表示色标会出现在渐变的正中间。color 指定在结束位置显示的 CSS 颜色值。

除了绘制线性渐变外，还可以使用 createRadiaGradient()方法创建径向渐变，同样需要使用 addColor 方法进行上色。

18.3.5　canvas 绘制文本

使用 fillText()和 strokeText()方法可以分别以填充方式和轮廓方式绘制文字。

（1）绘制填充文字。context.fillText(text,x,y,maxWidth)方法能够在画布上绘制被填充的文本，text 规定在画布上输出的文本内容，x 指定开始绘制文本的 x 坐标位置（相对于画布），y 指定开始绘制文本的 y 坐标位置（相对于画布），maxWidth:可选。允许的最大文本宽度，以像素计。

使用 fillText()方法在画布上绘制填色的文本，文本的默认颜色是黑色。用户可以使用 font 属性定义字体和字号，使用 fillStyle 属性定义字体颜色，或以渐变来渲染文本。

（2）设置文字属性。font 属性用于指定正在绘制的文字的样式，其语法与 CSS 字体样式的指定方法相同。如果要在绘制文字时改变字体样式，只需要更改这个属性的值即可。默认的字体样式为 10px sans-serif。例如：context.font="20pt Times new roman"。textAlign 属性用于指定正在绘制的文字的对齐方式，有 left、right、center、start、end 五种对齐方式，默认值为 start，如果文字从左到右排版则左对齐，从右到左排版则右对齐；若值为 end，如果文字从右到左排版则左对齐，从左到右排版则右对齐。textBaseline 属性用于指定正在绘制的文字的基线，有 top、hanging、middle、alphabetic、ideographic、bottom 六种属性值，默认值为 alphabetic。

（3）绘制轮廓文字。使用 strokeText()方法可以在画布上绘制无填充色的文本。文本的默认颜色是黑色，可以使用 font 属性定义字体和字号，再使用 strokeStyle 属性以另一种颜色或渐变来渲染文本。语法为 context.strokeText(text,x,y,maxwidth)，参数 text 规定在画布上输出的文本，x 开始绘制文本的 x 坐标，y 开始绘制文本的 y 坐标位置，maxWidth 可选，即允许的最大文本宽度，以像素为单位。

18.3.6　canvas 绘制直线

绘制直线需要用到 2 个方法：moveTo()和 lineTo()。moveTo()将光标移动到指定坐标点。并以这个坐标点为起点绘制路径，语法 context.moveTo(x,y)，参数 x 和 y 分别表示目标点位置的 x 坐标和 y 坐标。

lineTo()在 moveTo()方法指定的起点与本方法的参数指定的终点之间绘制一条直线。语法为 context.lineTo(x,y)，参数 x 和 y 分别表示终点位置的 x 坐标和 y 坐标。使用该方法绘制完直线后，光标自动移动到 lineTo()方法的参数所指定的终点位置。在创建路径时，需要使用 moveTo()方法将光标移动到指定的起点，然后使用 lineTo()方法在起点与终点之间创建路径，然后将光标移动到终点，在下一次使用 lineTo()方法的时候，会以当前光标所在坐标点为起点，在下一个用 lineTo()方法指定的终点之间创建路径。依次类推，不断重复这个过程，来完成复杂图形的路径绘制。将绘制直线的方法重复应用就可以绘制多边形。

18.3.7　canvas 绘制矩形

填充和边框是计算机图形绘制中的重要参数。填充（fill）使用颜色填满封闭图形内部，边框（stroke）不填满图形内部，只绘制图形的外框。在使用 canvas 元素绘制图形的时候，默认的填充色和描边色都为黑色。需要更改时，使用 fillStyle 属性设定填充图形的样式，如设置填充的颜色值。使用 strokeStyle 属性设定图形边框的样式，如设置边框的颜色值。使用 lineWidth 属性设置图形边框的宽度，任何直线都可以通过 lineWidth 属性指定直线的宽度。使用 fillRect()方法绘制被填充的矩形，语法为 context.fillRect(x,y,width,height)，参数 x 指定矩形左上角的 x 坐标，y 指定矩形左上角的 y 坐标，width 指定矩形的宽度，以像素为单位，height 指定矩形的高度，以像素为单位。语法 context.strokeRect(x,y,width,height)将绘制矩形，不填充。

18.3.8 canvas 绘制圆形

绘制圆形可能会用到 context.beginPath()、context.arc()、context.closePath()、context.fill()和 context.stroke()5 个方法。context.beginPath()开始一条路径，或重置当前的路径。context.arc()创建弧或曲线，用于绘制圆或部分圆。语法为 context.arc(x,y,r,sAngle,eAngle,counterclockwise)，参数 x 指定圆的中心的 x 坐标，y 指定圆的中心的 y 坐标，r 为圆的半径，sAngle 为起始角，以弧度计，以 3 点钟位置是 0 度，eAngle 为结束角，以弧度计。counterclockwise 为可选参数，选择逆时针还是顺时针绘图。false 为顺时针，true 为逆时针。如果使用 context.arc()创建圆，可以把起始角设置为 0，结束角设置为 2×Math.PI。context.closePath()创建从当前点到开始点的路径，相当于闭合路径操作。context.fill 填充当前的路径，默认值为黑色，可以使用 fillStyle 属性重设填充颜色或渐变。注意，如果路径未关闭，那么 fill()方法会从路径结束点到开始点之间添加一条线，以关闭该路径然后填充该路径。context.stroke()绘制已定义的路径，默认值为黑色，可以使用 strokeStyle 属性重设另一种颜色或渐变。

绘制图形，需要使用路径。在开始绘制图形之前，需要取得图形上下文，然后需要执行如下步骤：①使用 context.beginPath()方法，开始创建路径；②创建图形的路径，如使用 context.arc()方法等；③路径创建完成后，使用 context.closePath()方法关闭路径，本步可选；④设定绘制样式，本步可选；⑤调用绘制方法，绘制路径，如使用 context.fill()或 context.stroke()方法。

18.3.9 canvas 绘制曲线

使用 context.arcTo()方法可以绘制曲线，该方法是 context.LineTo()的曲线版，它能够创建两条切线之间的弧或曲线。语法为 context.arcTo（x1,y1,x2,y2,r），参数 x1 指定弧的起点的 x 坐标，y1 指定弧的起点的 y 坐标。x2 指定弧的终点的 x 坐标，y2 指定弧的终点的 y 坐标，r 指定弧的半径。最后使用 context.stroke 方法在画布上绘制确切的弧。

18.4 任务实施

18.4.1 编写 HTML

在前端开发环境中新建项目文件夹"werun"，在该文件夹中新建"werun.html"文件，新建存放脚本的文件夹"js"，打开"werun.html"文件，依据 HTML5 规范编写页面的 HTML 结构，页面字符集设置为 UTF-8，页面放置了画面元素 canvas，HTML 代码如下：

```
<!DOCTYPE html>
<html lang="en">

<head>
    <meta charset="UTF-8">
    <title>微信运动步数统计图</title>
</head>
```

```
<body>
    <canvas id="canvas" style="border-radius: 8px;" width="530" height=
"250"></canvas>
    <script src="js/werun.js"></script>
</body>

</html>
```

18.4.2　编写 JavaScript

在项目 "js" 文件夹中新建 "werun.js" 文件，代码实现了统计图背景、坐标轴标签、步数、圆圈和折线的绘制，代码如下：

```
var canvas = document.getElementById('canvas')
var ctx = canvas.getContext('2d')
var gradient = ctx.createLinearGradient(0, 0, 530, 250)
gradient.addColorStop(0, '#18C083')
gradient.addColorStop(1, '#1296A2')
ctx.fillStyle = gradient
ctx.fillRect(0, 0, 530, 250)
// 绘制横坐标（日期）
ctx.fillStyle = '#fff'
ctx.font = '22px Microsoft YaHei'
ctx.fillText('周', 10, 32)
ctx.fillText('步数:7826', 420, 32)
ctx.globalAlpha = 0.5
ctx.font = '14px Microsoft YaHei'
ctx.fillText('8 月 8', 10, 234)
ctx.fillText('9', 90, 234)
ctx.fillText('10', 170, 234)
ctx.fillText('11', 250, 234)
ctx.fillText('12', 330, 234)
ctx.fillText('13', 410, 234)
ctx.fillText('14', 490, 234)
// 绘制对应时期的步数
ctx.fillText('17965', 0, 55)
ctx.fillText('5762', 75, 147)
ctx.fillText('7205', 155, 136)
ctx.fillText('9056', 235, 122)
ctx.fillText('2853', 315, 169)
ctx.fillText('2873', 395, 168)
ctx.fillText('5962', 475, 145)
// 绘制水平参考线
ctx.strokeStyle = '#fff'
ctx.moveTo(10, 50)
ctx.lineTo(520, 50)
ctx.moveTo(10, 125)
ctx.lineTo(520, 125)
ctx.moveTo(10, 200)
```

```
ctx.lineTo(520, 200)
ctx.stroke()

ctx.beginPath()
ctx.globalAlpha = 1
var coordinate = [[10, 65], [90, 157], [170, 146], [250, 132], [330, 179],
[410, 178], [490, 155]]
// 绘制折线
ctx.moveTo(10, 65)
ctx.lineTo(90, 157)
ctx.lineTo(170, 146)
ctx.lineTo(250, 132)
ctx.lineTo(330, 179)
ctx.lineTo(410, 178)
ctx.lineTo(490, 155)
ctx.lineWidth = 2
ctx.stroke()
// 绘制圆圈
for (var i = 0; i < coordinate.length; i++) {
  ctx.beginPath()
  ctx.arc(coordinate[i][0], coordinate[i][1], 3, 0, 2 * Math.PI)
  ctx.fill()
}
```

18.4.3　测试页面

可以直接在本地测试页面，也可以通过 http-server 来测试，如图 18-1 所示。

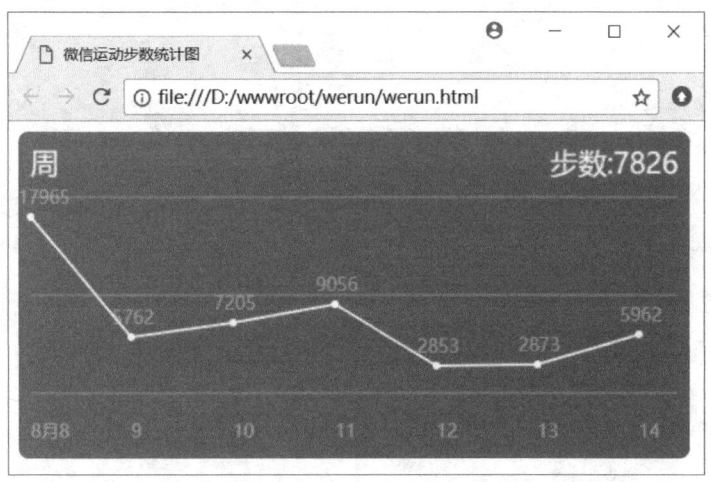

图18-1　微信运动统计图效果

18.5 强化训练

参照本任务，使用自己本周的微信运动数据，设计开发微信运动统计图。

18.6 学习成果评量

等级	评分指标	得分
及格	P1. 能设计统计图 HTML 和样式表	
	P2. 能使用画面 canvas 绘制折线统计图	
良好	M1. 能够根据项目需求进行数据收集和预处理	
优秀	D1. 能够根据项目需求定制折线统计图	
评语		

19

任务 19

相册

JavaScript

19.1 任务导入

　　图片是网页中最为重要的媒体类型之一，当有大量图片需要呈现时，先用各张图片生成缩略图，然后用户通过单击感兴趣的缩略图查看更大尺寸的图像，并支持以大尺寸图像方式前后翻阅相册中的图片。本任务开发图 19-1 所示的相册效果图，单击任意缩略图，即可以大尺寸图像方式查看该图片，并支持以大尺寸视图前后翻页，翻页可以由用户单击左右两侧的按钮触发，也可以使用键盘上的左右方向键。

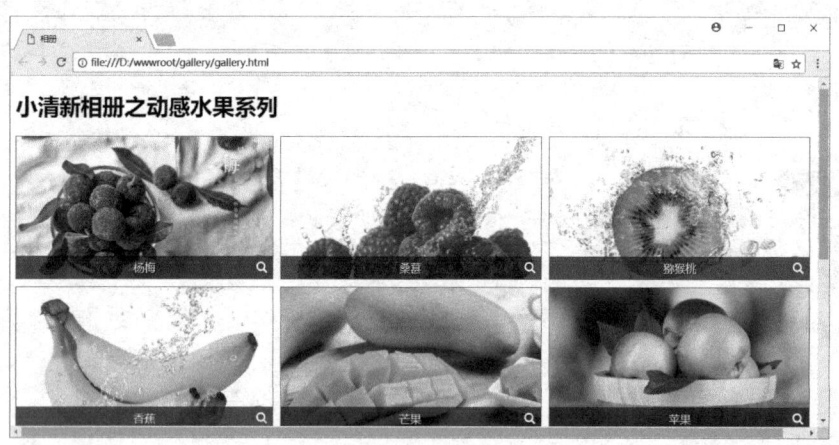

图19-1　相册效果图

19.2　成果目标

　　本任务旨在理解相册的实现原理，掌握缩略图与大尺寸图像的关联技术、覆盖层生成技术、图片导航事件处理技术，熟悉 Visual Studio Coder 的使用，积累前端开发的经验，培养前端组件开发的意识和兴趣。

技能目标	素质目标
1. 设计相册 HTML 结构 2. 设计相册 CSS 样式 3. 开发事件委托应用 4. 开发图片切换功能	1. 遵循 Web 开发规范 2. 培养严谨的编程习惯 3. 培养分析和解决前端问题的能力 4. 培养演绎思维能力 5. 培养归纳思维能力

19.3　任务实施

19.3.1　编写 HTML

　　在前端开发环境中新建项目文件夹"gallery"，在该文件夹中新建"gallery.html"文件，新建存放样式表的文件夹 "css" 和存放脚本的文件夹 "js", 打开 "gallery.html" 文件, 依据 HTML5 规范编写弹出层页面的 HTML 结构, 页面字符集设置为 UTF-8, 页面主要有图像缩略图列表和覆盖层容器两大部分, HTML 代码如下:

```
<!DOCTYPE html>
<html>

<head>
    <title>相册</title>
    <meta charset="utf-8">
    <meta name="viewport" content="width=device-width, initial-scale=1,
minimal-ui, user-scalable=no">
    <link href="css/gallery.css" rel="stylesheet" type="text/css">
</head>

<body>
    <div id="gallery" class="gallery">
        <h1>小清新相册之动感水果系列</h1>
        <ul>
            <li class="gallery-item">
                <img src="img/01.jpg" alt="" title="杨梅">
                <div>杨梅</div>
            </li>

            <li class="gallery-item">
                <img src="img/07.jpg" alt="" title="桑葚">
                <div>桑葚</div>
            </li>

            <li class="gallery-item">
                <img src="img/11.jpg" alt="" title="猕猴桃">
                <div>猕猴桃</div>
            </li>

            <li class="gallery-item">
                <img src="img/13.jpg" alt="" title="香蕉">
                <div>香蕉</div>
            </li>

            <li class="gallery-item">
                <img src="img/31.jpg" alt="" title="芒果">
                <div>芒果</div>
            </li>

            <li class="gallery-item">
                <img src="img/39.jpg" alt="" title="苹果">
                <div>苹果</div>
            </li>
            <li class="gallery-item">
```

```
                    <img src="img/48.jpg" alt="" title="草莓">
                    <div>草莓</div>
            </li>

            <li class="gallery-item">
                    <img src="img/52.jpg" alt="" title="梨">
                    <div>梨</div>
            </li>
            <li class="gallery-item">
                    <img src="img/57.jpg" alt="" title="橙子">
                    <div>橙子</div>
            </li>

            <li class="gallery-item">
                    <img src="img/67.jpg" alt="" title="西瓜">
                    <div>西瓜</div>
            </li>
            <li class="gallery-item">
                    <img src="img/73.jpg" alt="" title="樱桃">
                    <div>樱桃</div>
            </li>
            <li class="gallery-item">
                    <img src="img/86.jpg" alt="" title="柠檬">
                    <div>柠檬</div>
            </li>

    </ul>
</div>
<div class="mask">
        <div class="mask-backdrop">
                <img src="img/98.jpg" alt="" class="ma5-clone" id="photo">
        </div>

        <div class="mask-close">
                <span class="mask-icon-close"></span>
        </div>
        <div class="mask-prev">
                <span class="mask-icon-left"></span>
        </div>
        <div class="mask-next">
                <span class="mask-icon-right"></span>
        </div>
        <div class="mask-figcaption">
                <span class="mask-icon-info"></span>
                <span id="figcaption"></span>
        </div>
    </div>
    <script src="js/gallery.js"></script>
</body>
</html>
```

19.3.2 编写 CSS 样式

在项目"css"文件夹中建立样式文件"gallery.css",打开该文件编写相册样式,主要完成缩略图列表和覆盖层容器样式定义,代码如下:

```css
.gallery {
  width: 1200px;
  margin: 10px auto;
}

.gallery ul {
  width: 100%;
  padding: 0;
  list-style: none;
  margin: 0 auto;
  overflow: hidden;
}

.gallery-item {
  float: left;
  position: relative;
  width: 375px;
  height: 200px;
  margin-right: 10px;
  margin-bottom: 10px;
  border: 1px solid #626262;
  cursor: pointer;
  overflow: hidden;
}

.gallery-item img {
  display: block;
  width: 100%;
  height: auto;
}

.gallery-item div {
  position: absolute;
  left: 0;
  bottom: 0;
  width: 100%;
  height: 2rem;
  line-height: 2rem;
  background-color: rgba(0, 0, 0, 0.6);
  text-align: center;
  color: #fff;
  text-shadow: 1px 1px 1px #000;
}
```

```css
.gallery li::after {
  font-family: ma5galleryfont;
  content: "  ";
  position: absolute;
  bottom: .5rem;
  right: .5rem;
  font-size: 1rem;
  font-style: normal;
  font-weight: normal;
  line-height: 1;
  display: block;
  width: 1rem;
  height: 1rem;
  cursor: pointer;
  background-color: rgba(85, 85, 85, 0.4);
  color: white;
  -webkit-font-smoothing: antialiased;
  padding: .6rem 0 0 .6rem;
  border-radius: 3rem;
}

.mask {
  display: none;
}

.mask .mask-backdrop {
  background-color: black;
  transition: none !important;
  position: absolute;
  top: 0;
  left: 0;
  bottom: 0;
  right: 0;
  width: 100%;
  height: 100%;
}

.mask-backdrop img {
  position: absolute;
  width: 82%;
  height: auto;
  left: 50%;
  top: 50%;
  transform: translate(-50%,-50%);
}

.mask-close {
  position: absolute;
  right: 3rem;
  top: 1rem;
```

```
}

.mask-prev {
  position: absolute;
  top: 50%;
  left: 3rem;
}

.mask-next {
  position: absolute;
  top: 50%;
  right: 3rem;
}
.mask-figcaption{
  position: absolute;
  top: 1rem;
  left: 1rem;
  text-shadow: 1px 1px 2px #000;
}
.mask-figcaption span{
    font-size: 1.5rem;
    color: #fff;
    padding-left: 2.5rem;

}

/* screen end */
@font-face {
  font-family: 'ma5galleryfont';
  src: url("") format("woff");
}

[class*=" mask-icon-"]:before,
[class^="mask-icon-"]:before {
  position: absolute;
  top: .1rem;
  display: inline-block;
  font-family: 'ma5galleryfont';
  font-size: 2rem;
  font-style: normal;
  font-weight: normal;
  line-height: 1;
  color: #fff;
  -webkit-font-smoothing: antialiased;
  -moz-osx-font-smoothing: grayscale;
}

.mask-icon-close:before {
  content: '\e806';
}
```

```css
.mask-icon-left:before {
  content: '\e807';
}

.mask-icon-right:before {
  content: '\e808';
}
.mask-icon-info::before{
  content: '\e802';
}
```

19.3.3　编写 JavaScript

在项目"js"文件夹中新建"gallery.js"文件，代码通过事件委托技术实现了在缩略图上触发弹出层事件，更新弹出层图片及标题，处理用户对左右两侧按钮的单击事件和用户按下键盘左右方向键事件，代码如下：

```javascript
var photo = document.getElementById("photo");
var curImg = 0;
var figcaption = document.getElementById("figcaption");
var galleryList = document.getElementById("gallery").getElementsByTagName
("ul")[0];
var mask = document.getElementsByClassName("mask")[0];
var listImg = galleryList.getElementsByTagName("img");
var len = listImg.length;
//对缩略图列表进行事件绑定
galleryList.addEventListener("click", function (e) {
    var target = e.target;
    //console.log(target);
    if (target.nodeName !== "IMG") {
        return;
    }
    mask.style.display = "block";
    scrollTo(0, 0);
    photo.src = target.getAttribute("src");
    figcaption.innerHTML = target.getAttribute("title");
    for (var i = 0; i < len; i++) {
        if (listImg[i].src === photo.src) {
            curImg = i;
        }
    }
}, false);

//对覆盖层的关闭按钮绑定事件
var btnClose = document.getElementsByClassName("mask-close")[0];
btnClose.addEventListener("click", close, false);

document.addEventListener("keydown", jumpPage, false);
```

```
//对上一页按钮绑定事件
var btnPrev = document.getElementsByClassName("mask-prev")[0];
btnPrev.addEventListener("click", prev, false);
//对上一页按钮绑定事件
var btnNext = document.getElementsByClassName("mask-next")[0];
btnNext.addEventListener("click", next, false);

function close() {
    mask.style.display = "none";
}

function prev() {
    if (curImg - 1 <= 1) {
            curImg = len;
    }
    curImg--;
    changPhoto();

}

function next() {
    if (curImg + 1 >= len) {
            curImg = 0;
    }
    curImg++;
    changPhoto();
}

function changPhoto() {
    photo.src = listImg[curImg].src;
    photo.setAttribute("title", listImg[curImg].title);
    figcaption.innerHTML = photo.getAttribute("title");
}

function jumpPage(event) {
    if (event.keyCode == 37) {
            next();
    }
    if (event.keyCode == 39) {
            prev();
    }
    if (event.keyCode == 27) {
            close();
    }
}
```

19.3.4 测试页面

可以直接在本地测试页面，也可以通过 http-server 来测试，单击任意缩略图，进入大尺寸图像查看模式，用户通过界面中左右两侧按钮或者键盘的左右方向键实现前后翻页功能，通过单击右上角按钮或者按 Esc 键关闭覆盖层，回到缩略图列表界面，如图 19-2 所示。

图19-2　相册效果图

19.4　强化训练

参照本任务开发过程和技术，设计开发主题相册，实现缩略图与大尺寸图像的切换和翻页功能。

19.5　学习成果评量

等级	评分指标	得分
及格	P1. 能设计相册 HTML 和样式表	
	P2. 能基于相册原理和事件处理实现大尺寸图像的显隐功能	
良好	M1. 能够根据项目需求修改局部相册界面和界面交互	
优秀	D1. 能够根据项目需求定制相册界面和交互功能	
评语		

20

任务 20
选项卡

JavaScript

20.1 任务导入

选项卡（Tabs）组件是 Web 页面中常用的功能，类似于 Windows 操作系统的选项卡，单击一个标签项，就切换到该标签对应的面板，而对于网页，其行为也是非常类似的。如新浪网的首页大量应用了选项卡，如图 20-1 所示。

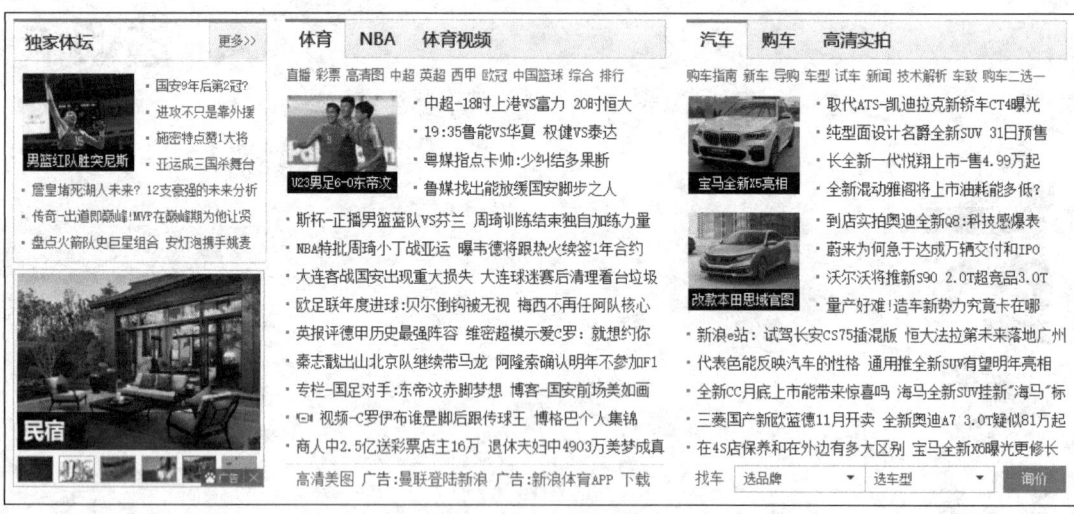

图20-1 新浪选项卡

选项卡可节省版面空间，特别适合于内容较多、分类较多的网页页面。选项卡一般由选项卡标签和选项卡内容两部分组成，其实现原理是在标签上绑定鼠标事件，当事件发生时，先取消原来高亮（有.active 样式）的元素，然后查询鼠标事件触发的对象并添加 active 样式，再根据该对象查找标签对应的内容容器，给该内容窗口添加样式以实现图文显示内容。

20.2 成果目标

本任务旨在理解选项卡的实现原理，掌握标签及内容的组织，掌握选项卡样式定义，熟悉前端页面开发的过程，熟悉 Visual Studio Coder 的使用，积累前端开发的经验，培养前端组件开发的意识和兴趣。

知识目标	技能目标	素质目标
1. 理解选项卡 HTML 模型 2. 理解 ul 默认属性 3. 理解 float 4. 理解选项卡切换原理	1. 设计选项卡 HTML 2. 设计选项卡 CSS 样式 3. 开发选项卡切换功能	1. 遵循 Web 开发规范 2. 培养严谨的编程习惯 3. 培养分析和解决前端问题的能力 4. 培养演绎思维能力 5. 培养归纳思维能力

　核心知识

20.3.1　选项卡 HTML 模型

为方便 Web 页面整体布局时控制选项卡，需要为选项卡设置一个父容器<divclass="tabs">，用于整体控制选项卡的大小和位置。子容器<ulclass="tabs-label">放置选项卡标签文字，<ulclass="tabs-content">容器依据选项卡标签顺序放置对应的选项卡内容。

```
<!--定义选项卡区域宽高和位置-->
<divclass="tabs">
<!--定义选项卡导航标签区-->
<ulclass="tabs-label">
<li><ahref="#"target="_blank">标签 1</a></li>
<li><ahref="#"target="_blank">标签 2</a></li>
</ul>
<!--定义选项卡内容区-->
<ulclass="tabs-content">
<!--定义选项卡标签 1 对应的内容-->
<liclass="tab-pane">
<ahref="#"target="_blank"><imgsrc=""alt=""></a>
<divclass="tab-img-title"></div>
</li>
<!--定义选项卡标签 2 对应的内容-->
<liclass="tab-panefade">
<ahref="#"target="_blank"><imgsrc=""alt=""></a>
<divclass="tab-img-title"></div>
</li>
</ul>
</div>
```

20.3.2　重置 ul 属性

Chrome、Firefox、Safari 和 InternetExplorer11 等浏览器均设置 ul/ol 的上边距（margin-top）和下边距（margin-bottom）为 1em，左填充（padding-left）为 40 像素，都有默认的列表符号。一般项目中需要重置无序列表 ul 的 margin-top、margin-bottom、padding-left 和 padding-left 属性，典型的代码如下：

```
ul {
  padding-left: 0;
  /*重置左填充(padding-left)*/
  margin: 0;
  /*重置上下边距*/
  list-style: none;
  /*隐藏列表符号*/
}
```

20.3.3 浮动（float）

浮动定位的目的就是打破浏览器按照默认文档流的显示规则，而按照设定的布局要求进行显示。float 属性的 left 和 right 值分别能够让对象向左或者向右浮动。浮动的框可以向左或向右移动，直到它的外边缘碰到包含框或另一个浮动框的边框为止，如图 20-2 所示，当把框 1 向右浮动时，它脱离文档流并且向右移动，直到它的右边缘碰到包含框的右边缘。

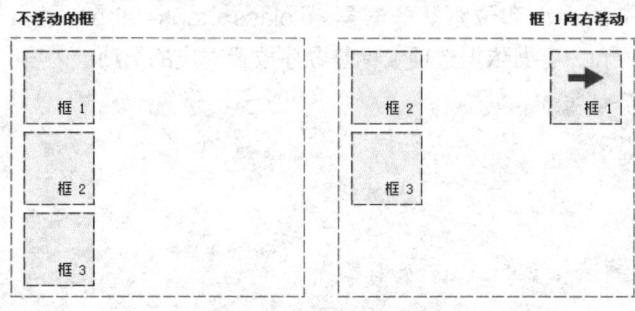

图20-2　浮动（1）

当框 1 向左浮动时，它脱离文档流并且向左移动，直到它的左边缘碰到包含框的左边缘。因为它不再处于文档流中，所以它不占据空间，实际上覆盖住了框 2，使框 2 从视图中消失。如果把所有三个框都向左移动，那么框 1 向左浮动直到碰到包含框，另外两个框向左浮动直到碰到前一个浮动框，如图 20-3 所示。

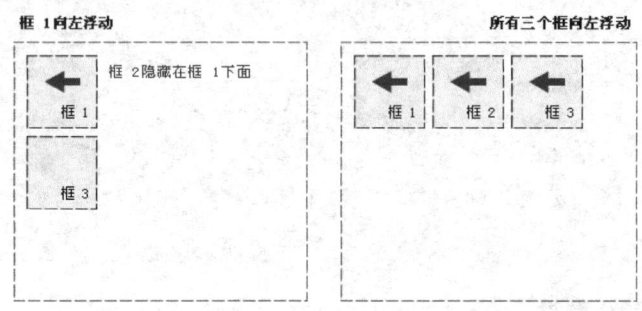

图20-3　浮动（2）

如果包含框太窄，无法容纳水平排列的三个浮动元素，那么其他浮动块向下移动，直到有足够的空间。如果浮动元素的高度不同，那么当它们向下移动时可能会被其他浮动元素"卡住"，如图 20-4 所示。

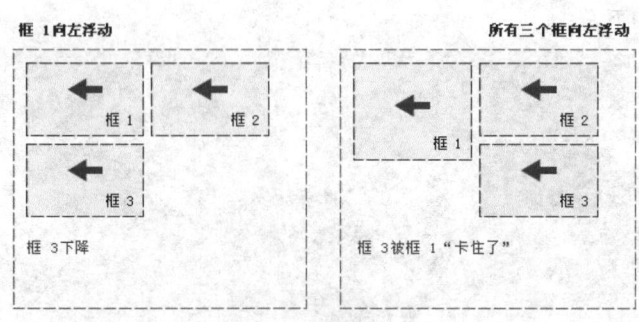

图20-4　浮动（3）

当需要网站对分辨率及内容大小有较强的适应能力的时候，就需要采用浮动定位。浮动定位能帮助我们将布局浮动在窗口之中，而不是固定在窗口的某个位置，所以其目的主要是针对非固定类型的网页进行设计。本项目中通过设置 li 的 float:left，让每个列表项不再独占一行，而是形成水平排列的标签链接。

20.3.4　绝对定位（absolute）

CSS 的 Positioning 属性允许定位元素。CSS 有三种基本的定位机制：普通流、浮动和绝对定位。浮动式布局和绝对定位都脱离于文档流的控制，会改变元素的位置由元素在 HTML 中的位置决定的规则。relative（相对定位）设置元素相对于原始位置的偏移量，它原本所占的空间仍保留，被相对定位的元素可能会覆盖在其他元素上。absolute（绝对定位）元素会从文档流完全删除，并相对于已经有定位属性的最近祖先元素进行定位，如果没有祖先元素被定位，则视 HTML 为祖先元素，也就是说，如果不想以 HTML 作为定位祖先元素，就要在被绝对定位元素的祖先元素（一般是父容器）中设置相对定位或绝对定位，否则绝对定位失效。元素原先在正常文档流中所占的空间会取消，就好像元素不存在一样。绝对定位主要通过设置对象的 top、right、bottom 和 left 四个方向的边距值来实现。因为绝对定位的框与文档流无关，所以它们可以覆盖页面上的其他元素，通过设置深度（z-index）属性来控制这些框的堆放次序，z-index 值越大，对象层次越高。fixed（固定定位）元素的表现类似于 absolute，不过其包含块是视窗本身。

20.3.5　选项卡切换原理

选项卡切换包括 2 项关键技术。①选项卡标签项与选项卡内容项的关联。实现关联最简单的办法是建立 HTML 结构时就使选项卡标签项与选项卡内容项的顺序一一对应，当触发第 n 个选项卡标签时，就切换第 n 个选项卡内容区可见。②选项卡内容项的显隐控制。显隐控制的基本逻辑是显示时添加的定义了 display:block 声明的类样式（如 .active），隐藏时则删除定义了 display:block 声明的类样式（如 .active）即可。

20.4　任务实施

20.4.1　编写 HTML

在前端开发环境中新建项目文件夹"tabs"，在该文件夹中新建"tabs.html"文件，新建存放样式表的文件夹"css"、存放脚本的文件夹"js"和存放图片的文件夹"img"，打开"tabs.html"文件，依据 HTML5 规范编写选项卡页面的 HTML 结构，页面字符集设置为 UTF-8，设置页面标题 title 为"选项卡"，HTML 代码如下：

```
<!doctype html>
<html lang="en">

<head>
    <meta charset="utf-8">
    <meta name="viewport" content="width=device-width, initial-scale=1">
    <title>标签页</title>
```

```html
        <link rel="stylesheet" href="css/tab.css">
</head>

<body>

    <div id="tabs" class="ui-tabs">
        <ul class="ui-tabs-nav ui-clearfix">
            <li>
                <a href="#tabs-1">资讯</a>
            </li>
            <li>
                <a href="#tabs-2">娱乐</a>
            </li>
            <li>
                <a href="#tabs-3">体育</a>
            </li>
            <li>
                <a href="#tabs-4">汽车</a>
            </li>
            <li>
                <a href="#tabs-5">时尚</a>
            </li>
            <li>
                <a href="#tabs-6">军事</a>
            </li>
            <li>
                <a href="#tabs-7">房产</a>
            </li>
            <li>
                <a href="#tabs-8">视频</a>
            </li>
            <li>
                <a href="#tabs-9">游戏</a>
            </li>
        </ul>
        <div class="tab-inner">
        <div id="tabs-1">
                <img src="img/news.jpg">
                <div>
                    <p>前一刻还在洗澡，下一刻被带走</p>
                </div>
        </div>
        <div id="tabs-2">
                <img src="img/ent.jpg">
                <div>
                    <p>她的脸怎么了？厚妆都盖不住红肿</p>
                </div>
          </div>

            <div id="tabs-3">
```

```
            <img src="img/sports.jpg">
            <div>
                <p>他披起了五星红旗……</p>
            </div>
        </div>
        <div id="tabs-4">
            <img src="img/auto.jpg">
            <div>
                <p>斗气就是作死？看看大货司机眼中的小轿车！</p>
            </div>
        </div>
        <div id="tabs-5">
            <img src="img/fashion.jpg">
            <div>
                <p>47 岁的不老女神带 20 岁的女儿罕见亮相</p>
            </div>
        </div>
        <div id="tabs-6">
            <img src="img/mil.jpg">
            <div>
                <p>海湾大军演结束 阿拉伯联军阅兵后转战叙利亚？</p>
            </div>
        </div>
        <div id="tabs-7">
            <img src="img/house.jpg">
             <div>
                <p>太监墓中发现 一行字 老外都闭嘴了(图)</p>
            </div>
        </div>
        <div id="tabs-8">
            <img src="img/video.jpg">
            <div>
                <p>在网上被骂怎么应对？余秋雨：你们可以学学我</p>
            </div>
        </div>
        <div id="tabs-9">
            <img src="img/game.jpg">
            <div>
                <p>69 岁"风水师"沉迷"抓宝" 自行车上装 11 台手机</p>
            </div>
        </div>
    </div>

    </div>

    <script src="js/tabs.js"></script>
</body>

</html>
```

20.4.2　编写 CSS

在 "css" 文件夹中新建将样式表文件 "tab.css"，在该文件中定义样式，主要包括选项卡类样式 ui-tabs、切换标签样式和选项卡内容区样式，具体属性及值代码如下：

```css
/* 定义整个标签切换区容器 */
.ui-tabs {
  position: relative;
  padding: .2em;
  width: 360px;
  height: 250px;
  border: 1px solid #c5c5c5;
  border-radius: 3px;
  background: #ffffff;
  color: #333333;
  border-bottom-right-radius: 3px;
  font-family: Arial,Helvetica,sans-serif;
  font-size: 14px;
  border: 1px solid #dddddd;
}
/* 定义标签切换区的标签文本容器 */
.ui-tabs .ui-tabs-nav {
  margin: 0;
  border-bottom-right-radius: 3px;
  margin: 0;
  padding: 0;
  border: 0;
  outline: 0;
  line-height: 1.3;
  text-decoration: none;
  font-size: 100%;
  list-style: none;
  border: 1px solid #dddddd;
  background: #e9e9e9;
  color: #333333;
  font-weight: bold;

}

/* 定义标签切换区的标签列表项样式*/
.ui-tabs .ui-tabs-nav li {
  list-style: none;
  float: left;
  position: relative;
  top: 0;
  margin: 1px 1px 0 0;
  border-bottom-width: 0;
  padding: 0;
  white-space: nowrap;
```

```
    border-top-right-radius: 3px;
    border: 1px solid #c5c5c5;
    background: #f6f6f6;
    font-weight: normal;
    color: #454545;

}
/*  定义标签切换区的标签列表项 a 样式*/
.ui-tabs .ui-tabs-nav a {
    float: left;
    padding: .2em;
    text-decoration: none;
}
/* 当前激活标签 */
.ui-tabs-active {
    margin-bottom: -1px;
    padding-bottom: 1px;
    background-color: #f00;
}

.tab-inner {
    position: relative;
    width: 100%;
    overflow: hidden;
}

.tab-inner > div {
    display: none;
    border-width: 0;
    background: none;
    border-bottom-right-radius: 3px;
    border: 1px solid #c5c5c5;
    position: relative;
    width: 100%;
    transition: -webkit-transform .6s ease;
    transition: transform .6s ease;
    transition: transform .6s ease,-webkit-transform .6s ease;
}

/* 定义标签切换的图片样式 */
.tab-inner img {
    display: block;
    width: 100%;
    height: auto;
}
/*  定义标签切换的图片标题及说明文本样式*/
.tab-inner div div {
    position: absolute;
    right: 0;
    bottom: 0;
```

```
    left: 0;
    z-index: 10;
    background-color: rgba(0, 0, 0, 0.5);
}

.tab-inner p {
    color: #fff !important;
    font-size: 14px;
    text-align: center;
}

.ui-clearfix:after,
.ui-clearfix:before {
    content: "";
    display: table;
    border-collapse: collapse;
}

.ui-clearfix:after {
    clear: both;
}
```

20.4.3 编写 JavaScript 脚本

在"js"文件夹中新建脚本文件"tabs.js"，编写选项卡程序，实现当页面载入完成后，首先显示第一个选项卡内容，然后监听选项卡上的鼠标 mouseover 事件，当鼠标滑入某个选项卡时，对应的内容显示，其他选项卡内容隐藏，代码如下：

```javascript
//定义选项卡载入时显示的选项
var curTab = 0;
// 获取标签页容器
var tab = document.getElementById('tabs')
// 获取所有标签页的标签对象集合
var tabLists = tab.getElementsByTagName('li')
// 设置第一个标签为当前激活标签
tabLists[0].className = 'ui-tabs-active'
// 设置第一张图片默认展示
curTab = document.getElementById("tabs-1");
curTab.style.display = 'block';

for (var i = 0; i < tabLists.length; i++) {
    tabLists[i].addEventListener('mouseover', function () {
        if (curTab) {
            curTab.style.display = 'none';
        }
        var curHref = this.firstElementChild.getAttribute('href')
        var curTabId = curHref.substring(1, curHref.length)
        var curTabsDiv = document.getElementById(curTabId)
        curTabsDiv.style.display = 'block'
        curTab = curTabsDiv;
```

```
    })
  }
```

20.4.4　浏览器测试

可以直接在本地测试页面，也可以通过 http-server 来测试，页面效果如图 20-5 所示。

图20-5　选项卡效果图

20.5　强化训练

结合本任务实施过程和相关技术，模仿制作新浪网（http://www.sina.com.cn/）首页选项卡。

20.6　学习成果评量

等级	评分指标	得分
及格	P1. 能设计选项卡 HTML 页面和样式表	
	P2. 能实现标签切换功能	
良好	M1. 能够根据项目需求修改选项卡界面	
优秀	D1. 能够根据项目需求定制切换事件及效果	
评语		

Chapter

21

JavaScript

任务 21
JavaScript 抽奖器

21.1　任务导入

本任务利用数组操作开发一个适用于抽奖、房产摇号、车位摇号、学位摇号的抽奖原型，支持以数字序号方式抽奖，支持黑名单功能，完成后如图 21-1 所示，抽奖时，在表单中输入抽奖总人数、排除范围（黑名单）和抽奖人数，单击抽奖按钮生成抽奖号码。

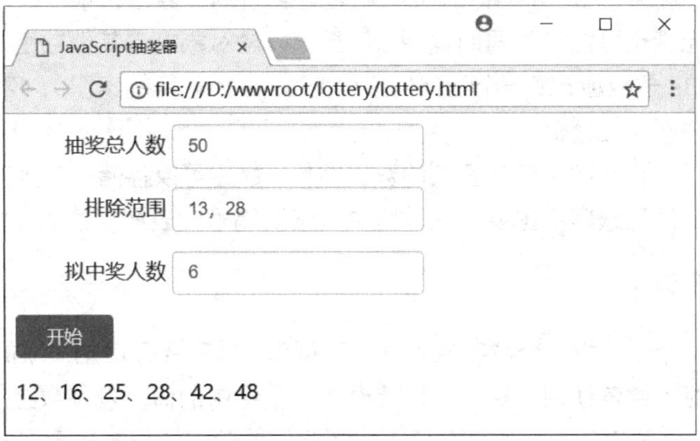

图21-1　抽奖器效果图

21.2　成果目标

本任务旨在理解数组中生成随机数的原理，掌握数组操作技术，熟悉 Visual Studio Coder 的使用，积累前端开发的经验，培养前端组件开发的意识和兴趣。

知识目标	技能目标	素质目标
1. 理解数组的使用场景 2. 理解数组的属性和方法 3. 理解数据的惯用法	1. 编写页面结构 2. 编写 CSS 样式 3. 编写 JavaScript	1. 遵循 Web 开发规范 2. 培养严谨的编程习惯 3. 培养分析和解决前端问题的能力 4. 培养演绎思维能力 5. 培养归纳思维能力

21.3　核心知识

21.3.1　数据存储

计算机学科中有一个经典问题，即通过改变数据存储的位置来获得最佳的读写性能。在 JavaScript 中，数据存储的位置会对代码性能产生重大影响。能使用{}创建对象就不要使用 new Object，能使用[]创建数组就不要使用 new Array。JavaScript 中字面量的访问速度要高于对象。变量在作用域链中的位置越深，访问所需时间越长。对于这种变量，可以通过缓存使用局部变量保存起来，减少对作用域链的访问次数。使用点表示法（object.name）和操作符（object[name]）操作并没有太多区别，只有 Safari 会有区别，点表示法始终更快。

21.3.2　数组

数组是值的有序集合，实际上是一种特殊类型的对象，存储一组相关的键/值对（和所有对象一样），只不过每个值的键都是索引编号。每个值叫作一个元素，而每个元素在数组中有一个位置，以数字表示，称为索引。JavaScript 数组是无类型的，数组元素可以是任意类型，并且同一个数组中的不同元素也可能有不同的类型，甚至可以是对象或者其他数组。JavaScript 数组的索引是起始于 0 的 32 位数值，每一个元素的索引为 0，最大可能的索引为 4294967294（$2^{32}-2$），最大容纳 4294967295 个元素。

可以将数组和对象合并起来组成复杂的数据结构，数组可以存储一系列对象，对象可以存储数组。在对象中，属性的顺序不重要，在数组中，索引编号代表属性的顺序。

21.3.3　创建数组

变量只能存储一个值，如一个数字或者一个字符串。当需要存储相关联的多个或者不确定个数时（如手机品牌时）通常使用数组，在需要时访问数组中的值。创建数组的几种方法如下。

（1）直接使用 var 关键字后面跟着数组名字。赋值给数组的值被包含在一对中括号里面，每个值用逗号分隔开。使用数组直接量是创建数组最简单的方法，在方括号中将数组元素用逗号隔开即可，数组直接量的语法允许有可选的结尾的逗号，故[,,]只有两个元素而非三个，示例代码如下：

```
var empty = []; //没有元素的数组
var id = [1,2,3,4,5]; //有 5 个数值的数组
var id = [1,2, , ,5,]; //有 5 个元素的数组，省略的 2 个元素将赋予 undefined 值，5 后
面的逗号作为结尾
var misc = [1.1,true,"a",{x:1,y:2}]; //有 4 个不同类型的元素
var price = [3.2,6.7+0.4,8.0]; //数组元素可以是任意表达式
var colors = ["white", "black", "custom"];
var vendors = ["华为", "OPPO", "苹果", "三星"];
```

数组中的值（数组字面量）不需要是相同类型，所以可以在同一个数组中存储字符串、数字和布尔值。推荐使用该方法创建数组。

（2）使用 new Array()创建数组。这种方法称为数组构造函数，例如：

```
a=new Array();//调用时没有参数，创建不包含任何元素的空数组
var a=new Array(1,2,"hello");//Array()参数作为新数组的元素
var vendors=new Array(4);//声明并初始化一个长度为 4 的数组
var vendors=new Array("华为","OPPO","苹果","三星");//直接将数组元素作为参数
```

创建数组后，数组的每个元素都有索引，它是访问和修改数组的钥匙。每个元素都放在特定的位置，索引值从 0 而非 1 开始，索引值对应位置存储着一个值。如 var vendors=["华为","OPPO","苹果","三星"]定义了手机厂商名称数组，在数组 vendors 中，第一个元素"华为"位于索引 0 处，第二个元素"OPPO"位于索引 1 处，以此类推。要访问数组中特定位置的元素，可以用中括号传递数值位置，只需要在数组变量名后面加上方括号[]括起的索引，如访问数组中的"三星"时，

使用 vendors[3] 访问即可。修改数组的值仍然使用数组索引，如 vendors[3]= "sumsang" 即可。也可以调用数组的 item() 方法从数组中获取数据，数据项的索引编号在圆括号中指定。

① 数组的长度。数组中元素的数量就是数据的长度，数组的 length 属性可以获取数组的长度，如 var numVendors=vendors.length，则 numVendors 的值为 4 即可。

② 添加元素。如 vendors[vendors.length]="mi" 即可在 vendors 数组中最后一个空位上添加元素。另外，push 方法能添加任意个元素到数组的末尾，例如 vendors.push("meizu", "htc")。使用 unshift 方法可以直接把数值插入数组的首位，如 vendors.unshift("Nokia")。

③ 删除元素。要删除数组里最靠后的元素可以用 pop 方法，例如 vendors.pop()，要删除数组里第一个元素可以用 shift 方法，如 vendors.shift()。

21.3.4 数组元素的读和写

可以使用方括号 [] 操作符来访问数组中的一个元素，[] 里面是一个非负整数的任意表达式。使用该语法既可以读又可以写数组的一个元素。

```
var fruit = ["apple"];//从一个元素的数组开始
var favor_fruit = fruit[0];//读第 0 个元素
fruit[1] = "banana";//写第 1 个元素
```

21.3.5 数组元素的添加和删除

可以使用 push() 方法在数组末尾增加一个或多个元素，例如：

```
fruit = [];//创建一个空数组
fruit.push("cherry");//在末尾添加一个元素，等同于 fruit[fruit.length]="cherry"
fruit.push("lemon", "peach");//再添加两个元素
```

可以使用 unshift() 方法在数组首部插入一个或多个元素，并且将其他元素依次移到更高的索引处，例如：

```
varnum=newArray(4,5,6,7);//定义数组 num
num.unshift(1,2,3);//在数组 num 前面插入 3 个元素
```

可以使用 delete 运算符来删除数组元素，例如：

```
a=[1,2,3];
delete a[1];//删除 a 在索引 1 位置上的元素
```

使用 delete 删除数组元素与为其赋 undefined 值类似，不会修改数组 length 属性，也不会将元素从高索引处移下来填充已经删除元素留下的空白。如果从数组中删除一个元素，它就变成了稀疏数组。

21.3.6 稀疏数组

稀疏数组就是包含从 0 开始的不连续索引的数组。可以使用 Array() 构造函数或简单地指定数组的索引值大于当前的数组长度来创建稀疏数组，也可以通过 delete 操作符来创建稀疏数组。当在数组直接量中省略值时不会创建稀疏数组，省略的元素在数组中是存在的，其值为 undefined，这与数组元素不存在是有一些微妙区别的。当省略数组直接量的值时（使用连续的逗号，比如[,]），这时所得到的数组也是稀疏数组，省略掉的值是不存在的。

21.3.7　数组长度

每个数组有一个 length 属性，通常 length 属性代表数组中元素的个数，其值比数组中最大的索引大 1。如果是稀疏数组，则 length 属性值大于元素的个数。在数组中肯定找不到一个元素的索引值大于或等于 length 值。如果为一个数组元素赋值，它的索引 i 大于或等于现有数组的长度时，length 属性的值将设置为 i+1。设置 length 属性为一个小于当前长度的非负整数 *n* 时，当前数组中那些索引值大于或等于 *n* 的元素将从中删除。如果将数组 length 属性设置为大于其当前的长度，不会向数组添加新元素，只是在数组尾部创建一个空的区域。可以简单地设置 length 属性为一个新的期望长度来删除数组尾部的元素。

21.3.8　数组遍历

使用 for 循环是遍历数组元素的最常见方法，例如：

```
var keys = Object.key(o); //获取对象 o 属性名组成的数组
var values = []; //在数组中存储匹配属性的值
for (var i = 0, len = keys.length; i < len; i++) { //用 for 进行遍历
    var key = key[i]; //获得索引处的键值
    value[i] = o[key]; //在 value 数组中保存属性值
}
```

如果想要排除数组中的 null、undefined 和不存在的元素，则在 for 循环内增加 if 语句，例如：

```
for (var i = 0, len = a.length; i < len; i++) {
    if (!a[i]) continue; //跳过 null、undefined 和不存在的元素
    if (a[i] === undefined) continue; //跳过 undefined 和不存在的元素
    if (!(I in a)) continue; //跳过不存在的元素
    //循环体
}
```

还可以使用 for/in 循环处理稀疏数组，循环每次将一个可枚举的属性名（包括数组索引）赋值给循环，不存在的索引将不会遍历到，例如：

```
for (var index in sparseArray) {
    var value = sparseArray[index];
    //处理语句
}
```

在 ECMAScript5 中定义了一些遍历数组元素的新方法，按照索引的顺序按个传递给定义的一个函数，例如：

```
var data = [1,2,3,4,5] ; //定义要遍历的数组
var sumOfSquares = 0; //要得到数据的平方和
data.forEach(functioin(x) { //把每个元素传递给此函数
    sumOfSquares + =x*x; //平方相加
});
```

21.3.9　ECMAScript3 数组方法

ECMAScript3 数组方法提供了 pop()、push()等方法，如表 21-1 所示。

表 21-1 ECMAScript3 数组方法

方法	说明

concat()	创建一个包含原始数组元素和 concat() 参数的新数组。如果 concat() 参数本身是数组,则连接的是数组的元素,而非数组
	var a = [1,2,3];
	a.concat(4,5); //返回[1,2,3,4,5]
	a.concat([4,5]); //返回 [1,2,3,4,5]
	a.concat([4,5],[6,7]); //返回 [1,2,3,4,5,6,7]
	a.concat([4,[5,[6,7]]); //返回 [1,2,3,4,5, [6,7]]

pop()	删除数组的最后一个元素,减小数组长度并返回它删除的值,修改并替换原始数组而非生成一个修改版的新数组
	a = [1,2,[3,4],5];
	a.pop(); //返回 5, a 是[1,2,[3,4]]
	a.pop(); //返回[3,4], a 是[1,2]

push()	向数组的末尾添加一个或多个元素,并返回数组新的长度。
	a = [];
	a.push(1,2); //返回 2, a 是[1,2]
	a.push([4,5]); //返回 3, a 是[1,2,[4,5]]

shift()	删除数组的第一个元素并返问,然后把所有随后的元素下移一个位置来填补数组头部的空缺

unshift()	在数组的开头添加一个或多个元素,并将已经存在的元素移动到更高索引的位置来获得足够的空间,返回数组新的长度
	var a = [];
	a.unshift(1); //返回 1, a 是[1]
	a.unshift(22); //返回 2, a 是[22,1]
	a.shift(); //返回 22, a 是[1]
	a.unshift(3,[4,5]); //返回 3, a 是[3,[4,5],1]

splice()	在数组中删除元素、插入元素或者同时完成这两种操作,在插入点或删除点之后的数组元素会根据需要增加或减小它们的索引值,数组的其他部分保持连续。splice() 的前两个参数指定了需要删除的数组元素,第一个参数指定了插入或删除的起始位置,第二个参数指定了应该从数组中删除的元素个数。如果省略第二个参数,从起始点开始到数组结尾的所有元素都将被删除。返回一个由删除元素组成的数组,或者如果没有删除元素就返回空数组
	var a = [1,2,3,4,5,6,7,8];//
	a.splice(4);//返回[5,6,7,8],a 是[1,2,3,4]
	a.splice(1,2);//返回[2,3],a 是[1,4]
	a.splice(1,1);//返回[4],a 是[1]
	splice() 前两个参数之后的任意个数的参数指定了需要插入到数组中的元素,从第一个参数指定位置开始插入。例如:
	var a = [1,2,3,4,5];//
	a.splice(2,0,'a','b');//返回[],a 是[1,2,'a','b',3,4,5]
	a.splice(2,2,[1,2],3);//返回['a','b'],a 是[1,2,[1,2],3,3,4,5], 插入数组本身而非元素

reverse()	在原先数组中替换颠倒数组中元素的顺序,返回逆序的数组
	var a = [1,2,3];
	a.reverse().join(); //返回字符串 3,2,1, 并且 a 是[3,2,1]

（续表）

方法	说明

sort()	对数组的元素进行排序，返回排序的数组。当不带参数调用 sort()时，数组元素以字母表顺序排序。当数组包含 undefined 元素时，会排列到数组的尾部。如果要对字符串执行不区分大小写的字母表排序，比较函数首先将参数都转化为小写字符串（使用 toLowerCase()方法），再开始比较：
	var a = ['ant', 'Bug', 'cat', 'Dog'];
	a.sort(); //区分大小写的排序，结果为['Bug', 'Dog', 'cat', 'ant']
	a.sort(function(s,t){
	var a = s.toLowerCase();
	var b = t.toLowerCase();
	if (a<b) return −1;
	if (a>b) return 1;
	return 0;
	}); //不区分大小写的排序，结果为['ant', 'Bug', 'cat', 'Dog']
	如果按非字母表顺序排序，可以传递一个比较函数，如
	var a = [33,4,1111,222];
	a.sort(); //字母表顺序[1111,222,33,4]
	a.sort(function(a,b){return a−b; }); //返回负数、0 和正数，数值顺序为 [4,33,222,1111]
	a.sort(function(a,b){return b−a; }); //返回负数、0 和正数，数值顺序为 [1111,222,33, 4]

slice()	返回指定数组的一个片段或子数组，不会修改调用的数组，它的两个参数分别指定了片段的开始和结束位置。返回的数组包含第一个参数指定的位置到但不含第二个参数指定的位置之间的所有数组元素。如果只指定一个参数，返回的数组将包含从开始位置到数组结尾的所有元素。如果参数中出现负数，它表示相对于数组中最后一个元素的位置。例如：参数−1 指定了最后一个元素，而−3 指定了倒数第三个元素
	var a = [1,2,3,4,5];
	a.slice(0,3);//返回[1,2,3]，不包含第二个参数 3 对应的元素 4
	a.slice(3); //返回[4,5]
	a.slice(1,−1); //返回[2,3,4]
	a.slice(−3,−2); //返回[3],−3 指定了倒数第三个元素 3

toSource()	代表对象的源代码

toString()	将数组每个元素转换为字符串，并且输出用逗号分隔的字符串列表，不包含方括号或其他任何形式的包裹数组值的分隔符。与 join()不使用任何参数时返回字符串相同
	[1,2,3].toString(); // 生成 1,2,3
	['a','b','c'].toString(); //生成 a,b,c
	[1,[2,'c']].toString(); //生成 1,2,c

toLocaleString()	把数组转换为本地字符串，并且使用本地化分隔符将这些字符串连接起来生成最终的字符串
join()	把数组中所有元素转化为字符串，返回最后生成的字符串。元素通过指定的字符串进行分隔，如果不指定分隔符，默认使用逗号。Array.join()方法是 String.split()方法的逆向操作，String.split()将字符串分割成若干块来创建数组
valueOf()	返问数组对象的原始值

21.3.10 ECMAScript5 数组方法

ECMAScript5 定义了 9 个新的数组方法来遍历、映射、过滤、检测、简化和搜索数组，如

表 21-2 所示。

表 21-2　ECMAScript5 数组方法

方法	说明

forEach()	从头至尾遍历数组，为每个元素调用指定的函数。传递的函数作为 forEach() 的第一个参数，forEach() 使用三个参数调用该函数：数组元素、元素的索引和数组本身。如果只关心数组元素的值，可以编写只有一个参数的函数，额外的参数将忽略
	var data = [1,2,3,4,5] ;
	var sum;
	data.forEach(function(value){sum +=value;}); //数组元素求和
	data.forEach(function(v,i,a){a[i]=v+1;}); // 三个参数 v、i、a 对应数组的元素、索引和数组本身
	要提前终止 forEach()，必须把它放在一个 try 块中，并能抛出一个异常，如果 forEach() 调用的函数抛出 foreach.break 异常，循环会提前终止
	function foreach(a,f,t){
	try {a.forEache(f,t);}
	catch(e){
	if (e ===foreach.break) return;
	else throw e;
	   }
	}
	foreach.break = new Error("Stop Interation");

map()	将调用的数组的每个元素传递给指定的函数，并返回一个数组，它包含该函数的返回值，例如：
	a = [1,2,3];
	b = a.map(function(x){return x*x}); //b 是[1,4,9]
	传递给 map() 的函数应该有返回值，同时，map() 返回的是新数组，它不修改调用的数组。如果是稀疏数组，返回的也是相同方式的稀疏数组，它具有相同的长度、相同的缺失元素

filter()	返回数组元素是调用的数组的一个子集。调用的判定函数如果返回值为 true 或者能转化为 true 的值，则传递给判定函数的元素就是这个子集的成员，它将被添加到一个作为返回值的数组中
	a = [5,4,3,2,1];
	smallValues = a.filter(function(x){ return x <3;} // 返回[2,1]，过滤小于 3 的元素
	everyother = a.filter(function(x,i){ return i%2 ===0;}); //返回[5,3,1]，过滤掉偶数
	filter() 会跳过稀疏数组中缺少的元素，返回稠密的数组，压缩稀疏数组空缺的代码如下：
	var dense = sparse.filter(function() {return true;});//压缩稀疏数组
	var dense = sparse.filter(function(x) {return x!==undefined &&x!=null;});//压缩稀疏数组

every()	对数组元素应用指定的函数进行判定，当且仅当数组所有元素调用判定函数都返回 true 时，它才返回 true。every() 在判定函数第一次返回 false 后就返回 false，但如果判定函数一直返回 true，它将遍历整个数组。空数组上调用时，every() 返回 true
	a = [1,2,3,4,5];
	a.every(function(x){return x<10;}); //数组所有元素值小于 10，返回 true
	a.every(function(x){return x%2===0;}); //数组所有元素值为偶数返回 false

some()	对数组元素应用指定的函数进行判定，当数组中至少存在一个元素调用判定函数都返回 true 时，它才返回 true。some 在判定函数第一次返回 true 后就返回 true，但如果判定函数一直返回 false，它将遍历整个数组。空数组上调用时，some() 返回 false
	a = [1,2,3,4,5];
	a.some(function(x){return x%2===0;}); //数组中有元素值为偶数，返回 true
	a.some(isNaN); //数组不包含非数值元素，返回 false

（续表）

方法	说明

indexOf()	搜索数组中具有给定值的元素，返回找到的第一个元素的索引或者如果没有找到就返回-1。第一个参数指定需要搜索的值，第二个参数是可选的，指定数组中的一个索引，从那里开始搜索。如果省略该参数，indexOf()从头到尾搜索。第二个参数也可以是负数，代表相对于数组末尾的偏移量
	a = [0,1,2,1,0];
	a.indexOf(1); //返回 1，a[1]的元素值为 1
	a.indexOf(3); //返回-1，a 数组中不存在元素 3

lastIndexOf()	搜索数组中具有给定值的元素，返回找到的第一个元素的索引或者如果没有找到就返回-1。lastIndexOf()反向搜索
	a = [0,1,2,1,0];
	a.lastIndexOf(1); //返回 1，a[3]的元素值为 1

21.4 任务实施

21.4.1 编写 HTML

在前端开发环境中新建项目文件夹"lottery"，在该文件夹中新建"lottery.html"文件，新建存放样式表的文件夹"css"、存放脚本的文件夹"js"和存放图片的文件夹"img"，打开"lottery.html"文件，依据 HTML5 规范编写选项卡页面的 HTML 结构，页面字符集设置为 UTF-8，设置页面标题 title 为"JavaScript 抽奖器"，HTML 代码如下：

```
<!DOCTYPE HTML>
<HTML lang="en">

<head>
    <meta charset="UTF-8">
    <meta name="viewport" content="width=device-width, initial-scale=1.0">
    <meta http-equiv="X-UA-Compatible" content="ie=edge">
    <title>JavaScript 抽奖器</title>
    <link rel="stylesheet" href="css/lottery.css">

</head>

<body>
    <form action="" method="post">
        <div class="form-group">
            <label for="num">抽奖总人数</label>
            <input type="text" class="form-control" name="num" id="num">
        </div>
        <div class="form-group">
            <label for="exclude">排除范围</label>
            <input type="text" class="form-control" name="exclude" id=
"exclude">
        </div>
```

```
            <div class="form-group">
                <label for="lottery_num">拟中奖人数</label>
                <input type="text" class="form-control" name="lottery_num"
id="lottery_num">
            </div>
            <div class="form-group">
                <a id="start" class="btn" onclick="get_num()">开始</a>
            </div>
        </form>
        <div id="result">
        </div>
        <script src="js/lottery.js"></script>
    </body>

</HTML>
```

21.4.2　编写 CSS

在"css"文件夹中新建将样式表文件"lottery.css"，在该文件中定义样式，主要包括表单样式和按钮样式，具体属性及值代码如下：

```
form {
  margin-bottom: 15px;
}

#result,
.form-group {
  margin-bottom: 15px;
}

label {
  display: inline-block;
  width: 120px;
  margin-bottom: 5px;
  text-align: right;
}

.form-control {
  display: inline-block;
  width: auto;
  padding: 6px 12px;
  font-size: 14px;
  line-height: 1.42857143;
  color: #555;
  background-color: #fff;
  background-image: none;
  border: 1px solid #ccc;
  border-radius: 4px;
  -webkit-box-shadow: inset 0 1px 1px rgba(0,0,0,.075);
  box-shadow: inset 0 1px 1px rgba(0,0,0,.075);
```

```css
    -webkit-transition: border-color ease-in-out .15s,-webkit-box-shadow ease-
in-out .15s;
    -o-transition: border-color ease-in-out .15s,box-shadow ease-in-out .15s;
    transition: border-color ease-in-out .15s,box-shadow ease-in-out .15s;
}

.btn {
    color: #fff;
    background-color: #337ab7;
    border-color: #2e6da4;
    display: inline-block;
    padding: 6px 24px;
    margin-bottom: 0;
    font-size: 14px;
    font-weight: 400;
    line-height: 1.42857143;
    text-align: center;
    white-space: nowrap;
    vertical-align: middle;
    -ms-touch-action: manipulation;
    touch-action: manipulation;
    cursor: pointer;
    -webkit-user-select: none;
    -moz-user-select: none;
    -ms-user-select: none;
    user-select: none;
    background-image: none;
    border: 1px solid transparent;
    border-radius: 4px;
}
```

21.4.3 编写 JavaScript

在 "js" 文件夹中新建脚本文件 "lottery.js"，编写抽奖程序，实现根据参与抽奖的人数生成数组，然后排除黑名单序号，再按指定人数生成有效的中奖号码，代码如下：

```javascript
function get_num() {
    var result = document.getElementById("result");
    var start = document.getElementById("start");
    var personal = [];
    //获取抽奖总人数
    var num = document.getElementById("num").value;
    for (var i = 0; i < num; i++) {
        personal[i] = i + 1;
    }
    //生成有效抽奖名单编号
    var exclude = document.getElementById("exclude").value;
    var arr_exclude = [];
    arr_exclude = exclude.split(",");
    for (var j = 0; j < arr_exclude.length; j++) {
```

```
        personal.splice(personal.indexOf(parseInt(arr_exclude[j])), 1);
    }

    //按指定中奖人数生成中奖号码
    var gen_num = parseInt(document.getElementById("lottery_num").value);
    var result_num = [];
    for (var i = 0; i < gen_num; i++) {
        result_num[i] = personal[Math.floor(Math.random() * personal.length)];
        //从抽奖名单编号中删除已经抽中的编号
        personal.splice(personal.indexOf(result_num[i]), 1);
    }
    //将抽奖结果按数字从小到大排序
    result_num.sort(function (a, b) {
        return a - b;
    });
    //将所有中奖编号转换为用顿号连接的字符串并输出
    result.innerHTML = result_num.join("、");
}
```

21.4.4　测试页面

可以直接在本地测试页面，也可以通过 http-server 来测试，页面效果如图 21-2 所示。抽奖时，在表单中输入抽奖总人数、排除范围（黑名单）和抽奖人数，单击"开始"按钮生成抽奖号码。

图21-2　抽奖器效果图

21.5　强化训练

参考本任务流程和技术，设计开发以手机号码为抽奖依据的抽奖器，支持输入所有待抽奖人员的手机号码和排除号码，可以设定要抽出的中奖者人数。

21.6 学习成果评量

等级	评分指标	得分
及格	P1. 能设计制作抽奖器页面结构	
	P2. 能设计编写抽奖器界面样式	
	P3. 能使用 JavaScript 实现抽奖号码生成功能	
良好	M1. 能够根据项目需求局部修改抽奖界面和触发条件	
优秀	D1. 能够根据项目需求定制抽奖界面	
	D2. 能够根据项目需求定制抽奖号码的生成方式	
评语		

Chapter

22

任务 22
座位预订程序

JavaScript

22.1 任务导入

本任务利用 DOM 操作和元素 style 对象开发一个影院座位预订原型，支持订座和计算票价，完成后如图 22-1 座位预订效果图所示。预订座位时，单击要预订的座位，该座位会以红色背景标识，当预订多个座位时，能够在右侧显示并计算总票款。

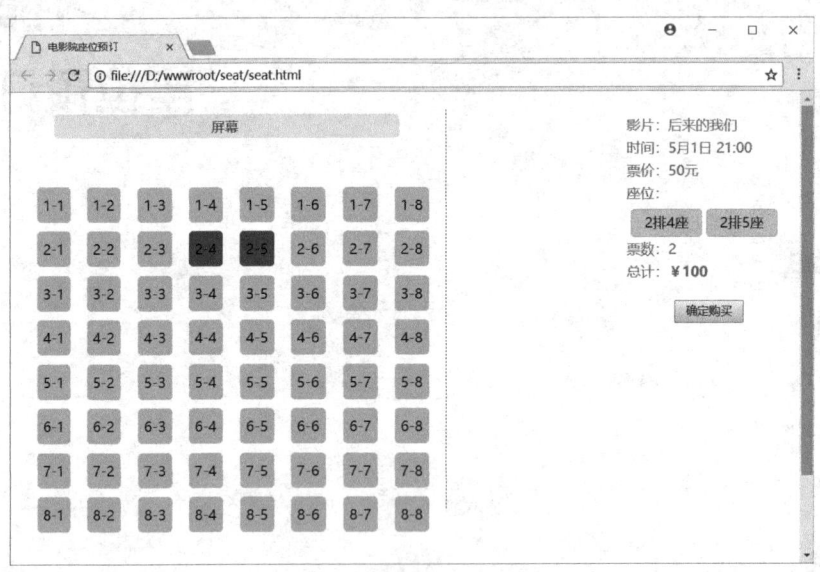

图22-1 座位预订效果图

22.2 成果目标

本任务旨在理解 DOM 的操作原理，掌握 DOM 的创建、修改技术，善用元素对象的 style 属性，熟悉 Visual Studio Coder 的使用，积累前端开发的经验，培养前端组件开发的意识和兴趣。

知识目标	技能目标	素质目标
1. 理解面向对象编程概念 2. 理解对象的属性和方法 3. 理解对象的创建方式 4. 熟悉浏览器的内置对象	1. 编写订座 HTML 2. 编写订座 CSS 3. 设计生成座位 4. 设计座位预订状态转换 5. 设计座位统计和票款统计功能	1. 遵循 Web 开发规范 2. 培养严谨的编程习惯 3. 培养分析和解决前端问题的能力 4. 培养演绎思维能力 5. 培养归纳思维能力

22.3 核心知识

22.3.1 面向对象背景

在过去相当长的一段时间里，JavaScript 在被严重低估、始终未得到充分利用（或者被错误地滥用了）的情况下，依然几乎每天都能有很多新的、有趣的 JavaScript 应用被开发出来。如今的开发人员所面对的商业开发往往要复杂得多，这需要良好的设计和规划，以及合适的应用扩展和程序库。JavaScript 必将在其中得到真正的用武之地，开发人员无疑会更加重视它独有的面向对象特性，以获取越来越多的便利。

22.3.2　对象的属性和方法

计算机使用数据来为真实世界中的事物建立模型。在 OOP 中，对象是类的实例，一个类定义了对象的特征。对象是事物在程序设计语言中的表现形式。事物可以是客观事件，也可以是抽象概念。例如，对于猫这种常见对象来说，它们具有某些明确的特征（如颜色、名字、体型等），能执行某些动作（如喵喵叫、睡觉、躲起来、逃跑等）。在 OOP 语义中，这些对象特征都叫作属性，而那些动作则被称为方法。事物属性往往是形容词，方法一般是动词。请分析这句话"黑猫睡在沙发上"，猫是对象，黑色是属性，睡是方法。一个对象的事件、方法、属性是彼此相连的，事件可以触发方法，方法可以获取或更新对象的属性。

22.3.3　创建对象方法——字面量语法

对象将一组变量和函数组合起来，在对象中的变量被认为是属性，用于描述对象的一些信息，在对象中的函数被认为是方法，用于实现对象相关的任务。比如酒店对象，属性有酒店名称、房间数量等，方法有订房和退房等。与变量和命名函数一样，属性和方法都具有名称和值。在对象中，名称被称为键，一个对象不可以具有两个同名的键，因为键要用于访问相应的值。属性的值可以是字符串、数字、布尔值、数组甚至是另一个对象，方法的值则只能是函数，对象示例代码如下：

```
var hotel = {
  name: "7day",
  rooms: 40,
  booked: 29,
  gym: false,
  roomTypes: ["标间", "大床房", "商务大床房"],
  checkAvailiability: function () {
    return this.rooms - this.booked;
  }
};
```

对象是花括号以及其中内容，存储于变量 hotel 中，因此可以称其为 hotel 对象。每个键和值之间用冒号分隔，属性值是字符串的用双引号括起来，数组用方括号括起来，每个属性和方法之间用逗号分隔，除了最后一个值。上面 hotel 对象包含了 name、rooms、booked、gym、roomTypes 共 5 个属性和一个 checkAvailiability 方法。checkAvailability 方法中，this 关键字表明正在使用当前对象的 rooms 和 booked 属性。

22.3.4　创建对象方法——构造函数语法

对象构造函数可以使用函数作为模板来创建对象。首先创建带有对象属性和方法的模板。构造函数的名称通常首字母大写,用于提醒开发人员在使用该函数创建对象时要使用 new 关键字。其他方法更多使用小写字母开头的方法名。这个函数有三个参数,每个都为对象设置属性值,用此函数创建的对象的方法都一致。this 关键字用于代替对象名指代属性或方法所属的当前函数创建的对象。每个为当前对象创建新属性或方法的语句都以一个分号结束,而不是字面量语法中的逗号,示例代码如下:

```
function Hotel (name, rooms, booked) {
  this.name = name
  this.rooms = rooms
  this.booked = booked
  this.checkAvailiability = function () {
    return this.rooms - this.booked
  }
}
```

使用构造函数创建对象的实例时,new 关键字后紧接着调用创建新对象的函数,每个对象的属性作为实参传递给函数,如创建"速 8 酒店"对象的方法是:

```
var super8 = new Hotel('super8', 40, 25);
```

第一个对象名 super8 为新建对象的名称,拥有 40 间房间,其中 25 间已经被预订。无论由构造函数创建多少个对象,对象访问、修改或者计算的是存储在属性中的数据。在下面代码中,用构建函数创建一个名为 super8 的对象,然后指定三个属性值和方法。如果对象已经有这些属性,它们会被覆盖掉,示例代码如下:

```
var super8 = new Object();
super8.name = "super8";
super8.rooms =40;
super8.booked = 25;
super8.checkAvailiability = function(){
    return this.rooms - this.booked;
}
```

使用字面量语法和构造函数语法创建对象,然后添加属性和方法的代码比较如表 22-1 所示。

表 22-1　创建对象方式比较

字面量语法	构造函数语法
var super8 = {}	var super8 = new Object();
super8.name = "super8";	super8.name = "super8";
super8.rooms =40;	super8.rooms =40;
super8.booked = 25;	super8.booked = 25;
super8.checkAvailiability = function(){	super8.checkAvailiability = function(){
return this.rooms − this.booked;	return this.rooms − this.booked;
}	}

使用字面量语法和构造函数语法创建带有属性和方法的代码比较如表 22-2 所示。

表 22-2　创建对象方式比较

字面量语法	构造函数语法
| ```
var super8 = {
    name : "super8";
    rooms:40;
    booked : 25;
    checkAvailiability: function(){
    return this.rooms – this.booked;
    }
}
``` | ```
function Hotel(name,rooms,booked){
    this.name=name;
    this.rooms=rooms;
    this.booked=booked;
    this.checkAvailiability=function(){
        return this.rooms–this.booked;
    }
}
var super8 = new Hotel("super8",40,25);
``` |

22.3.5　添加和删除属性

一旦创建对象（使用字面量或构造函数语法）就可以为它们添加属性。使用点语法将属性 gym 和 pool 添加到对象中，使用 delete 关键字删除原来对象的 booked 属性，示例代码如下：

```
var hotel = {
  name: "7day",
  rooms: 40,
  booked: 29,
};
hotel.gym = false;
hotel.pool = false;
deletehotel.booked;
```

如果对象是使用构建函数创建的，此操作仅仅添加或移除对象的某个实例的属性，而非所有由这个函数创建的对象。

22.3.6　访问对象

访问对象的属性或方法时使用对象名加上一个点符号，然后是想用的属性或方法的名称，这叫点标记语法。句点是一种较为常用的操作符，其右侧的属性或方法都是左侧对象的成员。创建 2 个变量，用来保存酒店名称和空房间的数量。

```
var hotelName = hotel.name;
var roomsFree = hotel.checkAvailiability;
```

也可以用方括号来访问对象的属性，对象名跟着方括号，方括号里面是属性名，不能用来访问方法。方括号方式常见的用法有：①属性名是数字（技术上允许，但不建议）；②用变量代替属性名。

```
var hotelName = hotel['name']
```

22.3.7　this 关键字

this 关键字通常在函数内部或对象内部使用，函数声明位置的不同，会影响 this 关键字的含义。当指向一个对象时，通常指向当前函数所操作的对象。

当一个函数创建于脚本的最高级别时，它不在另一个对象中，也不在其他函数中时，它就位于全局作用域或全局上下文中，此时默认对象是 window 对象，所以当在全局上下文中使用 this 关键字时指的就是 window 对象。所有全局变量都是 window 对象的属性，所以当一个函数在全局上下文中时，可以通过 window 对象访问它，和使用属性一样。

22.3.8　OOP 相关概念

在 OOP 中，类是相似对象之间往往都有一些共同的组成特征，实际上创建对象的设计蓝图或制作配方。可以基于同一个类创建出许多不同的对象，类更像是一种模板，而对象则是在这些模板的基础上被创建出来的实体。

JavaScript 与 C++或 Java 这种传统的面向对象语言不同，它实际上根本没有类。该语言的一切都是基于对象的，其依靠的是一套原型（prototype）系统。而原型本身实际上也是一种对象。在传统的面向对象语言中，这样描述自己的做法："我基于 Person 类创建了一个叫作 Bob 的新对象。"而在这种基于原型的面向对象语言中，我们则要这样描述："我将现有的 Person 对象扩展成了一个叫作 Bob 的新对象。"

封装是另一个与 OOP 相关的概念，其主要用于阐述对象中所包含的内容。封装概念通常由两部分组成：相关的数据（用于存储属性）和基于这些数据所能做的事（所能调用的方法）。除此之外，这个术语中还有另一层信息隐藏。尽管 JavaScript 是一种解释型语言，源代码是可以查看的。但至少在封装概念上它们是一致的，即我们只需要知道所操作对象的接口，而不必去关心它的具体实现。把一部手机比作一个对象，则我们就是该对象的用户，用户需要一些主屏幕、音量键、显示屏这样的工作接口，这些接口会帮助我们使用该对象（如拨打电话）。至于按钮的具体功能的内部是如何实现的，我们无须关心。

所谓聚合，也叫组合，是指将几个现有对象合并成一个新对象的过程，通过聚合这种强有力的方法，可以将一个问题分解成多个更小的问题。例如图书是由一个或多个作者对象、出版商对象、若干章节对象等组合（聚合）而成的对象。

在传统的 OOP 环境中，继承通常指的是类与类之间的关系，但由于 JavaScript 中不存在类，因此它的继承只能发生在对象之间，当一个对象继承自另一个对象时，通常会往其中加入新的方法，以扩展被继承的老对象。通常将这一过程称为"B 继承自 A"或者"B 扩展自 A"，另外对于新对象来说，它也可以根据自己的需要，从继承的那组方法中选择几个来重新定义，这样做并不会改变对象的接口，因为其方法名是相同的，只不过当调用新对象时，该方法的行为与之前不同了，这种重定义继承方法的过程叫作覆写。

多态是指不同对象通过调用相同的方法来实现各自行为的能力。

22.3.9　浏览器内置对象

浏览器附带了一系列内置的对象，最主要的对象有全局 JavaScript 对象、浏览器对象模型（BOM）和文档对象模型（DOM）。对象模型是一组对象，每个对象代表一些相关的来自真实世界的事物。BOM 包含一系列表示当前窗口或标签的对象，比如浏览器历史、设备屏幕、窗口宽度等，DOM 为页面中每个元素以及每段独立的文本创建一个新对象。只要在浏览器中载入网页，这些对象就可以用于脚本中。用点符号来访问这些内置属性或方法，与访问自己创建的对象的属性及方法一样。

22.3.10　浏览器对象模型 BOM

ECMAScript 是 JavaScript 的核心，要在 Web 中使用 JavaScript，BOM（浏览器对象模型）则无疑是真正的核心。BOM 提供了用于访问浏览器的功能，这些功能与任何网页内容无关，如表 22-3 所示。

表 22-3　浏览器对象

对象	描述
window	JavaScript 层级中的顶层对象。window 对象表示浏览器窗口。每当<body>或者<frameset>标签出现，window 对象就会被自动创建
navigator	包含客户端浏览器的信息
screen	包含客户端显示屏的信息
history	包含了浏览器窗口访问过的 URL
location	包含了当前 URL 的信息

22.3.11　document 对象

文档对象模型的最顶端对象是 document 对象，代表当前浏览器窗口或标签中载入的页面。document 对象是 window 对象的一部分，document 对象是 HTML 文档的根节点与所有其他节点（元素节点、文本节点、属性节点、注释节点），可以从脚本中对 HTML 页面中的所有元素进行访问。所有主要浏览器都支持 document 对象，如表 22-4 所示。

表 22-4　document 对象属性和方法

属性/方法	描述
activeElement	返回当前获取焦点元素
addEventListener()	向文档添加句柄
adoptNode(node)	从另外一个文档返回 adopt 节点到当前文档
all[]	提供对文档中所有 HTML 元素的访问
anchors[]	返回对文档中所有 Anchor 对象的引用
applets	返回对文档中所有 Applet 对象的引用
baseURI	返回文档的绝对基础 URI
body	返回文档的 body 元素
close()	关闭用 document.open()方法打开的输出流，并显示选定的数据
cookie	设置或返回与当前文档有关的所有 cookie
createAttribute()	创建一个属性节点
createComment()	createComment()方法可创建注释节点
createDocumentFragment()	创建空的 DocumentFragment 对象，并返回此对象
createElement()	创建元素节点
createTextNode()	创建文本节点
doctype	返回与文档相关的文档类型声明（DTD）
documentElement	返回文档的根节点

（续表）

属性/方法	描述
documentMode	返回用于通过浏览器渲染文档的模式
documentURI	设置或返回文档的位置
domain	返回当前文档的域名
domConfig	返回 normalizeDocument()被调用时所使用的配置
embeds[]	返回文档中所有嵌入的内容（embed）集合
forms[]	返回对文档中所有 Form 对象的引用
getElementsByClassName()	返回文档中所有指定类名的元素集合，作为 NodeList 对象
getElementById()	返回对拥有指定 id 的第一个对象的引用
getElementsByName()	返回带有指定名称的对象集合
getElementsByTagName()	返回带有指定标签名的对象集合
images[]	返回对文档中所有 Image 对象的引用
implementation	返回处理该文档的 DOMImplementation 对象
importNode()	把一个节点从另一个文档复制到该文档以便应用
inputEncoding	返回用于文档的编码方式（在解析时）
lastModified	返回文档被最后修改的日期和时间
links[]	返回对文档中所有 Area 和 Link 对象的引用
normalize()	删除空文本节点，并连接相邻节点
normalizeDocument()	移除空文本节点，并连接相邻节点
open()	打开一个流，以收集来自任何 document.write()或 document.writeln()方法的输出
querySelector()	返回文档中匹配指定的 CSS 选择器的第一元素
querySelectorAll()	document.querySelectorAll()是 HTML5 中引入的新方法，返回文档中匹配的 CSS 选择器的所有元素节点列表
readyState	返回文档状态（载入中……）
referrer	返回载入当前文档的 URL
removeEventListener()	移除文档中的事件句柄（由 addEventListener()方法添加）
renameNode()	重命名元素或者属性节点
scripts[]	返回页面中所有脚本的集合
strictErrorChecking	设置或返回是否强制进行错误检查
title	返回当前文档的标题
URL	返回文档完整的 URL
write()	向文档写 HTML 表达式或 JavaScript 代码
writeln()	等同于 write()方法，不同的是在每个表达式之后写一个换行符

使用 window.open()方法既可以导航到一个特定的 URL，也可以打开一个新的浏览器窗口。这个方法接收 4 个参数：要加载的 URL、窗口目标、一个特性字符串以及一个表示新页面是否取代浏览器在历史记录中当前加载页面的布尔值。通常只须传递第一个参数，最后一个参数只在不打开新窗口的情况下使用。

22.3.12　window 对象

window 是 BOM 的核心对象，它表示浏览器的一个实例。在浏览器中，window 对象有双重
角色，既是 JavaScript 访问浏览器窗口的接口，又是 ECMAScript 的 Global 对象。网页中定义
的任何一个对象、变量和函数，都以 window 作为其 Global 对象。所有在全局作用域中声明的
变量、函数都会变成 window 对象的属性和方法。以下代码在全局作用域中定义了一个变量和一
个函数 sayAge()，它们被自动归在 window 对象名下，可以通过 window.age 和 window.sayAge()
访问 age 变量和 sayAge()函数。

```
var age = 40;
function sayAge() {
  alert(this.age);
}
alert(window.age);//40
sayAge();//40
window.sayAge(); 40
```

另外，全局变量不能通过 delete 操作符删除，而直接定义在 window 对象上，属性可以删除。
访问未声明的变量会抛出错误，但通过查询 window 对象的该变量可以知道某个可能未声明的变
量是否存在，如表 22-5 所示。

表 22-5　window 对象

属性与方法	描述	IE	F
frames[]	返回窗口中所有命名的框架 该集合是 window 对象的数组，每个 window 对象在窗口中含有一个框架或\<iframe\>。属性 frames.length 存放数组 frames[]中含有的元素个数。注意，frames[]数组中引用的框架可能还包括框架，它们自己也具有 frames[]数组	4	1
closed	返回窗口是否已被关闭	4	1
defaultStatus	设置或返回窗口状态栏中的默认文本	4	No
document	对 document 对象的只读引用。请参阅 Document 对象	4	1
history	对 history 对象的只读引用。请参数 History 对象	4	1
innerheight	返回窗口的文档显示区的高度	No	No
innerwidth	返回窗口的文档显示区的宽度	No	No
length	设置或返回窗口中的框架数量	4	1
location	用于窗口或框架的 Location 对象。请参阅 Location 对象	4	1
name	设置或返回窗口的名称	4	1
Navigator	对 Navigator 对象的只读引用。请参数 Navigator 对象	4	1
opener	返回对创建此窗口的窗口的引用	4	1
outerheight	返回窗口的外部高度	No	No
outerwidth	返回窗口的外部宽度	No	No
pageXOffset	设置或返回当前页面相对于窗口显示区左上角的 X 位置	No	No
pageYOffset	设置或返回当前页面相对于窗口显示区左上角的 Y 位置	No	No

（续表）

属性与方法	描述	IE	F
parent	返回父窗口	4	1
Screen	对 Screen 对象的只读引用。请参数 Screen 对象	4	1
self	返回对当前窗口的引用。等价于 window 属性	4	1
status	设置窗口状态栏的文本	4	No
top	返回最顶层的先辈窗口	4	1
window	window 属性等价于 self 属性，它包含了对窗口自身的引用	4	1
screenLeft screenTop screenX screenY	只读整数。声明了窗口的左上角在屏幕上的的 x 坐标和 y 坐标。IE、Safari 和 Opera 支持 screenLeft 和 screenTop，而 Firefox 和 Safari 支持 screenX 和 screenY	4	1
alert()	显示带有一段消息和一个确认按钮的警告框	4	1
blur()	把键盘焦点从顶层窗口移开	4	1
clearInterval()	取消由 setInterval()设置的 timeout	4	1
clearTimeout()	取消由 setTimeout()方法设置的 timeout	4	1
close()	关闭浏览器窗口	4	1
confirm()	显示带有一段消息以及"确认"按钮和"取消"按钮的对话框	4	1
createPopup()	创建一个 pop-up 窗口	4	No
focus()	把键盘焦点赋予一个窗口	4	1
moveBy()	可在相对窗口的当前坐标把它移动指定的像素	4	1
moveTo()	把窗口的左上角移动到一个指定的坐标	4	1
open()	打开一个新的浏览器窗口或查找一个已命名的窗口	4	1
print()	打印当前窗口的内容	5	1
prompt()	显示可提示用户输入的对话框	4	1
resizeBy()	按照指定的像素调整窗口的大小	4	1
resizeTo()	把窗口的大小调整到指定的宽度和高度	4	1.5
scrollBy()	按照指定的像素值来滚动内容	4	1
scrollTo()	把内容滚动到指定的坐标	4	1
setInterval()	按照指定的周期（以毫秒计）来调用函数或计算表达式	4	1
setTimeout()	在指定的毫秒数后调用函数或计算表达式	4	1

IE、Safari、Opera 和 Chrome 都提供了 screenLeft 和 screenTop 属性获取窗口相对于屏幕左边和上边的位置。跨浏览器取得窗口左边和上边的位置的代码如下：

```
    var leftPos = (typeof window.screenLeft == "number") ? window.screenLeft :
window.screenX;
    var topPos = (typeof window.screenTop == "number") ? window.screenTop :
window.screenY;
    alert(leftPos + ": " + topPos);
```

22.3.13　navigator 对象集合

navigator 对象集合如表 22-6 所示

表 22-6　navigator 对象集合

集合、属性与方法	描述	IE	F
plugins[]	返回对文档中所有嵌入式对象的引用。 该集合是一个 Plugin 对象的数组，其中的元素代表浏览器已经安装的插件。 Plug-in 对象提供的是有关插件的信息，其中包括它所支持的 MIME 类型的列表。 虽然 plugins[]数组是由 IE4 定义的，但是在 IE4 中它却总是空的，因为 IE4 不支持插件和 Plugin 对象	4	1
appCodeName	返回浏览器的代码名	4	1
appMinorVersion	返回浏览器的次级版本	4	No
appName	返回浏览器的名称	4	1
appVersion	返回浏览器的平台和版本信息	4	1
browserLanguage	返回当前浏览器的语言	4	No
cookieEnabled	返回指明浏览器中是否启用 cookie 的布尔值	4	1
cpuClass	返回浏览器系统的 CPU 等级	4	No
onLine	返回指明系统是否处于脱机模式的布尔值	4	No
platform	返回运行浏览器的操作系统平台	4	1
systemLanguage	返回 OS 使用的默认语言	4	No
userAgent	返回由客户机发送服务器的 user-agent 头部的值	4	1
userLanguage	返回 OS 的自然语言设置	4	No
javaEnabled()	规定浏览器是否启用 Java	4	1
taintEnabled()	规定浏览器是否启用数据污点（datatainting）	4	1

22.3.14　screen 对象

screen 对象如表 22-7 所示。

表 22-7　screen 对象

属性与方法	描述	IE	F
availHeight	返回显示屏幕的高度(除 Windows 任务栏之外)	4	1
availWidth	返回显示屏幕的宽度(除 Windows 任务栏之外)	4	1
bufferDepth	设置或返回调色板的比特深度	4	No
colorDepth	返回目标设备或缓冲器上的调色板的比特深度	4	1
deviceXDPI	返回显示屏幕的每英寸水平点数	6	No
deviceYDPI	返回显示屏幕的每英寸垂直点数	6	No
fontSmoothingEnabled	返回用户是否在显示控制面板中启用了字体平滑	4	No
height	返回显示屏幕的高度	4	1
logicalXDPI	返回显示屏幕每英寸的水平方向的常规点数	6	No
logicalYDPI	返回显示屏幕每英寸的垂直方向的常规点数	6	No
pixelDepth	返回显示屏幕的颜色分辨率（比特每像素）	No	1
updateInterval	设置或返回屏幕的刷新率	4	No
width	返回显示器屏幕的宽度	4	1

22.3.15 history 对象

history 对象如表 22-8 所示。

表 22-8　history 对象

属性与方法	描述	IE	F
length	返回浏览器历史列表中的 URL 数量	4	1
back()	加载 history 列表中的前一个 URL	4	1
forward()	加载 history 列表中的下一个 URL	4	1
go()	加载 history 列表中的某个具体页面	4	1

22.3.16 location 对象

location 对象如表 22-9 所示。

表 22-9　location 对象

属性与方法	描述	IE	F
hash	设置或返回从井号（#）开始的 URL（锚）	4	1
host	设置或返回主机名和当前 URL 的端口号	4	1
hostname	设置或返回当前 URL 的主机名	4	1
href	设置或返回完整的 URL	4	1
pathname	设置或返回当前 URL 的路径部分	4	1
port	设置或返回当前 URL 的端口号	4	1
protocol	设置或返回当前 URL 的协议	4	1
search	设置或返回从问号（?）开始的 URL（查询部分）	4	1
assign()	加载新的文档	4	1
reload()	重新加载当前文档	4	1
replace()	用新的文档替换当前文档	4	1

22.3.17 字符串对象

当定义了字符串值后，就能够对其使用 String 对象的属性和方法。字符串中的每个字符被自动分配一个数字，即索引编号，索引编号通常从 0 开始计数，如表 22-10 所示。

表 22-10　字符串对象

属性与方法	描述	FF	IE
constructor	对创建该对象的函数的引用	1	4
length	字符串的长度	1	3
prototype	允许您向对象添加属性和方法	1	4
anchor()	创建 HTML 锚	1	3
big()	用大号字体显示字符串	1	3
blink()	显示闪动字符串	1	
bold()	使用粗体显示字符串	1	3
charAt()	返回在指定位置的字符	1	3

（续表）

属性与方法	描述	FF	IE
charCodeAt()	返回指定位置的字符的 Unicode 编码	1	4
concat()	连接字符串	1	4
fixed()	以打字机文本显示字符串	1	3
fontcolor()	使用指定的颜色来显示字符串	1	3
fontsize()	使用指定的尺寸来显示字符串	1	3
fromCharCode()	从字符编码创建一个字符串	1	4
indexOf()	检索字符串	1	3
italics()	使用斜体显示字符串	1	3
lastIndexOf()	从后向前搜索字符串	1	3
link()	将字符串显示为链接	1	3
localeCompare()	用本地特定的顺序来比较两个字符串	1	4
match()	找到一个或多个正则表达式的匹配	1	4
replace()	替换与正则表达式匹配的子串	1	4
search()	检索与正则表达式相匹配的值	1	4
slice()	提取字符串的片断，并在新的字符串中返回被提取的部分	1	4
small()	使用小字号来显示字符串	1	3
split()	把字符串分割为字符串数组	1	4
strike()	使用删除线来显示字符串	1	3
sub()	把字符串显示为下标	1	3
substr()	从起始索引号提取字符串中指定数目的字符	1	4
substring()	提取字符串中两个指定的索引号之间的字符	1	3
sup()	把字符串显示为上标	1	3
toLocaleLowerCase()	把字符串转换为小写	–	–
toLocaleUpperCase()	把字符串转换为大写	–	–
toLowerCase()	把字符串转换为小写	1	3
toUpperCase()	把字符串转换为大写	1	3
toSource()	代表对象的源代码	1	–
toString()	返回字符串	–	–
valueOf()	返回某个字符串对象的原始值	1	4

22.3.18　日期对象

日期对象如表 22-11 所示。

表 22-11　日期对象

属性与方法	描述	FF	IE
constructor	返回对创建此对象的 Date 函数的引用	1	4
prototype	使您有能力向对象添加属性和方法	1	4
Date()	返回当日的日期和时间	1	3
getDate()	从 Date 对象返回一个月中的某一天（1～31）	1	3
getDay()	从 Date 对象返回一周中的某一天（0～6）	1	3
getMonth()	从 Date 对象返回月份（0～11）	1	3

（续表）

属性与方法	描述	FF	IE
getFullYear()	从 Date 对象以四位数字返回年份	1	4
getYear()	请使用 getFullYear()方法代替	1	3
getHours()	返回 Date 对象的小时数（0~23）	1	3
getMinutes()	返回 Date 对象的分钟数（0~59）	1	3
getSeconds()	返回 Date 对象的秒数（0~59）	1	3
getMilliseconds()	返回 Date 对象的毫秒数（0~999）	1	4
getTime()	返回 1970 年 1 月 1 日至今的毫秒数	1	3
getTimezoneOffset()	返回本地时间与格林威治标准时间（GMT）的分钟差	1	3
getUTCDate()	根据世界时从 Date 对象返回月中的一天（1~31）	1	4
getUTCDay()	根据世界时从 Date 对象返回周中的一天（0~6）	1	4
getUTCMonth()	根据世界时从 Date 对象返回月份（0~11）	1	4
getUTCFullYear()	根据世界时从 Date 对象返回四位数的年份	1	4
getUTCHours()	根据世界时返回 Date 对象的小时数（0~23）	1	4
getUTCMinutes()	根据世界时返回 Date 对象的分钟数（0~59）	1	4
getUTCSeconds()	根据世界时返回 Date 对象的秒数（0~59）	1	4
getUTCMilliseconds()	根据世界时返回 Date 对象的毫秒数（0~999）	1	4
parse()	返回 1970 年 1 月 1 日午夜到指定日期（字符串）的毫秒数	1	3
setDate()	设置 Date 对象中月的某一天（1~31）	1	3
setMonth()	设置 Date 对象中月份（0~11）	1	3
setFullYear()	设置 Date 对象中的年份（四位数字）	1	4
setYear()	请使用 setFullYear()方法代替	1	3
setHours()	设置 Date 对象中的小时数（0~23）	1	3
setMinutes()	设置 Date 对象中的分钟数（0~59）	1	3
setSeconds()	设置 Date 对象中的秒数（0~59）	1	3
setMilliseconds()	设置 Date 对象中的毫秒数（0~999）	1	4
setTime()	以毫秒设置 Date 对象	1	3
setUTCDate()	根据世界时设置 Date 对象中月份的一天（1~31）	1	4
setUTCMonth()	根据世界时设置 Date 对象中的月份（0~11）	1	4
setUTCFullYear()	根据世界时设置 Date 对象中的年份（四位数字）	1	4
setUTCHours()	根据世界时设置 Date 对象中的小时数（0~23）	1	4
setUTCMinutes()	根据世界时设置 Date 对象中的分钟数（0~59）	1	4
setUTCSeconds()	根据世界时设置 Date 对象中的秒钟数（0~59）	1	4
setUTCMilliseconds()	根据世界时设置 Date 对象中的毫秒数（0~999）	1	4
toSource()	返回该对象的源代码	1	–
toString()	把 Date 对象转换为字符串	1	4
toTimeString()	把 Date 对象的时间部分转换为字符串	1	4
toDateString()	把 Date 对象的日期部分转换为字符串	1	4

（续表）

属性与方法	描述	FF	IE
toGMTString()	请使用 toUTCString()方法代替	1	3
toUTCString()	根据世界时，把 Date 对象转换为字符串	1	4
toLocaleString()	根据本地时间格式，把 Date 对象转换为字符串	1	3
toLocaleTimeString()	根据本地时间格式，把 Date 对象的时间部分转换为字符串	1	3
toLocaleDateString()	根据本地时间格式，把 Date 对象的日期部分转换为字符串	1	3
UTC()	根据世界时返回 1997 年 1 月 1 日到指定日期的毫秒数	1	3
valueOf()	返回 Date 对象的原始值	1	4

22.3.19　数组对象

数组对象如表 22-12 所示。

表 22-12　数组对象

属性与方法	描述	FF	IE
constructor	返回对创建此对象的数组函数的引用	1	4
length	设置或返回数组中元素的数目	1	4
prototype	使您有能力向对象添加属性和方法	1	4
concat()	连接两个或更多的数组，并返回结果	1	4
join()	把数组的所有元素放入一个字符串。元素通过指定的分隔符进行分隔	1	4
pop()	删除并返回数组的最后一个元素	1	5.5
push()	向数组的末尾添加一个或更多元素，并返回新的长度	1	5.5
reverse()	颠倒数组中元素的顺序	1	4
shift()	删除并返回数组的第一个元素	1	5.5
slice()	从某个已有的数组返回选定的元素	1	4
sort()	对数组的元素进行排序	1	4
splice()	删除元素，并向数组添加新元素	1	5.5
toSource()	返回该对象的源代码	1	–
toString()	把数组转换为字符串，并返回结果	1	4
toLocaleString()	把数组转换为本地数组，并返回结果	1	4
unshift()	向数组的开头添加一个或更多元素，并返回新的长度	1	6
valueOf()	返回数组对象的原始值	1	4

22.3.20　逻辑对象

逻辑对象如表 22-13 所示。

表 22-13　逻辑对象

属性与方法	描述	FF	IE
constructor	返回对创建此对象的 Boolean 函数的引用	1	4
prototype	使您有能力向对象添加属性和方法	1	4
toSource()	返回该对象的源代码	1	–
toString()	把逻辑值转换为字符串，并返回结果	1	4
valueOf()	返回 Boolean 对象的原始值	1	4

22.3.21 算术对象

算术对象如表 22-14 所示。

表 22-14　算术对象

属性与方法	描述	FF	IE
E	返回算术常量 e，即自然对数的底数（约等于 2.718）	1	3
LN2	返回 2 的自然对数（约等于 0.693）	1	3
LN10	返回 10 的自然对数（约等于 2.302）	1	3
LOG2E	返回以 2 为底的 e 的对数（约等于 1.414）	1	3
LOG10E	返回以 10 为底的 e 的对数（约等于 0.434）	1	3
PI	返回圆周率（约等于 3.14159）	1	3
SQRT1_2	返回返回 2 的平方根的倒数（约等于 0.707）	1	3
SQRT2	返回 2 的平方根（约等于 1.414）	1	3
abs(x)	返回数的绝对值	1	3
acos(x)	返回数的反余弦值	1	3
asin(x)	返回数的反正弦值	1	3
atan(x)	以介于 -PI/2 与 PI/2 弧度之间的数值来返回 x 的反正切值	1	3
atan2(y,x)	返回从 x 轴到点(x,y)的角度（介于 -PI/2 与 PI/2 弧度之间）	1	3
ceil(x)	对数进行上舍入	1	3
cos(x)	返回数的余弦	1	3
exp(x)	返回 e 的指数	1	3
floor(x)	对数进行下舍入	1	3
log(x)	返回数的自然对数（底为 e）	1	3
max(x,y)	返回 x 和 y 中的最高值	1	3
min(x,y)	返回 x 和 y 中的最低值	1	3
pow(x,y)	返回 x 的 y 次幂	1	3
random()	返回 0~1 之间的随机数	1	3
round(x)	把数四舍五入为最接近的整数	1	3
sin(x)	返回数的正弦	1	3
sqrt(x)	返回数的平方根	1	3
tan(x)	返回角的正切	1	3
toSource()	返回该对象的源代码	1	–
valueOf()	返回 Math 对象的原始值	1	4

22.3.22 Number 对象

Number 对象如表 22-15 所示。

表 22-15　Number 对象

属性与方法	描述	FF	IE
constructor	返回对创建此对象的 Number 函数的引用	1.0	4.0
MAX_VALUE	可表示的最大数	1.0	4.0
MIN_VALUE	可表示的最小数	1.0	4.0
NaN	非数字值	1.0	4.0

（续表）

属性与方法	描述	FF	IE
NEGATIVE_INFINITY	负无穷大，溢出时返回该值	1.0	4.0
POSITIVE_INFINITY	正无穷大，溢出时返回该值	1.0	4.0
prototype	使您有能力向对象添加属性和方法	1.0	4.0
toString	把数字转换为字符串，使用指定的基数	1.0	4.0
toLocaleString	把数字转换为字符串，使用本地数字格式顺序	1.0	4.0
toFixed	把数字转换为字符串，结果的小数点后有指定位数的数字	1.0	5.5
toExponential	把对象的值转换为指数计数法	1.0	5.5
toPrecision	把数字格式化为指定的长度	1.0	5.5
valueOf	返回一个 Number 对象的基本数字值	1.0	4.0

22.3.23　Form 对象

Form 对象如表 22-16 所示。

表 22-16　Form 对象

集合、属性与方法	描述	IE	F	W3C
elements[]	包含表单中所有元素的数组	5	1	Yes
acceptCharset	服务器可接受的字符集	No	No	Yes
action	设置或返回表单的 action 属性	5	1	Yes
enctype	设置或返回表单用来编码内容的 MIME 类型	6	1	Yes
id	设置或返回表单的 id	5	1	Yes
length	返回表单中的元素数目	5	1	Yes
method	设置或返回将数据发送到服务器的 HTTP 方法	5	1	Yes
name	设置或返回表单的名称	5	1	Yes
target	设置或返回表单提交结果的 Frame 或 Window 名	5	1	Yes
className	设置或返回元素的 class 属性	5	1	Yes
dir	设置或返回文本的方向	5	1	Yes
lang	设置或返回元素的语言代码	5	1	Yes
title	设置或返回元素的 title 属性	5	1	Yes
reset()	把表单的所有输入元素重置为它们的默认值	5	1	Yes
submit()	提交表单	5	1	Yes
onreset	在重置表单元素之前调用	5	1	Yes
onsubmit	在提交表单之前调用	5	1	Yes

22.3.24　iframe 对象属性

iframe 对象属性如表 22-17 所示。

表 22-17　iframe 对象属性

属性	描述	IE	F	W3C
align	根据周围的文字排列 iframe	6	1	Yes
contentDocument	容纳框架的内容的文档	No	1	Yes
frameBorder	设置或返回是否显示 iframe 周围的边框	No	1	Yes

（续表）

属性	描述	IE	F	W3C
height	设置或返回 iframe 的高度	5	1	Yes
id	设置或返回 iframe 的 id	4	1	Yes
longDesc	设置或返回描述 iframe 内容的文档的 URL	6	1	Yes
marginHeight	设置或返回 iframe 的顶部和底部的页空白	5	1	Yes
marginWidth	设置或返回 iframe 的左侧和右侧的页空白	5	1	Yes
name	设置或返回 iframe 的名称	5	1	Yes
scrolling	设置或返回 iframe 是否可拥有滚动条	No	1	Yes
src	设置或返回应载入 iframe 中的文档的 URL	5	1	Yes
width	设置或返回 iframe 的宽度	5	1	Yes

22.4　任务实施

22.4.1　编写 HTML

在前端开发环境中新建项目文件夹"seat"，在该文件夹中新建"seat.html"文件，新建存放样式表的文件夹"css"和存放脚本的文件夹"js"，打开"seat.html"文件，依据 HTML5 规范编写座位预订程序的 HTML 结构，页面字符集设置为 utf-8，页面标题为"影院座位预订"，页面内容主要由左侧座位显示区#seat-map 和预订信息显示区#booking-details，HTML 代码如下：

```html
<!DOCTYPE html>
<html lang="en">

<head>
    <meta charset="UTF-8">
    <title>电影院座位预订</title>
    <link rel="stylesheet" href="css/seat.css">

</head>

<body>
    <div id="main">
        <div class="seat">
            <div id="seat-map">
                <div id="front">屏幕</div>
                <div id="seat-row">

                </div>
            </div>
            <div id="booking-details">
                <p>影片:
                    <span>后来的我们</span>
```

```
            </p>
            <p>时间:
                <span>5 月 1 日 21:00</span>
            </p>
            <p>票价: 50 元</p>
            <p>座位: </p>
            <ul id="selected-seats"></ul>
            <p>票数:
                <span id="counter">0</span>
            </p>
            <p>总计:
                <b>¥
                    <span id="total">0</span>
                </b>
            </p>

            <button class="checkout-button">确定购买</button>

            <div id="legend"></div>
        </div>
        <div style="clear:both"></div>
    </div>

  </div>
  <script src="js/seat.js"></script>
</body>

</html>
```

22.4.2　编写 CSS 样式

在项目 "css" 文件夹中建立样式文件 "seat.css",打开该文件影院座位预订程序样式表,分别定义容器#seat、座位区样式#seat-map、预定结果显示区样式#booking-details,具体属性及值代码如下:

```
*{
    margin: 0;
    padding: 0;
}
#main{
    width: 900px;
    height: 600px;
    margin: 20px auto;
}
#seat{
    width: 700px;
    margin: 40px auto 0 auto;
    height: 450px;
}
#seat-map{
```

```css
    float: left;
    width: 499px;
    height: 450px;
    border-right: 1px dashed #666666;
}
#front{
    width: 400px;
    margin: 5px 32px 45px 40px;
    background-color: #f0f0f0;
    color: #666;
    text-align: center;
    padding: 3px;
    border-radius: 5px;
}
#booking-details{
    float: right;
    position: relative;
    width: 190px;
    height: 450px;
    margin-top: 5px;
    margin-left: 10px;

}
#booking-details p{
    line-height: 26px;
    font-size: 16px;
    color: #999;
}
.checkout-button{
    display: block;
    width: 80px;
    height: 26px;
    line-height: 20px;
    margin: 20px auto;
    cursor: pointer;
}
#selected-seats{
    max-height: 150px;
    overflow-y: auto;
    width: 200px;
}
.seat-row{
    margin-left: 30px ;
    width: 499px;
    height: 30px;
}
.oneDiv{
    margin-top: 10px;
    background-color: rgba(185,222,160,0.87);
    width: 40px;
```

```
        text-align: center;
        line-height: 40px;
        height: 40px;
        list-style: none;
        margin-left: 20px;
        float: left;
        border-radius: 5px;
    }
    a{
        cursor: pointer;
    }
    #selected-seats li{
        list-style: none;
        margin-left: 5px;
        margin-top: 5px;
        width: 80px;
        height: 30px;
        font-family: 微软雅黑;
        line-height: 30px;
        float: left;
        text-align: center;
        border: 1px solid #cccccc;
        border-radius: 5px;
        background-color: #e1e1e1;
    }
```

保存页面，在浏览器中测试页面。

22.4.3　编写 JavaScript

在项目"js"文件夹中新建"seat.js"文件，通过嵌套循环创建座位图示，对座位图示绑定鼠标单击事件，预订后改变座位图示显示颜色，并加入到右侧显示并计算，代码如下：

```
var price = 50; // 定义票价
for (var i = 1; i <= 8; i++) {
    for (var j = 1; j <= 8; j++) {
        var one = document.createElement('div')
        document.getElementById('seat-row').appendChild(one)
        one.setAttribute('class', 'oneDiv')
        // 定义变量 num，创建一个 span 标签
        var num = document.createElement('a')
        // 为变量 num 添加文本
        num.innerText = i + '-' + j
        // 为每个 div 定义 id
        one.setAttribute('id', 'seat' + i + j)
        // 为座位添加点击事件
        one.addEventListener('click', function () {
            this.style.backgroundColor = '#DE3239'
            // 定义变量 select，通过获取当前点击 div 的 id
            var select = this.id
            // 截取 id 第 5 个字符赋值给 row
```

```
        var row = select.slice(4, 5)
        // 截取 id 第 6 个字符赋值给 col
        var col = select.slice(5, 6)
        // 定义变量 newUL，通过 id 获取无序列表
        var newUL = document.getElementById('selected-seats')
        var lists = document.createElement('li')
        //添加无序列表项目及文本结点
        newUL.appendChild(lists)
        lists.innerText = row + '排' + col + '座'
        // 添加数量和总数
        var amount = document.getElementById('selected-seats').getElementsBy
TagName('li').length
        var counter = document.getElementById('counter')
        var total = document.getElementById('total')
        counter.innerText = amount
        total.innerText = amount * price
    })
    one.appendChild(num)
    }
}
```

22.4.4　测试页面

可以直接在本地测试页面，也可以通过 http-server 来测试，在浏览器中测试页面，效果如图 22-2 所示，用户通过单击数字键输入数值、小数点、运算符，然后构建表达式并计算结果。

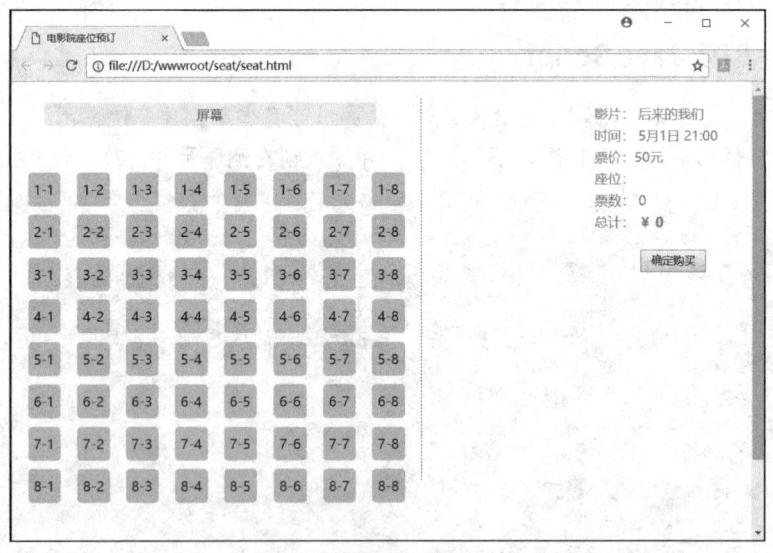

图22-2　影院预订程序效果图

22.5　强化训练

参考本任务，参照铁路 12306 或者航空公司座位预订功能和界面，设计制作 Web 页面座位

预订程序。

22.6　学习成果评量

等级	评分指标	得分
及格	P1. 能设计制作座位预订 HTML 结构	
	P2. 能设计编写座位预订界面样式	
良好	M1. 能够根据项目需求修改座位预订界面和计算规则	
优秀	D1. 能够根据项目需求定制座位预订界面	
	D2. 能够根据项目需求定制座位预订功能	
评语		

Chapter

23

任务 23
注册表单验证

JavaScript

23.1　任务导入

　　正则表达式（Regular Expression）描述了一种字符串匹配的模式（pattern），可以用来检查一个字符串是否含有某种子字符串、将匹配的子字符串替换或者从字符串中取出符合某个条件的子字符串等。表单验证是正则表达式最常用场景之一，本任务模仿百度登录表单开发手机号码验证程序，界面效果如图 23-1 所示。

图23-1　百度登录表单验证

23.2　成果目标

　　本任务旨在理解正则表达式的技术原理，掌握定义正则表达式的方法，熟悉前端页面开发的过程，熟悉 Visual Studio Coder 的使用，积累前端开发的经验，培养前端组件开发的意识和兴趣。

知识目标	技能目标	素质目标
1. 理解正则表达式的使用场景 2. 理解正则表达式工作原理 3. 理解常用正则表达式规则	1. 编写页面结构 2. 编写 CSS 样式 3. 编写 JSON 4. 编写 JavaScript	1. 遵循 Web 开发规范 2. 培养严谨的编程习惯 3. 培养分析和解决前端问题的能力 4. 培养演绎思维能力 5. 培养归纳思维能力

23.3　核心知识

23.3.1　正则表达式的概念

　　几乎所有的 JavaScript 程序都与字符串操作密切相关。例如，许多应用使用 Ajax 从服务端获取字符串，并把这些字符串转换为更易用的 JavaScript 对象，然后由这些数据生成 HTML 字符串。一个典型的应用程序通常需要处理大量的合并、分割、重新排序、搜索、遍历等字符串操作。随着 Web 应用越来越复杂，越来越多的字符串操作要求在浏览器中完成。在 JavaScript 中，正则表达式是必不可少的，它的重要性远远超过字符串处理。

正则表达式就是由普通字符（如字符 a ~ z）以及特殊字符（称为元字符）组成的文字模式，能明确描述文本字符和文字匹配模式，是一门简单语言的语法规范。正则表达式是一种可以用于模式匹配和替换的强有力的工具，应用于对字符串中的信息实现查找、替换和提取操作，可处理正则表达式的方法有 regexp.exec、regexp.test、string.match、string.replace、string.search 和 string.split 等。JavaScript 的正则表达式难以分段阅读，因为它们不支持注释和空白。

正则表达式描述了字符的模式对象。当检索某个文本时，可以使用一种模式来描述要检索的内容。简单的模式可以是一个单独的字符，更复杂的模式包括了更多的字符，并可用于解析、格式检查、替换等操作。可以规定字符串中的检索位置，以及要检索的字符类型等；也可以检查一个字符串是否含有某种子字符串、将匹配的子字符串做替换或者从某个字符串中取出符合某个条件的子字符串等。使用正则表达式可以实现以下操作。①测试字符串内的模式。例如，可以测试输入字符串，以查看字符串内是否出现电话号码模式或信用卡号码模式（数据验证）。②替换文本。可以使用正则表达式来识别文档中的特定文本，完全删除该文本或者用其他文本替换它。③基于模式匹配从字符串中提取子字符串。④可以查找文档内或输入域内特定的文本。

23.3.2　正则表达式的工作原理

正则表达式工作共分 4 个步骤：编译、设置起始位置、匹配每个正则表达式字元和匹配成功与失败。如/h(ellolappy) hippo/.test("hello there,happy hippo")，这个正则表达式匹配 hello hippo 或 happy hippo。匹配过程开始时，首先会查找一个 h，目标字符串的首字母恰好是 h，于是立刻被找到。接下来，子表达式 ellolappy 提供了两个处理选项。正则表达式选择最左侧的选项（分支选项总是从左到右进行），检查 ello 是否匹配字符串的下一个字符，若匹配成功，正则表达式进而匹配随后的空格，由于 hippo 中的 h 无法匹配下一个字符串中的 t，因此匹配无法继续。此时，正则表达式还不能放弃，因为它未尝试完所有可选项，随后它会回溯到最近的决策点（匹配完首字母 h 后面的位置），并尝试匹配的第二个分支。若匹配没有成功，也没有更多可选项，正则表达式认为从字符串的第一个字符开始匹配是不能成功的，因此从第二个字符开始重新尝试。它没有找到 h，于是继续搜索，直到在 happy 的第一个字母中找到 h，然后会再次进入分支过程，这次未能匹配 ello，但是在回溯并尝试第二个分支过程后，匹配到了整个字符串 happy hippo，匹配成功。

23.3.3　定义正则表达式

EMACScript 通过 RegExp 类型来支持正则表达式。 构造函数可以定义正则表达式对象，语法如下：

```
var patt=new RegExp(pattern,modifiers);
```

参数 pattern 是一个字符串，指定了正则表达式的模式或者其他正则表达式。参数 modifiers 是一个可选的修饰性标志，包含 g、i 和 m。i（case-insensitive）修饰符用来执行不区分大小写的匹配，g（global，全局）修饰符是执行全文的搜索，找到所有的匹配，而不是在找到第一个就停止查找。m（multiline）用于多行字符串匹配。当使用构造函数创造正则对象时，需要常规的字符转义规则（在前面加反斜杠 \ ）。该函数返回一个新的 RegExp 对象，具有指定的模式和标志。

　　另一种更简单的方法是使用正则表达式直接量，使用双斜杠作为分隔符进行定义，双斜杠之间包含的字符为正则表达式的字符模式，可以是简单或复杂的正则表达式，可以包含字符类、限定符、分组、向前查找以及反向引用，字符模式不能使用引号，标志字符放在最后一个斜杠的后面，语法如下：

```
var patt=/pattern/modifiers;
```

　　RegExp()构造函数与正则表达式直接量语法中，匹配模式的表示是不同的。RegExp()构造函数接收的是字符串，而不是正则表达式，特殊符号必须用双反斜杠来表示，以防止字符串中每个字符被 RegExp()构造函数转义，对第二个参数也应该用引号来包含。而在正则表达式直接量中，每个字符都按正则表达式的规则来定义，普通字符与特殊字符都会被正确解释。

23.3.4　元字符

　　元字符为有特定含义的字符，常用的元字符如表 23-1 所示。

表 23-1　元字符

代码	说明
.	匹配除换行符以外的任意字符
\w	匹配字母、数字、下划线或汉字
\s	匹配任意的空白符
\d	匹配数字
\b	匹配单词的开始或结束
^	匹配字符串的开始 [在集合字符里[^a]表示非（不匹配）的意思]
$	匹配字符串的结束

23.3.5　反义字符

　　反义字符多用于查找除某个字符以外其他任意字符均可以的情况，常用的反义字符如表23-2 所示。

表 23-2　反义字符

代码/语法	说明
\W	匹配任意不是字母、数字、下划线、汉字的字符
\S	匹配任意不是空白符的字符
\D	匹配任意非数字的字符
\B	匹配不是单词开头或结束的位置
[^x]	匹配除了 x 以外的任意字符
[^aeiou]	匹配除了 aeiou 这几个字母以外的任意字符

23.3.6　限定字符

限定字符多用于重复匹配次数，常用的限定字符如表 23-3 所示。

表 23-3　限定字符

代码/语法	说明
*	重复零次或更多次
+	重复一次或更多次
?	重复零次或一次
{n}	重复 *n* 次
{n,}	重复 *n* 次或更多次
{n,m}	重复 *n* 到 *m* 次

23.3.7　转义字符

在实际的开发中，可能会遇到要匹配元字符的情况，这个时候就需要进行字符转义，如元字符 . * \ 需要转换为\. * \\，例如需要匹配 qq 邮箱 \d{8,}+qq+\.+com 在这里的 "." 就需要加斜杠。

23.3.8　字符分支

字符分支多用于满足不同情况的选择，用 "|" 将不同的条件分割开来，比如有些固定电话区号有三位，有些有四位，可以采用字符分支。例如\d{3}-\d{8}|\d{4}-\d{8} 可以匹配两种不同长度区号的固定电话。

23.3.9　字符分组

字符分组多用于将多个字符重复，主要通过使用小括号()来进行分组，例如(\d\w){3} 重复匹配 3 次(\d\w)。常用于表示 IP 地址，例如：

```
((25[0-5]|2[0-4][0-9]|[0-1]\d\d)\.){3}(25[0-5]|2[0-4][0-9]|[0-1]\d\d)
```

解析时，先把 IP 地址分为两部分，一部分是 123.123.123. 另一部分是 123，又因 IP 最大值为 255，所以先使用分组，然后在组里面再进行选择，组里也有三部分，即 0~199、200~249、250~255，分别和上述的表达式对应，最后还要注意分组之后还要加上一个 "."，因为是元字符，所以要转义，故加上\. 然后再把这部分整体看作一个组，重复三次，再加上仅有数字的一组，也就是不带\.的那一组，即可完成 IP 地址的校验，常用分组语法如表 23-4 所示。

表 23-4　常用分组语法

分类	代码/语法	说明
捕获	(exp)	匹配 exp，并捕获文本到自动命名的组里
	(?<name>exp)	匹配 exp，并捕获文本到名称为 name 的组里，也可以写成(?'name'exp)
	(?:exp)	匹配 exp，不捕获匹配的文本，也不给此分组分配组号
零宽断言	(?=exp)	匹配 exp 前面的位置

（续表）

分类	代码/语法	说明
零宽断言	(?<=exp)	匹配 exp 后面的位置
	(?!exp)	匹配后面跟的不是 exp 的位置
	(?<!exp)	匹配前面不是 exp 的位置
注释	(?#comment)	分组不对正则表达式的处理产生任何影响，用于提供注释

23.3.10　贪婪匹配和懒惰匹配

贪婪匹配指正则表达式中包含重复的限定符时，通常的行为是匹配尽可能多的字符。例如 a.*b，它将会匹配最长的以 a 开始、以 b 结束的字符串。如果用它来搜索 aabab，它会匹配整个字符串 aabab。但是此时可能需要匹配的是 ab，就需要用到懒惰匹配。懒惰匹配则需要匹配尽可能少的字符，如表 23-5 所示。

表 23-5　懒惰匹配限定符

代码/语法	说明
*?	重复任意次，但尽可能少重复
+?	重复 1 次或更多次，但尽可能少重复
??	重复 0 次或 1 次，但尽可能少重复
{n,m}?	重复 n 到 m 次，但尽可能少重复
{n,}?	重复 n 次以上，但尽可能少重复

23.3.11　后向引用

后向引用用于重复搜索前面某个分组匹配的文本。使用小括号指定一个子表达式后，匹配这个子表达式的文本可以在表达式或其他程序中做进一步处理。默认情况下，每个分组会自动拥有一个组号，规则是：从左向右，以分组的左括号为标志，第一个出现的分组的组号为 1，第二个为 2，以此类推。例如：\b(\w+)\b\s+\1\b 可以用来匹配重复的单词，像 go go 或者 kitty kitty。这个表达式首先是一个单词，也就是单词开始处和结束处之间多于一个的字母或数字(\b(\w+)\b)，这个单词会被捕获到编号为 1 的分组中，然后是 1 个或几个空白符(\s+)，最后是分组 1 中捕获的内容（也就是前面匹配的那个单词）(\1)。

23.3.12　零宽断言

有时候需要查找某些匹配之前或之后的东西，这个时候就需要用到像\b,^,$那样用于指定一个位置，这个位置应该满足一定的条件，因此也被称为零宽断言(?=exp)，也叫零宽度正预测先行断言，它断言自身出现的位置的后面能匹配表达式 exp。比如\b\w+(?=ing\b)，匹配以 ing 结尾的单词的前面部分（除了 ing 以外的部分），如查找 "I'm singing while you're dancing." 时，它会匹配 sing 和 danc。(?<=exp)也叫零宽度正回顾后发断言，它断言自身出现的位置的前面能匹配表达式 exp。比如(?<=\bre)\w+\b 会匹配以 re 开头的单词的后半部分(除了 re 以外的部分)，

例如在查找 reading a book 时，它匹配 ading。

23.3.13　其他语法

其他语法如表 23-6 所示。

表 23-6　其他语法

代码/语法	说明
\a	报警字符（打印它的效果是电脑嘀一声）
\b	通常是单词分界位置，但如果在字符类里使用则代表退格
\t	制表符 Tab
\r	回车
\v	竖向制表符
\f	换页符
\n	换行符
\e	Escape
\0nn	ASCII 代码中八进制代码为 nn 的字符
\xnn	ASCII 代码中十六进制代码为 nn 的字符
\unnnn	Unicode 代码中十六进制代码为 nnnn 的字符
\cN	ASCII 控制字符。比如\cC 代表 Ctrl+C
\A	字符串开头（类似^，但不受处理多行选项的影响）
\Z	字符串结尾或行尾（不受处理多行选项的影响）
\z	字符串结尾（类似$，但不受处理多行选项的影响）
\G	当前搜索的开头
\p{name}	Unicode 中命名为 name 的字符类，例如\p{IsGreek}
(?>exp)	贪婪子表达式
(?<x>-<y>exp)	平衡组
(?im-nsx:exp)	在子表达式 exp 中改变处理选项
(?im-nsx)	为表达式后面的部分改变处理选项
(?(exp)yes|no)	把 exp 当作零宽正向先行断言，如果在这个位置能匹配，使用 yes 作为此组的表达式；否则使用 no
(?(exp)yes)	同上，只是使用空表达式作为 no
(?(name)yes|no)	如果命名为 name 的组捕获到了内容，使用 yes 作为表达式；否则使用 no
(?(name)yes)	同上，只是使用空表达式作为 no

23.3.14　常用简易规则

（1）只能输入数字："^[0-9]*¥"。

（2）只能输入 n 位的数字："^\d{n}¥"。

（3）只能输入至少 n 位的数字："^\d{n,}¥"。

（4）只能输入 $m \sim n$ 位的数字："^\d{m,n}¥"。

（5）只能输入以零和非零开头的数字："^(0\|[1-9][0-9]*)¥"。

（6）只能输入有两位小数的正实数："^[0-9]+(.[0-9]{2})?¥"。

（7）只能输入有 1~3 位小数的正实数："^[0-9]+(.[0-9]{1,3})?$"。

（8）只能输入非零的正整数："^\+?[1-9][0-9]*$"。

（9）只能输入非零的负整数："^\-[1-9][]0-9*$。

（10）只能输入长度为 3 的字符："^.{3}$"。

（11）只能输入由 26 个英文字母组成的字符串："^[A-Za-z]+$"。

（12）只能输入由 26 个大写英文字母组成的字符串："^[A-Z]+$"。

（13）只能输入由 26 个小写英文字母组成的字符串："^[a-z]+$"。

（14）只能输入由数字和 26 个英文字母组成的字符串："^[A-Za-z0-9]+$"。

（15）只能输入由数字、26 个英文字母或者下划线组成的字符串："^\w+$"。

（16）验证用户密码："^[a-zA-Z]\w{5,17}$"。正确格式为：以字母开头，长度在 6~18 之间，只能包含字符、数字和下划线。

（17）验证是否含有^%&',;=?$\"等字符："[^%&',;=?$\x22]+"。

（18）只能输入汉字："^[\u4e00-\u9fa5]{0,}$"。

（19）验证 E-mail 地址："^\w+([-+.]\w+)*@\w+([-.]\w+)*\.\w+([-.]\w+)*$"。

（20）验证 InternetURL："^http://([\w-]+\.)+[\w-]+(/[\w-./?%&=]*)?$"。

（21）验证电话号码："^(\("d{3,4}-)|"d{3.4}-)?"d{7,8}$"。正确格式为："XXX-XXXXXXX"、"XXXX- XXXXXXXX"、"XXX-XXXXXXX"、"XXX-XXXXXXXX"、"XXXXXXX"和"XXXXXXXX"。

（22）验证身份证号(15 位或 18 位数字)："^"d{15}|"d{18}$"。

（23）验证一年的 12 个月："^(0?[1-9]|1[0-2])$"。正确格式为："01"~"09"和"1"~"12"。

（24）验证一个月的 31 天："^((0?[1-9])|((1|2)[0-9])|30|31)$"。正确格式为："01"~"09"和"1"~"31"。

23.3.15　常用正则表达式

去除首尾字符正则表达式：

```
//去除首尾的'/'
input = input.replace(/^\/*|\/*$/g,'');
```

javascript:; 和 javascript:void(0) 正则表达式：

```
'javascript:;'.match(/^(javascript\s*\:|#)/);
//["javascript:", "javascript:", index: 0, input: "javascript:;"]
```

匹配正则表达式：

```
var str = "access_token=dcb90862-29fb-4b03-93ff-5f0a8f546250; refresh_token=
702f4815-a0ff-456c-82ce-24e4d7d619e6;
account_uid=13611779473201605061703 22436";
str.match(/account_uid=([^\=]+(\;)|(.*))/ig);
```

匹配一些字符正则表达式：

```
var str = 'asdf HTML-webpack-plugin for "index/index.html" asdfasdf';
str.match(/HTML-webpack-plugin for \"(.*)\"/ig);
console.log(RegExp.$1) //=>index/index.html
```

关键字符替换正则表达式：

```
'css/[hash:8].index-index.css'.replace(/\[(?:(\w+):)?(contenthash|hash)(?
```

```
::([a-z]+\d*))?(?::(\d+))?\]/ig,'(.*)');
    //=> css/(.*).index-index.css
```

替换参数中的值正则表达式:

```
var str  = '<!DOCTYPE HTML><HTML manifest="../../cache.manifest" lang="en">
<head><meta charset="UTF-8">';
    str.replace(/<HTML[^>]*manifest="([^"]*)"[^>]*>/,function(word){
        return word.replace(/manifest="([^"]*)"/,'manifest="'+url+'"');
    }).replace(/<HTML(\s?[^\>]*\>)/,function(word){
        if(word.indexOf('manifest')) return word;
        return word.replace('<HTML','<HTML manifest="'+url+'"');
    });
    //原: <!DOCTYPE HTML><HTML manifest="../../cache.manifest" lang="en"><head>
<meta charset="UTF-8">
    //替换成=> <!DOCTYPE HTML><HTML manifest="cache.manifest" lang="en"><head>
<meta charset="UTF-8">
```

匹配括号内容正则表达式:

```
'max_length(12)'.match(/^(.+?)\((.+)\)$/)
// ["max_length(12)", "max_length", "12", index: 0, input: "max_length(12)"]
```

调换正则表达式:

```
var name = "Doe, John";
name.replace(/(\w+)\s*, \s*(\w+)/, "$2 $1");
//=> "John Doe"
```

字符串截取正则表达式:

```
var str = 'asfdf === sdfaf ##'
str.match(/[^===]+(?=[===])/g) // 截取===之前的内容
str.replace(/\n/g,'')  // 替换字符串中的 \n 换行字符
```

浏览器版本正则表达式:

```
navigator.userAgent.match(/chrome\/([\d]+)\.([\d]+)\.([\d]+)\.([\d]+)/i);
    //=> ["Chrome/64.0.3282.167", "64", "0", "3282", "167", index: 87, input:
"Mozilla/5.0 (Macintosh; Intel Mac OS X 10_13_3) Ap…L, like Gecko) Chrome/64.
0.3282.167 Safari/537.36"]
```

小数点后几位验证正则表达式:

```
// 精确到 1 位小数
/^[1-9][0-9]*$|^[1-9][0-9]*\.[0-9]$|^0\.[0-9]$/.test(1.2);
// 精确到 2 位小数
/^[0-9]+(.[0-9]{2})?$/.test(1.221);
```

密码强度正则表达式:

```
// 必须是包含大小写字母和数字的组合,不能使用特殊字符,长度在 8~10 之间
/^(?=.*\d)(?=.*[a-z])(?=.*[A-Z]).{8,10}$/.
//密码强度正则,最少 6 位,至少包括 1 个大写字母、1 个小写字母、1 个数字、1 个特殊字符
/^.*(?=.{6,})(?=.*\d)(?=.*[A-Z])(?=.*[a-z])(?=.*[!@#$%^&*? ]).*$/.test("di
aoD123#");
    //输出 true
```

校验中文正则表达式：

```
/^[\u4e00-\u9fa5]{0,}$/.test("但是 d"); //false
/^[\u4e00-\u9fa5]{0,}$/.test("但是"); //true
/^[\u4e00-\u9fa5]{0,}$/.test("但是"); //true
```

包含中文正则表达式：

```
/[\u4E00-\u9FA5]/.test("但是 d") //true
```

数字、26 个英文字母或下划线正则表达式：

```
/^\w+$/.test("ds2_@#"); // false
```

身份证号（18 位）正则表达式：

```
/^[1-9]\d{5}(18|19|([23]\d))\d{2}((0[1-9])|(10|11|12))(([0-2][1-9])|10|20
|30|31)\d{3}[0-9Xx]$/.test("42112319870115371X");
//输出 false
```

校验日期正则表达式：

```
//日期正则，简单判定，未做月份及日期的判定
var dP1 = /^\d{4}(\-)\d{1,2}\1\d{1,2}$/;
//输出 true
console.log(dP1.test("2017-05-11"));
//输出 true
console.log(dP1.test("2017-15-11"));
//日期正则，复杂判定
var dP2 = /^(?:(?!0000)[0-9]{4}-(?:(?:0[1-9]|1[0-2])-(?:0[1-9]|1[0-9]|2[0-
8])|(?:0[13-9]|1[0-2])-(?:29|30)|(?:0[13578]|1[02])-31)|(?:[0-9]{2}(?:0[48]|
[2468][048]|[13579][26])|(?:0[48]|[2468][048]|[13579][26])00)-02-29)$/;
//输出 true
console.log(dP2.test("2017-02-11"));
//输出 false
console.log(dP2.test("2017-15-11"));
//输出 false
console.log(dP2.test("2017-02-29"));
// true
```

校验文件后缀正则表达式：

```
  var strRegex = "(.jpg|.gif|.txt)";
  var re=new RegExp(strRegex);
  if (re.test(str)){

  }
/(.jpg|.gif)+(\?|\#|$)/.test('a/b/c.jpgsss'); //=> false
/(.jpg|.gif)+(\?|\#|$)/.test('a/b/c.jpg?'); //=> true
```

用户名正则表达式：

```
//用户名正则，4 到 16 位（字母、数字、下划线、减号）
/^[a-zA-Z0-9_-]{4,16}$/.test("diaodiao");
//输出 true
```

整数正则表达式：

```
/^\d+$/.test("42");      //正整数正则→输出 true
```

```
/^-\d+$/.test("-42"); //负整数正则→输出 true
/^-?\d+$/.test("-42"); //整数正则→输出 true

/^[0-9]+$/.test(25.5455) //正整数正则→输出 false
// 浮点数
/^(?:[-+])?(?:[0-9]+)?(?:\.[0-9]*)?(?:[eE][\+\-]?(?:[0-9]+))?$/.test(0.2)
```

数字正则表达式，可以是整数也可以是浮点数：

```
/^\d*\.?\d+$/.test("42.2");      //正数正则  -> 输出 true
/^-\d*\.?\d+$/.test("-42.2");    //负数正则 -> 输出 true
/^-?\d*\.?\d+$/.test("-42.2");   //数字正则 -> 输出 true
```

E-mail 正则表达式：

```
//E-mail 正则
/^([A-Za-z0-9_\-\.])+\@([A-Za-z0-9_\-\.])+\.([A-Za-z]{2,4})$/.test("wowoh
oo@qq.com");
//输出 true
// 1.邮箱以 a-z、A-Z、0-9 开头，最小长度为 1
// 2.如果左侧部分包含 "-" "_" "."，则这些特殊符号的前面必须包含一位数字或字母
// 3.@符号是必填项
// 4.右则部分可分为两部分，第一部分为邮件提供商域名地址，第二部分为域名后缀，现已知的最
短为 2 位，最长的为 6 位
// 5.邮件提供商域可以包含特殊字符 "-" "_" "."
/^[a-z0-9]+([._\\-]*[a-z0-9])*@([a-z0-9]+[-a-z0-9]*[a-z0-9]+.){1,63}[a-z0
-9]+$/.test("wowohoo@qq.com");
```

传真号码表达式：

```
// 国家代码(2 到 3 位)-区号(2 到 3 位)-电话号码(7 到 8 位)-分机号(3 位)
/^(([0\+]|\d{2,3}-)?(0\d{2,3})-)(\d{7,8})(-(\d{3,}))?$/.test('021-5055455')
```

手机号码正则表达式：

```
//手机号正则
/^1[34578]\d{9}$/.test("13538764952");
//输出 true
//* 13 段: 130、131、132、133、134、135、136、137、138、139
//* 14 段: 145、147
//* 15 段: 150、151、152、153、155、156、157、158、159
//* 17 段: 170、176、177、178
//* 18 段: 180、181、182、183、184、185、186、187、188、189
//* 国际码 如: 中国(+86)
/^((\+?[0-9]{1,4})|(\(\+86\)))?(13[0-9]|14[57]|15[012356789]|17[03678]|18
[0-9])\d{8}$/.test("13538764952");
```

URL 正则表达式：

```
//URL 正则
/^((https?|ftp|file):\/\/)?([\da-z\.-]+)\.([a-z\.]{2,6})([\/\w
\.-]*)*\/?$/.test("http://wangchujiang.com");
//输出 true
//获取url中域名、协议正则 'http://xxx.xx/xxx','https://xxx.xx/xxx','//xxx.xx/
xxx'
```

```
/^(http(?:|s)\:)*\/\/([^\/]+)/.test("http://www.baidu.com");
/^((http|https):\/\/(\w+:{0,1}\w*@)?(\S+)|)(:[0-9]+)?(\/|\/([\w#!:.?+=&%@
!\-\/]))?$/.test('https://www.baidu.com/s?wd=@#%$^&%$#')
// 必须有协议
/^[a-zA-Z]+:\/\//.test("http://www.baidu.com");
```

域名正则表达式：

```
/^([a-zA-Z0-9]([a-zA-Z0-9\-]{0,61}[a-zA-Z0-9])?\.)+[a-zA-Z]{2,6}$/.test('
blog.csdn.net');
// 输出 true
```

MAC 地址匹配正则表达式：

```
/^([0-9a-fA-F][0-9a-fA-F]:){5}([0-9a-fA-F][0-9a-fA-F])$/.test('dc:a9:04:7
7:37:20');
// 输出 true
```

浮点数正则表达式：

```
/[-+]?(?:\b[0-9]+(?:\.[0-9]*)?|\.[0-9]+\b)(?:[eE][-+]?[0-9]+\b)?/.test(+3
34.4443434343e3);
//输出 true
```

IPv4 地址正则表达式：

```
//ipv4 地址正则
/^(?:(?:25[0-5]|2[0-4][0-9]|[01]?[0-9][0-9]?)\.){3}(?:25[0-5]|2[0-4][0-9]
|[01]?[0-9][0-9]?)$/.test("192.168.130.199");
//输出 true
```

日期格式化 yyyy-MM-dd 正则表达式：

```
/(19|20)\d\d([- /.])(0[1-9]|1[012])\2(0[1-9]|[12][0-9]|3[01])/.test('2019-
09-12')
//输出 true
```

十六进制颜色正则表达式：

```
//RGB Hex 颜色正则
/^#?([a-fA-F0-9]{6}|[a-fA-F0-9]{3})$/.test("#b8b8b8");
//输出 true
```

QQ 号码正则表达式：

```
//QQ 号正则, 5 至 11 位
/^[1-9][0-9]{4,10}$/.test("398188661");//输出 true
```

微信号正则表达式：

```
//微信号正则, 6 至 20 位, 以字母开头, 其后由字母、数字、减号、下划线构成
/^[a-zA-Z]([-_a-zA-Z0-9]{5,19})+$/.test("jslite"); //输出 true
```

车牌号正则表达式：

```
//车牌号正则
/^[京津沪渝冀豫云辽黑湘皖鲁新苏浙赣鄂桂甘晋蒙陕吉闽贵粤青藏川宁琼使领A-Z]{1}[A-Z]{1}
[A-Z0-9]{4}[A-Z0-9挂学警港澳]{1}$/.test("沪B99116") //输出 true
```

颜色值校验表达式：

```
// HEX 颜色正则
/^#?([0-9a-fA-F]{3}|[0-9a-fA-F]{6})$/.test("#ccb2b2")
```

23.4　任务实施

23.4.1　编写 HTML

在前端开发环境中新建项目文件夹"regexp"，在该文件夹中新建"regexp.html"文件，新建存放样式表的文件夹"css"和存放脚本的文件夹"js"，打开"regexp.html"文件，依据 HTML5 规范编写登录表单的 HTML 结构，页面字符集设置为 UTF-8，页面标题为"登录验证"，HTML 代码如下：

```html
<!DOCTYPE html>
<html lang="zh-cn">

<head>
    <meta charset="UTF-8">
    <title>登录验证</title>
    <link rel="stylesheet" href="css/regexp.css">
</head>

<body>
    <!-- 登录框 -->
    <div class="ui-dialog" id="dialog">
        <!-- 用鼠标可以拖动登录框 -->
        <div class="ui-dialog-title" id="dialogTitle">
            <h2>登录百度账号</h2>
        </div>
        <div class="ui-dialog-content">
            短信登录：验证即登录，未注册将自动创建百度账号
            <form>
                <div>
                    <input type="text" id="phoneNum" placeholder="请
输入您的手机号" />
                </div>
                <div>
                    <input type="text" id="inputCode" placeholder="请
输入验证码" />
                    <input type="button" id="code" />
                </div>

                <div>
                    <input type="button" id="login" value="登录" class="btn" />
                </div>
            </form>
        </div>
    </div>
    <div class="ui-mask" id="mask" onselectstart="return false"></div>
```

```
      <script src="js/regexp.js"></script>
</body>

</html>
```

保存页面，在浏览器中测试页面。

23.4.2　编写 CSS 样式

在项目"css"文件夹中建立样式文件"regexp.css"，打开该文件编写登录面板样式表，分别定义登录面板容器类样式 ui-dialog、输入表单样式 input、登录按钮类样式 btn 和覆盖层类样式，具体属性及值代码如下：

```
* {
  padding: 0;
  margin: 0;
}
.ui-dialog {
  position: absolute;
  z-index: 2;
  top: 50%;
  left: 50%;
  width: 393px;
  transform: translate(-50%,-50%);
  border: 1px solid #d5d5d5;
  background: #fff;
}

h2 {
  font-size: 16px;
  text-align: center;
}

.ui-dialog-title {
  height: 48px;
  line-height: 48px;
  padding-left: 20px;
  color: #666;
  background-color: rgb(247, 247, 247);
  cursor: move;
}

.ui-dialog-content {
  padding: 15px 20px;
}

form {
  margin: 20px auto;
  padding: 30px;
  border: 1px solid rgba(0,0,0,.2);
```

```css
  border-radius: 5px;
  overflow: hidden;
  /*隐藏溢出内容*/
}

form div {
  margin-bottom: 20px;
}

input {
  position: relative;
  height: 16px;
  padding: 12px 10px;
  border: 1px solid #ddd;
  outline: 1px solid transparent;
  transition: .3s;
  font-size: 14px;
  color: #666;
}

#phoneNum {
  width: 270px;
}

#inputCode {
  width: 160px;
}

#code {
  width: 100px;
  height: 40px;
  font-family: Arial;
  font-style: italic;
  font-weight: bold;
  letter-spacing: 2px;
  color: blue;
}

/*设置当光标放到登录按钮上时为一只小手*/
#login {
  cursor: pointer;
}

/*当该 input 元素获得焦点时，设置输入框边框颜色和输入框阴影*/
input:focus {
  border: 1px solid #488ee7;
  box-shadow: 0 0 5px 1px rgba(255,255,255,.5);
}

.btn {
```

```
    width: 300px;
    height: 40px;
    border-radius: 4px;
    margin: 0 auto;
    background: #3f89ec;
    padding: 12px 10px;
    border-radius: 6px;
    color: #e1e1e1;
}
/*当鼠标悬浮在该元素时，设置边框、文字阴影、背景颜色及文字颜色*/
.btn:hover {
    border: 1px solid #253737;
    text-shadow: 0 1px 0 #333333;
    background: #00B0DC;
    color: #fff;
}

.ui-mask {
    width: 100%;
    height: 100%;
    background: #000;
    opacity: .5;
    position: absolute;
    top: 0;
    left: 0;
    z-index: 1;
}
```

保存页面，在浏览器中测试页面。

23.4.3　编写 JavaScript

在项目"js"文件夹中新建"regexp.js"文件，代码主要功能是获取相关表单元素、生成验证码和判断用户输入的验证码，并在单击"登录"按钮后采用正则表达式验证手机号码是否合规，代码如下：

```
// 在全局定义验证码
var code
// 定义手机的正则表达式
var reg = /^1[34578]\d{9}$/
// 获取手机号码对应的元素对象
var phoneNum = document.getElementById('phoneNum')
// 获取验证码输入表单元素对象
var inputCode = document.getElementById('inputCode')
// 获取验证码对应的元素对象
var newCode = document.getElementById('code')
// 获取登录框里的"登录"按钮"的元素对象
var btn = document.getElementById('login')
// 页面加载完毕生成一个 4 位的随机验证码
createCode()
// 判断手机格式和验证码是否正确
```

```
btn.onclick = function () {
    // 先判断手机格式是否正确
    if (reg.test(phoneNum.value)) {
      // 然后校验验证码
      if (validate()) {
        alert('登录成功！')
      }
    } else {
      alert('手机格式不对，请重新输入！')
    }
}

newCode.onclick = function () {
    // 单击验证码按钮可以生成新验证码
    createCode()
}

// 生成验证码
function createCode () {
    code = ''
    var codeLength = 4; // 验证码的长度
    var random = new Array(0, 1, 2, 3, 4, 5, 6, 7, 8, 9, 'A', 'B', 'C', 'D',
'E', 'F', 'G', 'H', 'I', 'J', 'K', 'L', 'M', 'N', 'O', 'P', 'Q', 'R', 'S', 'T',
'U', 'V', 'W', 'X', 'Y', 'Z'); // 随机数
    for (var i = 0; i < codeLength; i++) { // 循环操作
        var index = Math.floor(Math.random() * 36); // 取得随机数的索引（0~35）
        code += random[index]; // 根据索引取得随机数加到 code 上
    }
    newCode.value = code; // 把 code 值赋给验证码
}
// 校验验证码
function validate () {
    var inputCodeValue = inputCode.value.toUpperCase(); // 取得输入的验证码并
转化为大写
    if (inputCodeValue.length <= 0) { // 若输入的验证码长度为 0
      alert('请输入验证码！'); // 则弹出"请输入验证码！"
      return false
    }
    else if (inputCodeValue != code) { // 若输入的验证码与产生的验证码不一致时
      alert('验证码输入错误，请重新输入!'); // 则弹出验证码输入错误
      createCode(); // 刷新验证码
      inputCode.value = ''; // 清空文本框
      return false
    } else { // 输入正确时
      return true
    }
}
```
`

23.4.4 测试页面

可以直接在本地测试页面，也可以通过 http-server 来测试，在浏览器中测试页面，效果如

图 23-2 所示，用户可单击数字键输入数值、小数点、运算符，然后构建表达式并计算结果。

图23-2　登录验证效果图

23.5　强化训练

参考本任务，设计制作电子邮箱登录验证表单，实现验证码验证和电子邮箱正则验证功能。

23.6　学习成果评量

等级	评分指标	得分
及格	P1. 能设计制作登录验证表单的 HTML 页面结构	
	P2. 能设计编写登录验证表单的界面样式	
	P3. 能使用 Javascript 实现验证码的生成和正则验证	
良好	M1. 能够根据项目需求局部修改登录验证表单功能和界面	
优秀	D1. 能够根据项目需求定制登录验证表单的验证方式	
评语		

参考文献

[1] [美]NicholasC.Zakas. 高性能 JavaScript[M]. 丁琛，译. 北京：电子工业出版社，2015.

[2] 脚本之家.http://www.jb51.net/

[3] [英] Jeremy Keith，[加] Jeffrey Sambells. JavaScript DOM 编程艺术（第 2 版）[M]. 杨涛，等，译. 北京：人民邮电出版社，2011.

[4] 未来科技. JavaScript 从入门到精通（标准版）[M]. 北京：中国水利水电出版社，2017.

[5] (美) Duckett, J. JavaScript & jQuery 交互式 Web 前端开发[M]. 北京：清华大学出版社，2015.

[6] [美] David Flanagan. JavaScript 权威指南[M]. 6 版. 淘宝前端团队，译. 北京：机械工业出版社，2012.

[7] 懒人图库. http://www.lanrentuku.com/js/

[8] (美) Nicholas C.Zakas. JavaScript 高级程序设计[M]. 3 版. 李松峰，曹力，译. 北京：人民邮电出版社，2012.

[9] 刘欢. HTML5 基础知识、核心技术与前沿案例[M]. 北京：人民邮电出版社，2016.